马克思主义中国化丛书

总主编　史小宁

生态共同体视域下
河西走廊生态治理研究

张　钰　著

中国社会科学出版社

图书在版编目（CIP）数据

生态共同体视域下河西走廊生态治理研究／张钰著.
北京：中国社会科学出版社，2024.9. —— （马克思主
义中国化丛书）. —— ISBN 978 - 7 - 5227 - 3952 - 6

Ⅰ. X321.242

中国国家版本馆 CIP 数据核字第 20242F0V48 号

出 版 人	赵剑英	
责任编辑	喻　苗	
责任校对	胡新芳	
责任印制	王　超	

出　　版	中国社会科学出版社	
社　　址	北京鼓楼西大街甲 158 号	
邮　　编	100720	
网　　址	http://www.csspw.cn	
发 行 部	010 - 84083685	
门 市 部	010 - 84029450	
经　　销	新华书店及其他书店	

印　　刷	北京君升印刷有限公司	
装　　订	廊坊市广阳区广增装订厂	
版　　次	2024 年 9 月第 1 版	
印　　次	2024 年 9 月第 1 次印刷	

开　　本	710×1000　1/16	
印　　张	19.5	
插　　页	2	
字　　数	306 千字	
定　　价	108.00 元	

凡购买中国社会科学出版社图书，如有质量问题请与本社营销中心联系调换
电话：010 - 84083683

出版前言

马克思主义自诞生以来，在指导工人运动和社会主义革命、建设、改革的过程中，取得了举世瞩目的光辉成就，深刻地改变了世界格局和人类社会的发展走向，为人类社会昭示了新的发展前景。尽管马克思主义的反对者们一再声称马克思主义已经过时，但当人类社会发展出现困境时，人们却不约而同地回到马克思的思想资源中寻求破解困境的灵感，以马克思主义为指导的社会主义制度也在遭遇挫折后焕发出新的生机和活力。从一定意义上来说，当代资本主义社会之所以能摆脱过去周期性经济危机的魔咒，也得益于马克思主义对资本主义制度的深刻批判。无论是19世纪中后期欧洲资本主义克服经济危机的努力，还是2008年国际金融危机后马克思主义著作在西方世界的热销，无论是马克思被西方思想界评为"千年第一思想家"的现象，还是马克思主义不断地被敌人所诋毁，无不显示出马克思主义巨大的思想影响力和持久的生命力。

马克思主义的巨大思想影响力和持久的生命力来自其科学性和真理性。正如习近平总书记《在哲学社会科学工作座谈会上的讲话》中所指出的，"马克思主义尽管诞生在一个半多世纪之前，但历史和现实都证明它是科学的理论，迄今依然有着强大生命力。马克思主义深刻揭示了自然界、人类社会、人类思维发展的普遍规律，为人类社会发展进步指明了方向；马克思主义坚持实现人民解放、维护人民利益的立场，以实现人的自由而全面的发展和全人类解放为己任，反映了人类对理想社会的美好憧憬；马克思主义揭示了事物的本质、内在联系及发展规律，是'伟大的认识工具'，是人们观察世界、分析问题的有力思想武器；马克思主义具有鲜明的实践品格，不仅致力于科学'解释世界'，而且致力于积极'改变世界'。在人类思想史上，还没有一种理论像马克思主义那样对人类文明进步产生了如此广泛而巨大的影响"。

马克思主义并没有穷尽真理，它是随着时代的发展和人类实践活动的发展而不断发展的。作为一种科学的世界观和方法论，作为一种"伟大的认识工具"，马克思主义必须不断地直面时代发展变化的挑战，回答不同历史发展阶段提出的重大课题。在马克思和恩格斯生活的时代，虽然资产阶级统治已经在主要资本主义国家得以确立，资本主义制度正处在上升时期，但资本主义社会的固有矛盾已经开始暴露，无产阶级和资产阶级的矛盾已经日趋显现。在这样的历史背景之下，马克思和恩格斯面临的时代课题，就是站在无产阶级的立场上，揭示资本主义社会的内在矛盾，探讨资本主义社会的运动规律，为社会主义制度取代资本主义制度提供理论论证。马克思正是通过唯物史观和剩余价值学说这两大发现，实现了社会主义由空想到科学的发展，为当时工人运动的发展提供了科学的指南和正确的方向。19世纪末到20世纪20年代，资本主义社会发展到了一个新的阶段，即帝国主义阶段，资本主义社会的固有矛盾呈现出新的特征。由于资本主义经济政治发展不平衡规律的作用，帝国主义之间的矛盾尖锐化，人类社会进入了一个以战争和革命为时代主题的新时代。面对时代主题的变化和工人运动面临的新形势新任务，列宁深刻地分析了帝国主义阶段资本主义社会基本矛盾的变化，探讨了帝国主义时期的主要矛盾和发展规律，深刻揭示了社会主义可以在一个国家率先取得胜利的历史必然性，领导俄国无产阶级和人民群众推翻了沙皇专制统治，建立了人类历史上第一个社会主义国家，实现了社会主义由理论到现实的伟大转变，开辟了人类历史的新纪元，也为后世提供了坚持和发展马克思主义的光辉范例。

"十月革命一声炮响，给我们送来了马克思主义。"马克思主义传入中国之时，正值中华民族处在亡国灭种的危急关头，中国社会正处在半殖民地半封建社会的深渊。自1840年鸦片战争以来，古老的中国遭遇"三千年未有之大变局"，一批批先进的中国人不断探寻着救国救民的道路。封建社会的开明人士推行的洋务运动失败了，资产阶级维新派发动的维新变法运动也没有取得成功，洪秀全等人发动的旧式农民起义失败了，孙中山等人领导的资产阶级民主革命运动也夭折了。马克思主义传入中国以后，正在苦苦寻求救国救民之道的中华民族的优秀分子找到了新的希望。以李大钊、陈独秀等为代表的中国人开始研究马克思主义、宣传马克思主义，马克思主义与中国工人运动相结合，产生了中国共产党。从此，中国革命的道路才展现出光明的前景，中华民族的命运才出现历史性的转机。

但是，如何在一个半殖民地半封建的落后的东方大国实现民族独立、人民解放进而建立社会主义制度，是马克思、恩格斯乃至列宁从未遇到过且更不可能回答的问题。这是历史和时代给中国共产党人提出的新的严峻课题。对此，中国共产党人进行了艰苦的探索。以毛泽东同志为代表的中国共产党人，顺应时代要求，把马克思主义的普遍原理与中国的实际相结合，创造性地推进了马克思主义中国化，实现了马克思主义中国化的第一次历史性飞跃，形成了马克思主义中国化的第一大理论成果——毛泽东思想。正是在毛泽东思想的指导下，中国人民经过艰苦卓绝的努力，推翻了帝国主义的殖民统治，建立了新中国，实现了民族独立和人民解放，建立了社会主义制度，为中国社会的进步和中华民族的发展奠定了坚实的基础。

社会主义制度的建立，深刻地改变了中国社会的基本结构和基本面貌，为中国社会的进步奠定了坚实的基础。但是在一个生产力水平十分低下、农村人口占绝大多数、封建传统根深蒂固的东方大国，建设什么样的社会主义、如何建设社会主义，是历史和时代给中国共产党人提出的又一崭新的课题。对此，中国共产党人进行了不懈的理论探索与实践探索，其间有挫折、有教训，也有成功的喜悦。改革开放以来，以邓小平同志为代表的中国共产党人，坚持实事求是的思想路线，把马克思主义的普遍原理与中国的实际相结合，实现了马克思主义中国化的第二次理论飞跃，形成了包括邓小平理论、"三个代表"重要思想、科学发展观等在内的中国特色社会主义理论体系。正是在中国特色社会主义理论体系的指导下，中国社会主义建设和改革事业才取得了举世瞩目的伟大成就。

党的十八大以来，中国特色社会主义进入新时代。实现第一个百年奋斗目标、开启实现第二个百年奋斗目标新征程、努力实现中华民族伟大复兴中国梦成为党和国家的主要任务。以习近平同志为主要代表的中国共产党人，坚持把马克思主义基本原理同中国具体实际相结合、与中华优秀传统文化相结合，在坚持毛泽东思想、邓小平理论、"三个代表"重要思想、科学发展观的基础上，贯彻党的基本路线方针政策，结合治国理政、管党治党的成功经验，创立了习近平新时代中国特色社会主义思想，实现了马克思主义中国化新的飞跃，开辟了马克思主义中国化时代化新境界。

历史和实践已经证明，中国共产党为什么能，中国特色社会主义为什么好，归根到底是马克思主义行，是中国化时代化的马克思主义行。坚持和发展马克思主义，是中国革命、改革和建设事业取得成就的根本保障。我们要清醒地看到，世界百年未有之大变局正在加速演进，新一轮科技革命和产业变革深入发展，国际力量对比深刻调整，中国发展面临新的战略机遇。同时，世纪疫情影响深远，逆全球化思潮抬头，单边主义、保护主义明显上升，世界经济复苏乏力，局部冲突和动荡频发，全球性问题加剧，世界进入新的动荡变革期，人类面临的问题和矛盾空前复杂，意识形态领域的斗争愈演愈烈，这些也给马克思主义的发展带来了新的挑战。坚持和发展马克思主义，必须深入研究马克思主义的基本原理，特别是要深入研究和学习马克思主义的经典著作，拨开各种强加于马克思主义身上的迷雾，还马克思主义以本来面目；坚持和发展马克思主义，必须坚决反对对待马克思主义的教条主义和实用主义态度。马克思主义不是僵死的教条，也不是随意裁剪的"百宝箱"，如果不顾历史条件的变化，把马克思主义经典作家针对特定历史条件、特定情境讲过的每一句话都当成普遍真理，照抄照搬，显然不是对待马克思主义的正确态度，而如果凡事都要从马克思主义经典作家的著作中去寻找答案，按照主观需要裁剪马克思主义这个整体，随意从马克思主义的经典著作中寻章摘句，同样也不是对待马克思主义的正确态度；坚持和发展马克思主义，必须不断地推进马克思主义的中国化、时代化和大众化，必须坚持运用马克思主义的立场、观点和方法，研究和回答中国改革开放和社会主义现代化建设中的重大理论问题与实际问题；坚持和发展马克思主义，必须在真学、真信、真懂、真用上下功夫，要认真研究马克思主义经典著作，掌握马克思主义的立场、观点与方法，把握马克思主义的思想精髓，自觉地用马克思主义的世界观和方法论分析问题、指导实践。

坚持和发展马克思主义，必须不断深化对马克思主义的理论研究。

改革开放以来，中央高度重视马克思主义理论研究，深入推进马克思主义理论研究与建设工程、马克思主义理论学科建设、马克思主义学院建设，马克思主义理论研究正在向纵深发展。但正如习近平总书记所说，我们"也有一些同志对马克思主义理解不深、理解不透，在运用马克思主义立场、观点、方法上功力不足、高水平成果不多，在建设以马克思主义为指导的学科体系、学术体系、话语体系上功力不足、高水平成果不多。社会上也存在一些模糊甚至错误的认识。有的认为马克思主义已经过时，中国现在搞的不是马克思主义；有的说马克思主义只是一种意识形态说教，没有学术上的学理性和系统性。实际工作中，在有的领域中马克思主义被边缘化、空泛化、标签化，在一些学科中'失语'、教材中'失踪'、论坛上'失声'"。① 因此，加强马克思主义理论研究是高校马克思主义理论学科和哲学社会科学工作者义不容辞的光荣使命。

西北师范大学马克思主义学院有着悠久的办学历史和较为深厚的学术积淀，其前身是1953年成立的马列主义教研室，1959年成立了政治教育系，开始招收思想政治教育专业本科生。经过历代学人的辛勤耕耘，学院已成为甘肃省重要的马克思主义理论学科人才培养和学术研究基地。2021年，学院成功获批马克思主义理论博士学位授予一级学科，现拥有马克思主义理论博士后科研流动站，马克思主义理论学科为甘肃省级重点学科。学院拥有一支政治立场坚定、结构合理、业务水平较高的师资队伍，近几年来编辑出版有《马克思主义理论研究》连续出版物。为了进一步加强马克思主义理论学科建设，提升中青年教师的教学科研能力，学院组织中青年教师进行科研攻关，编写了这套"马克思主义中国化"书系。希望本丛书的出版能够为马克思主义理论学科教学科研人员和其他读者提供学习和研究马克思主义的参考材料，也希望得到专家学者的批评指正。

史小宁

西北师范大学马克思主义学院

2023 年 9 月 10 日

① 习近平：《在哲学社会科学工作座谈会上的讲话》，人民出版社2016年版，第10页。

前　言

　　习近平总书记在党的二十大报告中指出中国式现代化是人与自然和谐共生的现代化。人与自然和谐共生的现代化创造性地将人与自然有机嵌入现代化的整体进程中谋取二者共同的福祉，实际上是以崭新的认知视界和发展方式展拓了实现人与自然根本和解的实践路径。人与自然是相互依赖，彼此共生的生命共同体，马克思直接将自然界隐喻为人的无机的身体深刻阐明了人与自然是辩证统一的共生关系。人因自然而生，人类诞生以来就确证了人与自然交互并生的定然状态，正是倚重大自然提供的物质资料人类社会才得以生存并在此基础上生成了绚丽璀璨的人类文明。另一方面，人与自然之间的关系是人类社会最基本的关系，正是在人与自然的实践活动中开启了辉煌灿烂的人类历史，人类社会发展史与自然史交相辉映，熠熠生辉。然而吊诡的是人与自然互不相胜的共生关系却未能在人类文明的演进中存续发展，特别是在资本主义工业文明资本逻辑的仄逼下人与自然的共生关系质变为对立关系，人与自然之间的物质循环链条发生断裂最终引起自然界的报复，如今愈演愈烈的全球性生态危机即是明证。

　　生态危机与人类的超绝欲望和狼性态度密不可分，本质上昭示人与自然关系的异化，这种异化表征人悖逆了人性的真善美，使原本和谐的人地关系发生断裂，最终导向人与自然失去自由。生态共同体以生态危机为出场背景，以有机整体的视野将人与自然置于一个互生互惠的生命共同体，由此消解了人类超拔于自然之上的狂傲与虚妄，使人性复归善意的本真达成天地美生的和谐。生态共同体出场有着雄厚的理论根基，马克思人与自然和谐共生的思想提供了理论来源，有机哲学阐发的有机整体主义提供了哲学基础，而中华优秀传统生态文化则提供了丰富的生态智慧。

生态共同体经历了自然共同体、社会共同体和生态共同体的运演逻辑，每一种共同体形态都编织出不尽相同的人地关系。在自然共同体中人与自然保持着元初的本真，在蒙昧的时代境域中维系着安宁和谐的井然秩序。在社会共同体中人与自然纷纷卷入了资本主义现代性追求资本无限增殖逻辑的漩涡中，人与自然蜕变为超绝欲望的奴隶，大自然在人类狼性态度的蹂躏下满目疮痍，倒逼着大自然发出本能的抵抗，貌合神离的人地关系必然招致生态危机的幽灵肆虐无常。生态共同体旨在以有机整体的宏阔视域重塑人与自然的共生价值，把人与自然置于一个彼此交织互惠的生命共同体中来审视以期弥合断裂的人地关系，最终指向人与自然的根本和解。生态共同体拒斥工业文明越多越好的经济理性原则，倡导够了就行的生态理性原则，在实践中扬弃以牺牲生态利益换取经济增长的黑色发展观，遵行人与自然和谐共生的绿色发展理念，而且生态共同体把生态文明建设作为实践归宿，澄明对资本主义工业文明的超越意蕴，标示了人类文明发展的新方向。

河西走廊位居我国西北边疆甘肃省的西部，因地处黄河以西地形酷似走廊而得名，由于深居西北腹地远隔海洋属典型的干旱区，水资源极度贫乏。所幸走廊南麓的祁连山孕育了石羊河、黑河和疏勒河三大内陆河，得益于内陆河的滋育走廊内分布着大小各异的绿洲，数千年来人类倚重于这些绿洲繁衍生息，故而河西走廊又称为绿洲走廊。河西走廊的区位特点决定了该区域不仅对保障西部边疆安全有重要的地缘战略地位，而且作为古代丝绸之路重要的交通枢纽河西走廊承载着东西方文明互通共荣的重要使命。如今国家提出"丝绸之路经济带"的重要倡议，着力于在全球化的背景下实现东西方文明之间的包容互鉴、合作共赢，通过复兴丝绸之路再现昔日丝绸之路的恢宏气象和辉煌盛景。"丝绸之路经济带"的重要倡议有利于再次突显河西走廊在融通东西方文明中的纽带或桥梁作用，故而在新时代背景下河西走廊要以高质量的生态保护和生态治理筑牢国家西部生态安全屏障，促进人与自然和谐共生。

河西走廊资源禀赋并不占优势，先秦时期人类活动尚在生态环境的承载范围之内人地关系总体上是和谐的，然而伴随着两汉、隋唐、明清三次大规模的开发利用，人地关系经历了相对稳定期、缓冲期和激烈对抗期的运演过程。历史时期出现的内陆河尾闾湖泊消失、绿洲边缘植被破坏、耕地沙化既已确证原本和谐的人地关系出现了难易逾越的鸿沟。如今河西走廊业已突显的水资源日渐短缺、沙漠化进程加快等生态问题赫然昭明人地关系依然沟壑难平，严重制约了河西走廊社会经济的可持续发展，与国家打造"绿色丝绸之路"的现实要求不相符。生态危机咄咄逼人的紧迫情势意味着生态治理刻不容缓，而河西走廊的生态治理存在诸如生态治理中的发展理念滞后、综合治理机制不健、政府主导生态治理失效等现实缺陷导致生态治理的效果不尽人意。

　　生态治理是通过还原人性的纯真本性借以实现以人为本的内在回归，进而达成人与自然和谐共生的外在超越，生态治理的双重向度展现了人性与自然性的统一，昭示人与自然本质的内在契合。河西走廊生态治理日渐式微吁求生态治理价值取向的转向，即由人类中心主义主导的单一价值取向转变为生态共同体福祉为旨归的多元价值取向。人类中心主义将人标举为生态系统的主宰，阐发人为自然立法的应然逻辑，遵行竭泽而渔的黑色发展方式，必然招致人类超然于他物的单一主体的生态治理模式来显现人的至尊地位，生态治理的效果不言自明。生态共同体福祉为旨归的多元价值取向将人与自然视为和谐统一的生命体，坚守人向自然生成的自然规约，在实践中践履天地美生的绿色发展方式呵护生态共同体的根本利益，进而喻示摒除人与自然绝然割裂的单一主体治理模式而践履多元协同的生态治理路径来统合人与自然的协调发展。

　　河西走廊多元协同的生态治理是将人与自然的和谐共生作为实践指向，遵循有机整体主义的统合理念、人与自然互不相胜的共生理念及可持续性的新发展理念，自始至终把人与自然的共生权益统摄于生态治理的全过程。在新时代社会主义生态文明建设的背景下河西走廊的生态治理需要新发展理念引领实践，创新发展和协调发展为生态治理提供不竭动力和根本保障，开放发展为生态治理提供有利条件，绿色发展本身就是生态治理的实践逻辑，而生态治理的最终归宿是实现优良生态和美好生活的自觉耦合，共享发展的成果。新发展理念的有机统一无形中形塑了卓异的价值共识和精妙的理论体系，引领河西走廊在发展生态经济、完善生态政治制度体系、发掘生态文化资源等方面取得突破性的进展进而为河西走廊的生态治理夯实基础，筑牢国家西部生态安全屏障，奋力谱写人与自然和谐共生现代化的河西走廊新篇章。

习近平总书记指出"生态兴则文明兴，生态衰则文明衰。"良好的生态环境是人类生存发展的物质基础，亦是人类文明永续繁荣的根基。正由于此，马克思和恩格斯以科学的世界观和方法论全景式考量了人与自然关系在人类社会发展进程中难以撼动的基础作用，指明了实现人与自然根本和解的正确路径，从而形成了品格鲜明、独具特色的马克思主义生态文明思想。马克思主义生态文明思想是一个内涵丰富、与时俱进的理论体系，本书仅仅是聚焦生态环境比较脆弱的河西走廊围绕马克思主义关于人与自然和谐共生的思想而展开的初步探索，诸如马克思主义生态文明思想理论体系的建构、马克思主义生态文明思想中国化及其当代意义等问题须要结合理论和实践创新进行深入系统研究。马克思说："在科学上没有平坦的大道，只有不畏劳苦沿着陡峭山路攀登的人，才有希望达到光辉的顶点。"学术研究本身意味着对研究者坚韧之志的锻造和历练，只有坚守学术初心持之以恒、久久为功方能抵达学术真谛的彼岸，这必然是本人今后自勉自励、锲而不舍努力的方向。欢迎并感谢各位专家学者的批评指正！

目　录

绪　论

一　问题提出的背景及研究意义

（一）问题提出的背景

河西走廊地处中国西北边疆，因形似走廊而得名。它深居内陆腹地，远隔海洋，区域内降水稀少，蒸发量大，在气候类型上属于典型的西北干旱区。然而，屹立于走廊南麓的祁连山依赖冰雪融水补给孕育了疏勒河、黑河、石羊河三大水系，规模迥异的绿洲宛若耀眼的明珠镶嵌在水系周围，使河西走廊呈现勃勃生机，故河西走廊又称绿洲走廊。河西走廊位处中国西北地缘政治的前哨，是国家经略西北乃至中亚的重要支点，直接关乎西北边疆安全和社会稳定，战略位置十分显要，历来备受中央政府重视。同时，它又是连接内陆与中亚、西欧的重要桥梁，既是沟通中西贸易来往的经济走廊，又是东西方文化交流荟萃的文化纽带。多重要素的统合交互，使得河西走廊成为中国版图上镌刻的一块耀眼的黄金地带。而今正值国家实施"一带一路"倡议之际，它也在无形中进一步凸显了河西走廊在繁荣丝绸之路经济带的重要战略意义，昭示河西走廊在助推东西方文明交流互通中的枢纽作用，再现丝路文明的辉煌气象。

然而，毋庸置疑的是，由于历史时期人口不断激增，并在该区域盲目屯田发展农业，它的自然资源惨遭严重破坏，生态平衡被破坏，植被减少、水源枯竭、土地荒芜的惨景屡见不鲜。如今，随着全球气温升高，祁连山冰川雪线逐年增高，喻示三大水系的水源补给日渐萎缩，绿洲面临着水源衰竭的严峻形势。水源枯竭又会使植被失去防风固沙的能力，进而加剧土地沙漠化。同时，水源减少也意味着流域内上下游之间因缺乏协同管理而发生用水纠纷诱发生产危机和社会危机，其危害不容小觑。时至今日，随着城镇化水平的提高，人口规模化集约化程度日渐显著，人类的活动早已超过生态系统的承载阈值，大自然在超负荷地运载。即便如此，人类依然没有减缓对大自然的肆意攫取。受经济利益的驱动以及 GDP 考核体系的影响，各地均将发展经济视为推动社会进步的第一要务，错位的发展导向必然招致大自然遭到更为严重的破坏。面对窘迫的环境情势，政府采取了一系列行之有效的措施。甘肃省在 1999 年制定了《甘肃省自然保护区管理条例》，2008 年又出台了《甘肃省人民政府关于进一步加强防沙治沙工作的意见》，2012 年通过了《甘肃省水土保持条例》，各市州依据法律法规相应地开展了流域内的综合治理工作。2018 年中共甘肃省委办公厅和甘肃省人民政府办公厅联合印发了《甘肃省生态环境损害赔偿制度改革实施方案》，特别是在 2021 年的《甘肃省"十四五"生态环境保护规划》中指出持续推动祁连山生态保护与治理，2022 年又提出了《甘肃省进一步加强生物多样性保护的实施意见》。这些举措的贯彻实施在一定程度上打破了河西走廊生态环境的恶性循环，筑牢了国家西部生态安全屏障。但是生态危机本身关涉人与自然、人与社会、人与人，彼此之间的界限难以廓清，而化解生态危机的路径和治理的主体应该是多元的，仅仅依靠政府单向度地施策无法从根源上解决生态危机，人与自然的冲突或对峙还是无法幸免。鉴于此，解决河西走廊日益恶化的生态危机，迫切需要摆脱政府一味地进行政策输出而未果的现实困境，从治理价值取向上进行多维审视，克服以往论域中人与自然主客二分的短视，将人与自然、社会置于有机整体的视域内考量，视其为和谐共生的生态共同体。

生态共同体是以当前全球性的生态危机为逻辑起点的。20 世纪 60 年代中期，美国学者蕾切尔·卡逊在她的名著《寂静的春天》中向世人宣称全球正在面临生态危机的威胁，号召人类保护日益衰竭的地球，进而揭开了伸张地球正义的序幕。此后，罗马俱乐部的报告《增长的极限》《我们只有一个地球》《自然的终结》等一系列颇具影响力的作品相继问世，它们都不约而同地表达一个相同的主题，那就是保护我们这个濒临崩溃的地球，呵护人类共有的绿色家园。生态危机的全球性蔓延业已成为不争的事实，如 20 世纪震惊世界的"全球八大公害事件"至今让人心有余悸，2011 年日本福岛核电站泄漏事故，中国面临的日益猖獗的雾霾……这些事实充分说明生态危机的幽灵挥之不去，它已经成为笼罩在人类头顶的阴霾，时刻威胁人类的生命安全。生态危机与人类的狂妄自大有密不可分的关系，但在化解生态危机的具体路径上存在人类中心主义和生态中心主义两种截然对立的观点。这两种观点的缺陷在于思维方式的主客二分，偏执地认为主体的人类与客体的自然没有必然的内在联系。与这种主客截然对立思维不同的是，生态共同体是将人与自然、社会置于对等的话语体系，互生共存。这种共生思想是马克思人与自然和谐思想的继承和发扬，其从学理上消解了人与自然主客二分的机械对立范式，以有机整体的认知视域剖析人与自然的共生关系。人与自然均具有内在价值，在生态共同体中互动共生。正是在这样的共生状态中内蕴的生态共同体，将呵护人与自然共同福祉的长远利益视为最终归宿，在实践层面倡导可持续的绿色发展方式，建设生态文明。基于生态共同体有机整体的理论旨趣和生态文明建设实践旨归的敏思，拓展了河西走廊生态治理的认知视界，从而为河西走廊生态治理开辟了新路径。

（二）研究意义

1. 理论意义

河西走廊是西部丝绸之路经济带的重要通道，其经济和社会发展水平直接关系到国家实施"一带一路"倡议的长效性和稳定性。如今，日益恶化的生态环境已经成为制约该地区社会经济持续健康发展的最大障碍。因此，再造现代化的新河西应从根本上着力于对生态环境进行综合治理，这就迫切要求探讨生态危机发生的根源以及作用机制，从整体的维度不断推进多元协同的生态治理，进而推进生态文明建设。

首先，生态危机意味着生态系统内各个生态要素缺乏耦合效应，而这种耦合机制的失效往往是由人类不合理的行为方式施加的，坦白地讲，是人类的不义之举直接酿成了生态危机。在马克思的生态文明思想中，人与自然构成了互生共存的生命共同体，共同呵护地球生命系统的完整性和有序性，但人类的狂妄自大和盲目盘剥超过了生态系统的阈值，昭示人与自然之间的共生关系发生断裂，生态危机接踵而至。

其次，马克思致力于实现人与自然的双重解放，意在将人与自然置于一个生态共同体场域内审视，而生态共同体的出场致力于生态重塑，承认和尊重人与自然的共生价值，弥合人与自然之间的互动共生关系，消解以往生态危机论域中人与自然互为中心的短视，视其为同生共栖的生命体。

最后，正是基于生态共同体价值立场的多元共生性决定了生态共同体是以维护人与自然共同福祉为运演逻辑的，在实践中遵循绿色文明的可持续发展原则，维护生态正义，建设生态文明。这种价值维度和实践旨归自始至终将人与自然置于一个对等共生的平台上，超越了单纯对生态危机进行制度的、技术的批判视界，凸显人与自然的共生境域，拓宽了生态理论的研究视野，从而促成生态治理由以人类中心主义为主导的单一价值取向转向以生态共同体福祉为旨归的多元价值取向，进而为河西走廊多元协同的生态治理提供必要的理论支撑。

2. 实践意义

河西走廊的生态环境惨遭破坏已严重威胁到了该区域人民的生活稳定和社会经济的持续发展，影响了丝绸之路经济带的繁荣与发展。生态共同体着眼于当前肆虐的生态危机，以整体的视角重塑人与自然的共生关系，实践指向绿色可持续的发展方式，构建人与自然和谐共处的生态文明，为河西走廊多元协同的生态治理开辟了新路径。

首先，多元协同的生态治理秉持有机整体主义的统合理念、人地互不相胜的共生理念以及可持续性的新发展理念，从而为全面审视人与自然的共生关系开辟了新的认知视界。有机整体主义是将人与自然置于一个互生共栖的生态共同体中，以有机整体的思维视域审视人与自然的关系。在生态共同体中，人与自然是互不相胜的共生关系，人的自由全面发展与自然生态系统的持续稳定有机统合在一起，坚持可持续发展，谋取生态共同体的根本福祉。

其次，多元协同的生态治理在新发展理念引领实践之下彰显了生态治理的时代鲜活性。创新、协调、绿色、开放、共享的新发展理念是新时代社会主义生态文明建设的纲领性思想，新发展理念的有机统合为生态治理注入了新的活力。创新发展和协调发展为生态治理提供不竭动力和根本保障，绿色发展就是生态治理的实践逻辑，开放发展则为生态治理提供有利条件，共享发展是生态治理的最终归宿，也是生态治理达成天地美生的价值诉求。

最后，多元协同的生态治理把人与自然视为互利互惠的生态共同体，着眼于发展生态经济，完善生态政治制度体系，发掘生态文化资源，从而为多元协同的生态治理开辟了新路径。发展生态经济意味着经济发展方式、消费理念和科学技术实现生态化；完善生态政治制度体系则将生态问题上升为政治的高度，通过转变政府职能，构建生态型政府，为生态治理提供制度保障；发掘生态文化资源则致力于生态环境教育对生态公民的塑造或养成。三位一体的生态治理格局有利于实现河西走廊生态治理现代化，推动生态共同体的和谐与稳定，借以推动人与自然的和谐共生。

二　国内外研究现状

本书从生态共同体的整体视域来探究河西走廊的生态治理问题，试图在学理层面为河西走廊的生态治理探寻新路径。下面着重从两个维度梳理国内外研究现状：一是以共同体为核心梳理了共同体在国内外的研究概况，二是以河西走廊为对象梳理了国内关于河西走廊生态治理问题的研究。

（一）关于共同体的国内外研究概况

亚里士多德在《政治学》开篇就将城邦定性为至善的政治团体。这个至善的政治团体实际上就是共同体的雏形，也就是说，至善是共同体得以结缘的根本要素，也是共同体得以维系长存的生命力所在。但由于共同体是一个囊括了社会的、政治的、文化的等多种要素的统合体，所以对共同体概念的阐述是一个充满争议和思辨的见仁见智的话题。确如美国学者菲利普·塞尔兹尼克所言："共同体是一个非常棘手的理念——一个含糊不清的、难以捉摸的甚至是危险的理念。这一担忧并非杞人忧天，但是它们至少也适应于哲学和社会科学中的许多其他核心概念，主要是'道德'、'法律'、'文化'、'自由'和'合理性'。"① 因此，无论是国外研究还是国内研究，对共同体主题的关注都是从多元的视角阐释或解读共同体的深刻意蕴，呈现出异彩纷呈的研究特点。

1. 国外研究现状

英国学者保罗·霍普在《个人主义时代之共同体重建》中着眼于地方或邻里共同体，分析了在现代性的社会境域之下如何重塑自我与地方共同体之间的关系。该书分为两部分：第一部分重点阐释了后工业主义、反传统性以及全球化影响了后现代社会的形成，侵蚀了传统的以工作关系、家庭生活为纽带的共同体，使社会资本无情流失，最终导致个人主义的膨胀。个人形如游离的原子逐渐与共同体分化疏离，个人主义化的行为方式淡漠了对共同体的关怀，出现了无止境追逐个人利益、道德沦丧、家庭和共同体解体等社会困境。第二部分重点描述如何重建共同体。霍普对个人主义的理解倾向于独立和自主的态度以及自我为中心的情感和行为方式，故而弥合个人主义与共同体之间的裂缝就要仰仗于公共精神的建设。在霍普看来，所谓的公共精神"是指人们参与共同体行动的一种意愿，即在考虑自己的个人利益之外，能够更多地融入共同体和社会的愿望"②。霍普认为，建设公共精神应该发挥地方政府的作用，采取切实有效的措施为志愿者组织和地方共同体提供更多的资源。

在西方政治思想史上，德国社会学家斐迪南·滕尼斯第一次系统阐述了共同体的概念。斐迪南·滕尼斯是与马克斯·韦伯、盖奥尔格·齐美尔并驾齐驱的德国著名社会学家和哲学家，是德国现代社会学的奠基人之一。他在名著《共同体与社会》中系统阐释了人类群体生活中的"共同体"和"社会"两种类型，在社会学领域产生了深远影响。美国理论社会学家帕森斯就是受到滕尼斯的启发建构了他的可变化模式。滕尼斯认为，共同体与社会是两个不同层次的概念，共同体是建立在自然基础之上的人的意识完善的统一体，并且表现为一种原始的或是天然的状

---

① [美] 菲利普·塞尔兹尼克：《社群主义的说服力》，马洪、李清伟译，上海人民出版社2009年版，第16页。

② [英] 保罗·霍普：《个人主义时代之共同体重建》，沈毅译，浙江大学出版社2009年版，第81页。

态，有关人员的本能的中意、习惯制约的适应、共同的记忆有机地整合
在一起形成互相依存的群体，包括血缘共同体、地缘共同体和精神共同
体三种形式。在共同体中生活，可以相互占有和享受共同的财产，是一
种持久的和真正的共同生活。与此相反，社会则是有目的的联合体。在
社会中，人人都处在与他人抗拒的紧张状态中，权利和活动领域都有严
格的界限，任何过激的触动和进入即被视为敌意，彼此之间缺乏沟通与
交流。因此，"共同体是持久的和真正的生活，社会只不过是一种暂时的
和表面的共同生活，因此，共同体本身被理解为一种生机勃勃的有机体，
而社会应该被理解为一种机械的聚合和人工制品"①。滕尼斯认为，人的
意志与共同体和社会密切联系在一起，他将人的意志分为本质意志和选
择意志，建立在过去之上的本质意志与共同体相适应，选择意志只能通
过与它自己相关的未来本身来理解与社会相适应。

　　滕尼斯把共同体界定为建立在自然基础之上的历史和思想的联合体，
共同体内保持一种平等互助、和睦共处的群体关系。后来，鲍曼沿袭了
滕尼斯的研究路径，视共同体为象征和谐安全的有机共同体。鲍曼从社
会理论的视角着重分析了共同体对安全的重大意义，他抵制非此即彼的
二元对立的范式，并没有卷入共同体主义与自由主义的纷争中，反而认
为共同体主义是一种弱者的哲学，它的错误在于对安全选择的认可和鼓
励，而这种安全选择恰恰是不能被施展的地方。而且，共同体主义在转
移公众对当今社会焦虑的关注根源方面起了推动作用。在鲍曼看来，流
动的现代性使当今社会充满了竞争和残酷，传统的共同体分崩离析，公
众由于没有心理归属和价值认同而缺乏安全感。"没有这种安全感，共同
体相互开放的可能性，参加可以使它们都受益并加强和和睦相处的人性
的会谈的这种可能性，就微乎其微。有了它，人性的前景看起来就是光
明的。"② 为此，针对实际存在的共同体难以修复确定性和自由之间的矛
盾，鲍曼试图建立一种像家一样温馨的共同体，彼此了解，相互依靠。

　　共同性是共同体的内在自然属性，宗教、民族王朝仅仅是共同性形

---

① ［德］斐迪南·滕尼斯：《共同体与社会》，林容远译，商务印书馆1999年版，第54页。
② ［英］齐格蒙特·鲍曼：《共同体》，欧阳景根译，江苏人民出版社2003年版，第
177页。

式上的界定，并不能区分共同性。美国知名学者本尼迪克特·安德森认为，区分共同性的本质因素是语言。语言的规定性已经超出了宗教和王朝对共同体的认定，而且正是由于语言才产生了其他概念，进而区分了不同类别的共同体。语言区分了不同的民族，城邦的分类和宗教的进化只是暂时对民族的归属和形成起到了一定的作用，并不能决定民族共同体的稳定性，因而"我们也不应该目光短浅地认为民族的想象共同体就真是从宗教共同体和王朝之中孕育，然后再取而代之而已"①。

美国著名法学家、政治哲学家罗纳德·德沃金从自由主义的立场出发探讨了与其相关的四种共同体论证形态：第一，把共同体和多数民主混为一谈，认为民主的多数就可以有权为全体人民规定伦理标准。这种共同体仅仅把共同体作为具体的、数量上的简单的象征而对待；第二，家长主义的共同体把共同体界定为一个政治群体，有着共同而明确的责任划分；第三，有自身权利的实体共同体，强调从物质的、精神的和伦理的等不同的方面形成需要的共同体；第四，人格化的共同体认为政治共同体不仅独立于而且优越于公民个人。德沃金认为无论哪一种形态对共同体概念的应用都缺少了一种化约的意义，具有越来越多的实质性意义。在对这四种共同体形态进行批判的基础上，他提出唯有宽容共同体才是真正意义上的自由共同体。"我认为，假如根据我定义的平等观的背景来理解自由主义宽容，那么它不但与最吸引人的共同体观念相一致，而且是其不可缺少的要素。"②

菲利普·塞尔兹尼克是美国法律社会学的重要代表人物之一。在《社群主义的说服力》一书中，塞尔兹尼克探讨了与共同体概念有关的理念、原则、经验等要素。他把共同体界定为："就一个群体包含许多利益和活动的范围意义上，它就是一个共同体；当一个群体考虑所有人，而不只是考虑那些做出特殊贡献的人的意义上，它就是共同体；就一个群

---

① ［美］本尼迪克特·安德森：《想象的共同体》，吴睿人译，上海人民出版社 2011 年版，第 21 页。

② ［美］罗纳德·德沃金：《至上的美德：平等的理论与实践》，冯克利译，江苏人民出版社 2012 年版，第 217 页。

体共享承诺的约束和文化的意义上，它就是共同体。"① 他认为共同体的道德联系就像朋友和家庭成员之间达成的协议，遵循"社会连带和尊重的联合体"这一基本原则，共同体的优点在于履行无限义务和做出负责任的判断，而现在共同体之所以弱化就在于有限义务的诱惑。

当代著名哲学家桑德尔认为，自我是构成共同体的一个要素，自我从属于共同体，自我的善对共同体的利益至关重要，共同体优于自我。人们按照共同体的善来实现自我理解。"如果说共同体概念描述了一种自我理解的框架，这种自我理解的框架又区别并在一定的意义上优先于框架中的个人的情感和性情，那么仅仅是在同样的意义上，公平正义描述了一个'基本架构'或框架，此框架也同样区别并优先于框架中的个人的情感和性情。"②

美国伦理学家麦金太尔对共同体的探讨更多的是从伦理关怀的视角展现出来的。他赞同形如亚里士多德建立在伦理意义上的共同体，德性在沟通个体与共同体之间起着重要的纽带作用，追逐共同的善有助于实现共同体成员之间的共同利益。他认为当前的社会道德衰退，共同体处于一个转折期，唯有恢复古代的共同体才能保留德性。"近来我们也进入了那个转点时刻。在这个阶段的问题是地方形式的共同体的建构，在这种共同体中，文明、知识分子和道德生活能够度过已经降临的新的黑暗时代而维持下来。如果德性传统能在上一个黑暗时代的恐怖中继存下来，那我们就不会完全失去希望的基础。"③

加拿大学者查尔斯·泰勒的共同体思想源自黑格尔。黑格尔认为，共同体是一个公共场所，个体作为片段从属于共同体，共同体具有比个体更有实质性的精神体现，这恰恰表征了一种民族精神。泰勒赞同黑格尔的共同体中蕴含民族精神的说法，认为人们就是依靠这种民族精神实现对共同体的认同，民族精神的外化形式便是国家。"黑格尔把这个共同体观念加入了共同体生活之中。正是这个观念，加上对语词'精神'、

① ［美］菲利普·塞尔兹尼克：《社群主义的说服力》，马洪、李清伟译，上海人民出版社2009年版，第20页。
② ［美］迈克尔·桑德尔：《自由主义与正义的局限》，万俊人等译，译林出版社2001年版，第209页。
③ ［美］麦金太尔：《德性之后》，龚群等译，中国社会科学出版社1995年版，第330页。

'民族精神'的使用，就产生了这样一种观点：黑格尔式的国家或共同体是一个高于个体的东西。"① 同时，泰勒还探讨了共同体与民主的复杂关系，认为没有共同体就没有民主，没有民主也就没有共同体。②

　　美国著名政治哲学家迈克尔·沃尔泽认为，只要有人类社会就会有共同体，而且这个共同体是现实的而非历史的。沃尔泽把政治共同体等同于国家，拥有自己的疆界、人口和赖以支配的资源，通过语言、历史和文化结合成具有永久而固定的民族特性。在政治共同体中，政治是人们之间的共性纽带，把人们连接在一起为塑造他们的命运而展开各种斗争，除此以外，政治共同体的作用还在于给共同体成员分配公共的善，但前提是具有成员资格，因为拥有成员资格才能享有社会物品或社会资源。"在人类某些共同体里，我们互相分配的首要善（primary good）是成员资格。而我们在成员资格方面所做的一切建构着我们所有其他的分配选择：它决定了我们与谁一起做那些选择，我们要求谁的服从并从他们身上征税，以及我们给谁分配物品和服务。"③ 沃尔泽认为真正的成员资格存在的重要意义在于享受共同体供给的安全与福利。英国学者罗杰·科特威尔认为，可以在维持现有的以国家中心主义为特征的法律时，也可以重新考虑以共同体为基础（community basis）建构的法律规制模式。④

　　2. 国内研究现状

　　国外研究主要是从社会学、政治哲学、伦理学的维度探讨共同体与个体之间的内在属性，并寻求一种共生机制化解或调和二者之间的张力。与国外研究相比，国内共同体的研究更富有中国的理论特质，主要有三条研究路径：一是阐释与共同体相关的理论问题；二是重点讨论马克思的共同体思想；三是讨论人类命运共同体形成的历史过程、价值基础、构建原则等理论问题。

① ［加］查尔斯·泰勒：《黑格尔》，张国清等译，译林出版社2002年版，第582页。
② ［加］查尔斯·泰勒：《共同体与民主》，张容南译，《现代哲学》2009年第6期。
③ ［美］迈克尔·沃尔泽：《正义诸领域：为多元主义与平等一辩》，褚松燕译，译林出版社2002年版，第38页。
④ ［英］罗杰·科特威尔：《共同体的概念》，王渊译，载《清华法学》第七辑，清华大学出版社2007年版，第265—273页。

（1）在共同体理论的阐释方面

张康之、张乾友认为人类社会不同发展阶段的共同体呈现不同的形式和性质，表现为在农业社会发展阶段人类属于家元共同体，在工业化过程中人类建构了族阈共同体，而在全球化时代预示着合作共同体的生成。家元共同体是一种"自然秩序"，是一种利益混沌的蒙昧状态，不分彼此就无所谓私人利益。工业化冲击了家元共同体出现了族阈共同体，而族阈共同体是一种虚幻的共同体，私利被视为观察社会和理解个人的根本视角，人走出家打造个人的空间，使人无法获得完整的属于自己的生活，个人及其生活呈现碎片化。"全球化是与后工业化密切联系在一起的，如果说工业化实现了族阈共同体对家元共同体的替代的话，那么，后工业化必将是一个共同体的再造过程，将是合作共同体对族阈共同体的替代过程。"① 李荣山梳理了共同体概念的演变过程，认为共同体经历了由"统领原则的共同体"格局到"共同体与社会"的对立格局，再到"社会中的共同体"格局这样一个逐步"减格"的过程，本质上反映了伴随现代性的不断变化，确定性与自由的矛盾在个体的经验中日渐凸显。②

贺来认为抽象共同体的"客观理性"与抽象个体的"主观理性""共同感"形成了一种对抗，这恰恰成为现代性中的二律背反。超越二者的"关系理性"确定"为他人的主体性观念"，有益于克服二者的冲突与对立。激活中哲、西哲、马哲的思想资源，实现三者的对话汇通，在推动个性发展的同时实现个体之间的联合，追求真实的共同体。"正是在这种'个人'与'共同体'的互为条件和交互关系中，'自由人联合体'取代前现代社会的抽象'共同体'，也取代现代社会抽象的'个人主体性'以及由此所形成的人与人之间的外在联系，成为真正的'共同体'。"③ 王立认为共同体是社群主义批判自由主义的理论武器，但共同体本质上是自由人的联合体，与自由主义的哲学人类学基础趋同，社群主义的哲学人类学是自由人的联合体而非共同体。④ 李慧凤、蔡旭昶认为当

① 张康之、张乾友：《共同体的进化》，中国社会科学出版社 2012 年版，第 17 页。
② 李荣山：《共同体的命运——从赫尔德到当代的变局》，《社会学研究》2015 年第 1 期。
③ 贺来：《"关系理性"与"真实的共同体"》，《中国社会科学》2015 年第 6 期。
④ 王立：《共同体之辨》，《人文杂志》2013 年第 9 期。

前共同体概念的内涵和外延早已拓展，共同体已经融入了权力组织、社会网络、社会资本等多种元素，为被赋予了诸多功能性的"共同体"公民社会组织研究提供了新的视角，而公民社会也为功能性的共同体发展提供了实践基础。① 马俊峰认为共同体是人的共同体，并非简单的物的耦合，依据不同的区分可以呈现多种多样的共同体，共同体具有结构性、普遍性、公共性、实践性的功能和特征。② 另外，他还探讨了共同体存在的哲学意蕴，认为随着人类生存空间的不断拓展，共同体呈现出流动性的属性，共同体边界变得模糊不清，人们也不想弄清楚共同体本身的含义，符号共同体终结了实体共同体。摆脱这种符号化的异化状态，实现人的自由可以汲取马克思思想智慧，因为"马克思的'自由人联合体'是共同体发展的旨归，也是人类过上幸福生活的栖息之地"③。岳天明认为理性在建构现代化的过程中致使立足于非理性化之上的社会精神层面弥散，以情感为基础的共同体意识被阶级意识取代，如此使得不同阶层之间的行为取向日益分化。④

臧峰宇认为，当代共同体是在工业社会人与人、人与社会的紧张关系中建构的，其价值旨趣在于追求人类的全面发展。当代共同体应自觉接受后工业社会的发展理念，推动人与人之间的和谐竞争，完善和谐的公共空间。⑤ 王玉明、王沛雯认为，尽管多学科视域中的共同体存在较大差异，但也并无相通之处，共同的特性、状况以及处境的社群构成共同体，共同体成员之间相互信任、相互影响，集体认同、集体参与是其运行的重要形式。⑥ 陈美萍认为自共同体（community）被提出以后，它就是一个社会科学界无法忽视的概念，它的界定也充满争议，不同的学科

① 李慧凤、蔡旭昶：《"共同体"概念的演变、应用与公民社会》，《学术月刊》2010 年第6 期。
② 马俊峰：《"共同体"的功能和价值取向研究》，《石河子大学学报》（哲学社会科学版）2011 年第 2 期。
③ 马俊峰：《共同体哲学意蕴刍议》，《石河子大学学报》（哲学社会科学版）2012 年第 2 期。
④ 岳天明：《从共同体意识到阶层意识》，《社会科学战线》2016 年第 6 期。
⑤ 臧峰宇：《当代共同体的和谐实践及其价值意蕴》，《理论与改革》2007 年第 5 期。
⑥ 王玉明、王沛雯：《多学科视域中的"共同体"范畴比较》，《社会主义研究》2015 年第5 期。

和社会对它的诠释出现了较大差异，而作为社会学领域的基础概念，它可以激发人们产生不同的思考，形成不同的知识脉络和传统。① 王露璐认为，共同体在从传统向现代的转变过程中，尽管有着不同的阐释视角，但它作为一种社会关系模式，在形成基础、组织结构和意义指向中始终体现着一种向善的伦理价值和道德意义。② 邵晓光等认为，共同性是共同体的本质属性，然而个人主义取代了自然的共同性成为人与人关系的主题，个人权利的尊重破坏了这种共同性致使共同体走向衰落，重建共同性必须正视现实的强制功能，转向共同性的身份认同。③ 吴玉军认为工业主义打破了传统共同体的封闭结构，人们在大都市的生活中受到货币的支配，人与人之间仅仅是一种表面性的、短暂的、部分性的状态，出现了原子化的人际关系。克服这种精神上的不安，追寻稳固的归属感，就要使人们在工业主义的逻辑中找到"阿基米德点"。④

（2）马克思共同体思想的研究

美国学者古尔德从社会本体论、劳动本体论、自由本体论、正义本体论几个维度阐释了马克思的共同体思想，认为马克思著作当中渗透的一个根本性的问题就是个人与共同体的关系问题，而且自由个性的价值与共同体的价值相一致。"对马克思来说，一个公正的共同体以自由个性的全面发展为条件。而且，自由个性的价值与共同体的价值彼此是相一致的。"⑤ 日本学者望月清司在《马克思历史理论的研究》一书中阐述了马克思的共同体和社会概念，认为马克思的共同体和社会作为人的属人的、类的集结和统合原理，性质是一样的，两者只是存在集结方式上的差异，即前者是没有中介的直接集结方式，后者则是借助中介物将没有人格的个人彼此联系起来。马克思所描绘的世界历史发展的轮廓可以概

① 陈美萍：《共同体（Community）：一个社会学话语的演变》，《南通大学学报》（社科版）2009 年第 1 期。

② 王露璐：《共同体：从传统到现代的转变及其伦理意蕴》，《伦理学研究》2014 年第 6 期。

③ 邵晓光、刘岩：《共同体的历史走向和重建中的功能矛盾》，《学术月刊》2015 年第 7 期。

④ 吴玉军：《共同体的式微与现代人的生存》，《浙江社会科学》2009 年第 11 期。

⑤ ［美］古尔德：《马克思的社会本体论》，王虎学译，北京师范大学出版社 2009 年版，第 4 页。

括为："包含无中介的社会结构的共同体→作为共同体协作和分工关系异化形态的社会→由社会化了的自由人自觉地形成的社会。"① 邵发军在《马克思的共同体思想研究》一书中首先阐明了马克思之前的共同体理论，而后从"虚幻共同体""抽象共同体""真正共同体"三个层面梳理了马克思共同体思想发展的基本脉络，认为马克思将人的本质和共同体联系在一起，关注个人的自由和发展，个人的真正自由以及"自由人的联合体"就是马克思所谓的"真正的共同体"。"马克思的'真正的共同体'思想结束了一切蔑视人的个性和自由的思想的意识形态的幻想，真正开启了每个人的自由而全面发展的思想之光面临以财富为唯一最终目的那个人类在自己创造物面前迷失的时代。"②

王萍霞系统阐释了马克思发展共同体思想的理论体系，发掘了马克思发展共同体思想产生的渊源、过程、逻辑架构和价值维度，认为亚里士多德的理想城邦、黑格尔的世界历史理念、莫尔的乌托邦思想等学说是马克思发展共同体的思想来源，"现实的人"是逻辑起点，实现人的自由全面发展的真正"共同体"是逻辑终点，市民社会是逻辑中介，"自由发展""和谐发展""整体发展"则是马克思发展共同体思想的价值维度。③ 胡寅寅梳理了马克思共同体思想的致思逻辑，认为马克思的共同体是诉诸共同利益和共同解放的需求而形成的共同关系模式。马克思首先考察了在资本主义生产方式下共同体的生存状况，批判了资本主义制度使市民社会与国家相分离，造成人的异化，将共同体的发展演进置于人的本质生成逻辑中，进而考察人类社会的发展历史。马克思真正共同体的实质就是"自由人的联合体"，是共产主义社会中人类联合的基本形式。④

美国学者肯尼斯·梅吉尔认为，作为民主联合形式的马克思的共同体有三种表达方式：一是作为有地域限制的、封闭的原始联合形式的共

① ［日］望月清司：《马克思历史理论的研究》，韩立新译，北京师范大学出版社 2009 年版，第 225 页。

② 邵发军：《马克思的共同体思想研究》，知识产权出版社 2014 年版，第 177 页。

③ 王萍霞：《马克思发展共同体思想研究》，博士学位论文，苏州大学，2013 年。

④ 胡寅寅：《走向真正的共同体——马克思共同体思想研究》，博士学位论文，黑龙江大学，2014 年。

同体；二是没有国家社会的普遍共同体；三是作为存在方式的共同体。①
侯才认为马克思关于个体与共同体的理解集中体现在特定的语词中，马
克思对这些概念的区分彰显了对以往相关理论的扬弃。针对马克思关于
"个体"和"共同体"概念的诠释存有疏漏和遮蔽的情况，侯才对1848
年之前著作中的相关用语及其内涵进行了甄别和考察。② 姜涌认为"虚幻
的共同体"是一种个体抽象的利益组合的"利益共同体"，只有自由人的
联合体才是"真正的共同体"，是人的自由王国。马克思的真正共同体思
想对资本主义社会虚幻共同体和现代性进行了批判，而且具有现实的可
实践性和进步性。③ 陈志英认为当代马克思共同体思想的研究有两个视
角：一是以滕尼斯和鲍曼为代表的现代社会学的视角；二是以美国为主
要阵地的社群主义的视角。马克思的共同体思想与德国传统思想密不可
分，赫斯的共同体思想直接影响到马克思"自由人联合体"思想的形成
及其内容，促成马克思对共同体的论证由人文主义逻辑转向历史逻辑。
马克思共同体思想经历了资本主义国家的"虚幻共同体"、自由人联合的
"真正共同体"、人与自然共生的"自然共同体。"④ 李永杰认为马克思利
用个体与共同体的关系范畴考察了人类社会发展历史并总结出三种历史
图景：前资本主义社会的强共同体、弱个体的社会，对应人的依赖性状
态；资本主义社会的强个体、弱共同体的社会，对应以物的依赖性为基
础的人的独立性状态；未来理想社会的自由人的联合体，对应个人全面
发展和自由个性状态。⑤ 秦龙认为"资本共同体"是一种资本的联合体，
建立在资本与工人交换的基础之上，资本共同体的逐利性与工人的人格
相悖限制了自由的发展，资本家也只能在追逐物质依赖性的基础上寻求
独立，无法实现完全独立和真正自由。⑥ 刘海江探讨了马克思"虚幻共同

---

① [美] 肯尼斯·梅吉尔：《马克思哲学中的共同体》，马俊峰等译，《马克思主义与现实》
2011 年第 1 期。

② 侯才：《马克思的"个体"和"共同体"概念》，《哲学研究》2012 年第 1 期。

③ 姜涌：《"真实共同体"与"虚假共同体"之诠释》，《广东社会科学》2016 年第 6 期。

④ 陈志英：《马克思的共同体思想的主要来源和发展阶段》，《哲学动态》2010 年第 5 期。

⑤ 李永杰：《共同体与个体：马克思观察人类历史的一对重要范畴》，《马克思主义与现实》
2014 年第 5 期。

⑥ 秦龙：《马克思"资本共同体"思想的文本解读》，《福建论坛》（人文社会科学版）
2010 年第 9 期。

体"思想的存在论基础，认为马克思在批判黑格尔法哲学的基础上提出了国家是"虚幻的共同体"的命题，这个命题是基于人实践活动中普遍性和特殊性的统一，而国家是二者分离的产物。① 姜建成、周春燕认为，马克思真正共同体的思想揭示了人类社会发展的一般规律，是马克思推动社会变革的实践反思，蕴含唯物史观和剩余价值论两大重要发现。马克思真正共同体思想的要义是通过建立新的社会关系实现共同富裕，追求自由人的联合体，这种创造人类幸福生活的价值指向可以引领当前中国社会经济的发展。②

池忠军认为共同体是否人为的话题存在马克思和滕尼斯的争论，在揭示马克思历史语境中的共同体类型及其演进逻辑的基础上认为马克思的人为共同体与滕尼斯的有本质之别。马克思的人为共同体的理论脉络对当下建构城乡社会生活共同体实践提供依据，是马克思中国化的重要内容之一。③ 石云霞认为马克思的社会共同体思想是马克思唯物史观的重要内容，社会共同体是人与社会存在的基本形式，普遍本质和特殊本质的辩证统一，而资本主义社会是建立在阶级的统治和剥削之上的虚假共同体，自由人联合体是人类"真正的共同体"。④ 高石磊认为马克思从人类社会发展的历史维度出发将共同体区分为前资本主义社会共同体、资本主义市民社会共同体、人道主义共产主义共同体，进而论证了前资本主义社会共同体的不足，揭示了资本主义社会共同体的虚假和标榜正义的虚伪性，而人道主义共同体是经过人的理性选择之后的共同体，共同体成员相互依赖，依靠权威的整体认同来协调共同体公共事务。⑤ 石梅、张立诚认为马克思的自由观点与共同概念密切相关，共同体是个人实现自由的基础和前提条件，在资本主义虚幻的共同体中，个人的自由仅仅

---

① 刘海江：《马克思"虚幻共同体"思想的存在论基础》，《南京政治学院学报》2010 年第 1 期。

② 姜建成、周春燕：《马克思"真正的共同体"思想及其当代价值》，《苏州大学学报》 2013 年第 6 期。

③ 池忠军：《马克思的共同体理论及其当代性》，《学海》2009 年第 5 期。

④ 石云霞：《马克思恩格斯的社会共同体思想研究》，《马克思主义理论学科研究》2016 年第 1 期。

⑤ 高石磊：《马克思共同体思想意蕴研究》，《求实》2015 年第 6 期。

是一种形式的自由，只有在真正的共同体中才能获得个人自由。① 康渝生、胡寅寅认为马克思通过考察人的生活方式揭示了人类社会发展的总体趋向，体现了唯物史观的致思理路。马克思的真正共同体思想是从现实的个人出发探讨人的自由发展问题的必然结果，而且也是"自由人联合体"理论意蕴展现人类社会发展的必然趋势。②

（3）人类命运共同体的相关研究

张曙光认为高清海先生提出的"类哲学"的命题突破了"中国问题"的禁锢，以整体的视域思考整个人类的命运。在全球化推动"人类命运共同体"形成的时代背景下，"类哲学"极富思想创新意义。从学理层面来说，类哲学应当是"个体""共同体""人类""大自然"这四重维度的思想框架，相互依赖、相辅相成。③ 徐艳玲、李聪认为"人类命运共同体"的价值意蕴具有历史、现实和未来三重维度：从历史维度审视是摒弃了传统帝国意识和极端民族认同而形成的新型文明观，从现实维度审视是祛除了西方的正义论而形成的"正确的义利观"，从未来维度审视是超越均势与霸权而形成的新型国际秩序观。④ 谢文娟认为中国的优秀传统文化、中外传统的友谊以及现代和平外交经验奠定了人类命运共同体构建的雄厚根基，全球问题、各国发展问题、西方价值失序问题等这些现实的需求催生了人类命运共同体的构建，人类命运共同体成为把脉中国治国理政必不可少的新基点，也为全球治理提供了新方略。⑤ 康渝生、陈奕诺认为提出"人类命运共同体"的理论构想为解决全球性的问题提供了"中国方略"，人类命运共同体的全球性实践不仅展现了中华民族的和谐理念和"天下"情怀，而且将马克思的"真正共同体"作为理论底蕴，

① 张梅、张立诚：《马克思哲学视阈下个人自由与共同体发展的关系》，《广西社会科学》2015年第12期。
② 康渝生、胡寅寅：《走向"真正的共同体"：唯物史观的致思理路》，《理论探讨》2015年第4期。
③ 张曙光：《"类哲学"与"人类命运共同体"》，《吉林大学社会科学学报》2015年第1期。
④ 徐艳玲、李聪：《"人类命运共同体"价值意蕴的三重维度》，《科学社会主义》2016年第3期。
⑤ 谢文娟：《"人类命运共同体"的历史基础和现实境遇》，《河南师范大学学报》（哲学社会科学版）2016年第5期。

在实践中能够推动人类命运共同体构建的历史进程。① 明浩探讨了"一带一路"与"人类命运共同体"之间的关系，认为在人类历史上由于发展失衡引发了文明之间的竞争与冲突，进而产生了文明冲突与对抗的悲观论调，而"一带一路"的倡议实现路径将有利于推动人类命运共同体的形成，使人类从对抗走向共生，从冲突走向和谐。② 丛占修认为人类命运共同体的思想可追溯至世界城邦和永久和平的梦想，全球化和全球主义击溃了各民族国家之间的隔阂，相互交往、交流渗透成为共识。在此基础上，人类命运共同体摒弃了西方价值，提倡真正的全人类价值，在制度设计上尊重以联合国宪章为基础的秩序和规则，反对帝国政治，在文化上尊重多样性，讲究文化交融中的包容互鉴，反对文化霸权。③ 叶小文认为人类命运共同体是建立于强大的文化支撑基础之上的，这种文化基础一方面来自人类文明新的复兴，另一方面则是源于新人文主义的发展。④

　　赫尔曼·达利是美国著名的生态经济学家、国际生态经济学学会的主要创建者之一，小约翰·柯布是著名的过程哲学家、生态经济学家、建设性后现代主义的领军人，二人合著了《21世纪生态经济学》。该书曾荣获美国国家图书大奖，被认为与埃莉诺·奥斯特罗姆的《公共事物的治理之道》一样，指明了人类21世纪的新经济学之路。经济无限增长的传统使人完全变成在利益关系中角逐的"经济人"，也使这个脆弱的星球不堪重负，忍受人类的无止境肆虐。面对这种境域，作者进行了全面的反思，正如在《21世纪生态经济学》一书导言中阐发的狂野的事实要用狂野的语言来表达一样，全书对现代主流资本主义经济学和发展模式进行了挑战和颠覆，批判了经济主义和GDP崇拜。面对人与自然的戕害，作者认为"人类能够从其在生物圈的成员身份中获得他们的部分身份。

---

　　① 康渝生、陈奕诺：《"人类命运共同体"：马克思"真正的共同体"思想在当代中国的实践》，《学术交流》2016年第11期。

　　② 明浩：《"一带一路"与"人类命运共同体"》，《中央民族大学学报》（哲学社会科学版）2015年第6期。

　　③ 丛占修：《人类命运共同体：历史、现实与意蕴》，《理论与改革》2016年第3期。

　　④ 叶小文：《人类命运共同体的文化共识》，《新疆师范大学学报》（哲学社会科学版）2016年第3期。

他们能够参与生物圈做出的决策，他们能够照料整体，也能照料具有多样性的个体成员。在这个有限制的意义上，对人类成员而言，整个生物圈能够而且应该成为一个有共同体组成的共同体"①。

美国学者菲利普·克莱顿、贾斯廷·海因泽克认为，全球性生态危机的罪魁祸首是资本主义追求无限增长的现代性，制度因素仅仅是诱发生态危机的一个因素，否则的话就无法解释社会主义国家同样也会发生生态危机。他们认为19世纪的马克思主义所主张的历史决定论和世界改良论等现代主义假设已经无法适应后现代社会的生活情境，必须加以修正或更新，用一种后现代主义的马克思主义置换传统马克思主义。他们融合了怀特海的有机哲学、中国的传统文化创造了有机马克思主义，宣称资本主义正义"不正义"、自由市场"不自由"，穷人将为全球气候遭到破坏付出沉重的代价，实践指导原则是为了共同的福祉、有机的生态思维、关注阶级不平等问题、长远的整体利益。有机马克思主义的核心理念是构建一个人与自然互生共存的生态化的共同体："一个生态的世界秩序，即一个万物相互联系的由共同体组成的共同体。在这样一个世界，当他或她向一个特定的家庭共同体负责时，每一个世界公民也都会对共同体的其他人负责。我们所有的人都应该对生命的地球共同体负责，因为没有地球，我们每一个人都无法幸存。"②

美国学者赫尔曼·格林认为生态时代是一个过程化概念，指的是连续进化出人类与非人自然新型关系的、人与人之间新关系的时代。在生态化时代，不是废弃在技术时代的技术和知识，而是以更大的创造性适应和谨慎的方式来运用这些技术和知识，包括新的技术和知识。他认为在生态化时代，应加深共同体中的个人与非人自然之间联系的意识，强调在未来的社会共同体中，应该与生态自然之间建立起相互有益的平衡。③ 李静、毛仲荣认为，环境共同体与共同体之间有一些共性，但由于

① ［美］赫尔曼·达利、小约翰·柯布：《21世纪生态经济学》，王俊等译，中央编译出版社2015年版，第209页。

② ［美］菲利普·克莱顿、贾斯廷·海因泽克：《有机马克思主义——生态灾难与资本主义的替代选择》，孟献丽等译，人民出版社2015年版，第149页。

③ ［美］赫尔曼·格林：《生态时代与共同体》，尹树广、尹洁译，《学术交流》2003年第2期。

传统共同体与实践脱节不能作为认识环境共同体的根据。环境共同体具有客观性，其本质是责任共同体而非利益共同体，环境共同体的决定性作用使得环境保护和环境立法发挥应有的作用，有利于解决人类环境问题。① 鲁品越认为"浅层生态学"日渐被"深层生态学"取代，但后者又具有形而上学的局限性，伴随人的实践，人与自然形成了利、真、善、美四重关系上的深度内在联系，进而生成了整体的"人—自然共同体"，资本扩张使人类自身殖民化，故而实施"以人为本"的科学发展观可以帮助人类摆脱危机。② 姜晓磊认为在马克思的真正的共同体之下，不仅人可以扬弃虚假的共同体条件下的异化状态，人与自然也将具有新的相处模式。党的十八大提出的人类命运共同体是对马克思真正共同体思想的进一步发展。在人类命运共同体中，人与自然是一个不可分割的整体，不仅人在利用自然的过程中需要有共同体视域，在未来自然的修复过程中也要认识到自然本身是一个共同体，从而为生态环境指明新的方向。③ 党的二十大报告指出，当前世界之变、时代之变、历史之变正在以前所未有的方式展开。在此时代境域下，中国政府以实际行动弘扬和平、发展、公平、正义、民主、自由的全人类共同价值，尊重世界文明的多样性，促进世界和平与发展，积极推动构建人类命运共同体。周亚萍认为由于受功利主义的驱动，人类无节制地生产和最大限度地消费产生了环境问题，解决环境问题的关键在于转变人类的生产方式，承认和尊重大自然的权利和价值，实施可持续发展道路，构建和谐的人与自然共同体的价值观。④

（二）国内关于河西走廊生态治理问题的研究

择取河西走廊这个典型区域作为研究对象，既是基于遏制该区域日

---

① 李静、毛仲荣：《共同体与环境共同体》，《郑州大学学报》（哲学社会科学版）2012 年第 1 期。

② 鲁品越：《资本扩张与"人—自然共同体"的形成——人与自然矛盾的当代形态》，《上海财经大学学报》2011 年第 2 期。

③ 姜晓磊：《马克思恩格斯"真正的共同体"思想及其当代意义》，《学习与探索》2016 年第 9 期。

④ 周亚萍：《论构建人与自然和谐共同体的环境价值观》，《理论月刊》2007 年第 8 期。

益恶化的生态环境问题，缓和人地矛盾的沉思，又是基于推动国家顺利推进"一带一路"倡议持续繁荣以及构筑国家西部生态安全屏障的现实之需。河西走廊地处中国西北内陆地区，发端于祁连山南麓的石羊河、黑河及疏勒河，给养了散布于走廊内大大小小的绿洲。这条绿洲走廊滋育了万物生灵，人类依赖于绿洲而得以繁衍生息，河西地区社会经济的发展也得益于绿洲的有力支撑而长久不衰。同时，河西走廊是连接中国内陆地区与新疆、中亚乃至欧洲的重要交通通道，独特的地理位置及区位优势决定了河西走廊在古丝绸之路中具有促进中西经济文化交往的枢纽作用。如国家提出的"一带一路"倡议，意味着河西走廊在丝绸之路经济带中的纽带作用再次被凸显出来。但毋庸置疑的是，由于历史上的不合理开发、利用，河西走廊的生态环境已经遭到了严重的破坏，如今这些生态问题依然没有得到彻底的解决，甚至伴随人口的膨胀和竭泽而渔的发展方式，愈演愈烈。这对于生态禀赋本来就不优越的河西走廊来说无疑是致命的，不仅不利于该地区人与资源、社会的可持续发展，而且积重难返，直接影响丝绸之路经济带的持续稳定发展。面对日益窘迫的生态问题，学界从不同的维度对河西走廊的生态问题进行了分析研究，提出了一些卓有创见的生态治理对策：一是侧重对历史时期河西走廊的生态问题进行梳理，进而为今天的生态治理提供经验；二是通过剖析河西地区涌现的典型生态问题，提出有针对性的生态治理路径。

1. 从历史维度对河西走廊的生态问题进行梳理，总结经验教训

河西走廊的生态环境并非自古如此，而今肆虐的生态问题与历史时期人类的不合理开发、利用有密不可分的关系。李并成考证了历史时期河西走廊沙漠化的重点区域及其演化过程，探讨了河西走廊历史时期植被的破坏和变迁、河湖水系的变迁，认为沙漠化过程在今天的社会经济发展中依然在继续，故而应该鉴往识今，着重从控制人口增长、实施整体的开发利用以及贯彻保护利用并举的原则等方面建设现代化的新河西。[①] 程弘毅通过运用实地考察、环境考古、历史地理、实验分析等多学科综合的方法，系统重建了河西地区历史时期包括人口、人口密度、土

---

① 李并成：《河西走廊历史时期沙漠化研究》，科学出版社 2003 年版，第 315—319 页。

地利用强度、水资源利用率等人类活动的量化数据，认为近两千年以来河西地区的沙漠化主要受气候变化的影响，沙漠化逐渐加剧是由中全新世以来千年尺度上气候的干冷变化趋势所决定的，而具体历史时期的沙漠化则是由百年尺度上气候的冷暖干湿变化造成的，近300年以来的沙漠化则受制于人类活动的影响。① 钱国权探讨了河西地区三大内陆河的源头、流量流程以及河道变迁，研究了清代河西地区的水利管理制度和水案纷争，认为祁连山森林覆盖直接影响了河流的暴涨暴退，清代在该区域不合理的水利开发造成了荒漠化，而荒漠化和绿洲化是一个动态平衡过程，荒漠化一旦发生则难以逆转。②

吴晓军认为河西走廊内陆河流域生态环境演变与历史上该区域农牧业发展转换、水资源开发利用以及人口膨胀有紧密的联系，特别是人口的增加超过了自然环境的承载力致使生态失衡。故而，河西走廊在社会经济发展过程中一方面要控制人口规模，另一方面要强化生态环境的建设与保护，扩大人类的生存空间，提高地方经济活力。③ 马啸认为左宗棠是近代以来给予西北生态环境深切关怀与治理的第一人。在左宗棠就任陕甘总督和督办新疆军务时，他着眼于改善各族人民的生存环境，制定了植树造林、兴修水利、合理垦荒、美化城市等卓有成效的治理措施，在一定程度上改善了西北的生态环境。④ 樊自立探讨了历史时期西北干旱区的生态演变规律，认为在山前地带可增加引水量，扩大人工绿洲，改善生态环境，但在河流中下游地区，随着水量的减少，古绿洲逐渐衰亡，生态环境恶化。生态环境变化的驱动力除了有气候波动、河流改道等自然因素外，社会经济的发展也改变了水资源的地域分配。⑤ 潘春辉认为清代在河西走廊兴建了一批水利工程，一方面促进了农业水平的提高，另

---

① 程弘毅：《河西地区历史时期沙漠化研究》，博士学位论文，兰州大学，2007年。
② 钱国权：《清代以来河西走廊水利开发与生态环境变迁》，博士学位论文，西北师范大学，2008年。
③ 吴晓军：《河西走廊内陆河流域生态环境的历史变迁》，《兰州大学学报》（社会科学版）2000年第4期。
④ 马啸：《左宗棠与西北近代生态环境的治理》，《新疆大学学报》（社会科学版）2004年第2期。
⑤ 樊自立：《历史时期西北干旱区生态环境演变规律和驱动力》，《干旱区地理》2005年第6期。

一方面在开发过程中由于大面积采伐植被加剧了该地区土壤沙化，水渠修治技术低下则使水渠无法到达垦辟土地造成土地破坏，加速了环境恶化。①

这些论著从宽泛的认知视野深入分析了河西走廊的生态环境在历史时期的演变规律，得出的共识是河西走廊的生态恶化是自然因素与人为因素双重作用的结果，特别是近 300 年以来，随着人类活动日益频繁，人类对生态资源的不合理利用加剧了生态环境的恶性循环。研讨历史时期生态环境的更替演变，旨在为现实社会经济的持续发展以及生态环境的治理提供历史经验和有益的政策参考理据。

2. 剖析河西地区的典型生态问题，提出有针对性的生态治理路径

樊胜岳等探讨了经济发展与环境保护之间的协调关系，深入分析了河西地区的水土资源和荒漠化现状，通过梳理河西地区经济发展的历史和现状，指出河西地区经济可持续发展的具体对策是：发展以流域为单元的经济、发展沙产业防治沙漠化、经营和保护水源涵养林。② 张勃、石惠春介绍了河西地区绿洲资源的空间结构和绿洲开发过程，指出绿洲资源优化配置应遵循持续利用原则、因地制宜原则、保护和节约原则，认为河西走廊生态建设的基本思路是把改善生态环境与经济增长统一起来，保护水源涵养林，防风治沙，增强生态环境的自我恢复能力，保护生物多样性。③ 李世明等研究了河西走廊水资源的开发利用与生态保护之间的关系，详细介绍了河西走廊水资源空间分布、水资源的承载能力评析等内容，认为水是河西走廊经济发展重要的因素，也是河西走廊经济发展的制约因素，因此水利工程的兴建和高效节水技术的推广以及河西走廊经济结构的合理调整是实现水资源优化配置的保障。④

高前兆等介绍了黑河流域的自然环境和社会经济状况，分析了该区域水、土、草场资源的开发潜力，通过对黑河流域环境质量现状的评析

① 潘春辉：《清代河西走廊水利开发与环境变迁》，《中国农史》2009 年第 4 期。
② 樊胜岳、奚周坤、肖洪浪：《河西地区经济与环境协调发展研究》，中国环境科学出版社1998 年版，第 120—133 页。
③ 张勃、石惠春：《河西地区绿洲资源优化配置研究》，科学出版社 2004 年版，第 245 页。
④ 李世明、程国栋、李元红等：《河西走廊水资源合理利用与生态环境保护》，黄河水利出版社 2002 年版，第 248 页。

提出了维护黑河下游自然生态平衡的途径：稳定水源，保护植被，加强天然绿洲牧区水利建设，合理利用下游绿洲土地，开展牧区草场灌溉实验。① 刘庄对祁连山自然保护区的生态承载力进行了评价研究，指出祁连山自然保护区的生态问题是由于长期以来人类开发利用水资源和森林资源，在该区域进行农业开发和游牧活动超过了生态限度而引起的，人类活动干扰是祁连山生态系统功能和结构改变的主要原因。恢复和保护生态系统的对策是恢复和保护森林生态系统、控制牲畜数量以减低草场生态系统的承载负荷、实施生态补偿机制。② 张建明立足石羊河这一典型区域，在综合分析石羊河流域自然和社会环境的基础上，借助卫星影像和计算机监督分类等现代技术手段判读了该区域土地利用、土地覆被情况，划分了石羊河流域生态功能区，认为人口增长和生活水平提高是土地利用变化的原始动力。③ 佟玲以河西走廊石羊河为例研究了气候、地形、植被等变化对该区域农业耗水的综合影响，探讨了农业耗水时空变化规律，从而为制定合理的农业开发政策提供了参考。④ 张军驰深入剖析了西部地区生态治理政策实践层面存在的诸多问题，提出生态治理应坚持可持续发展道路，协调经济发展与资源之间的关系，落实科学发展观，以生态文明为理念，遵循协调统一和制度创新的发展原则，构建以政府主导、市场推动、民众参与的"多元共治"一体化的生态环境治理网络，实现西部生态环境的根本改善。⑤ 戴尔阜、方创琳认为河西走廊南部水源涵养林减少、中部绿洲被毁、北部的沙漠化是该区域存在的主要生态问题，制约河西地区可持续发展，并提出合理配置水土资源、改变产业结构、

---

① 高前兆、李福兴：《黑河流域水资源合理开发利用》，甘肃科学技术出版社 1991 年版，第 185—187 页。
② 刘庄：《祁连山自然保护区生态承载力研究》，中国环境科学出版社 2006 年版，第 136 页。
③ 张建明：《石羊河流域土地利用/土地覆被变化及其环境效应》，博士学位论文，兰州大学，2007 年。
④ 佟玲：《西北干旱内陆区石羊河流域农业耗水对变化环境响应的研究》，博士学位论文，西北农林科技大学，2007 年。
⑤ 张军驰：《西部地区生态环境治理政策研究》，博士学位论文，西北农林科技大学，2012 年。

加强立法和执法力度等具体的生态治理措施。[①]

　　李福兴、杜虎林认为，自然环境失调和人为环境恶化交织、生态破坏和环境污染并存是河西走廊生态环境的总体态势。河西走廊生态问题主要表现为土地资源破坏和退化、部分城市大气污染严重、局部水体污染严重，为此，河西走廊的生态战略应定位为以流域为单元，合理规划水土资源利用，发展经济与环境治理并举，实行资源节约型发展措施。[②]雍海宾在研究河西地区的生态问题后认为，河西地区涌现的生态环境问题主要体现在荒漠化和沙漠化加剧、水资源供需矛盾突出、绿洲生态系统不断退化等几个方面，河西地区生态治理的重点是建设祁连山森林草原涵养林区、绿洲高效农业区、防风固沙荒漠治理区。[③] 王根绪等分析了河西走廊近 50 年来由于人类活动和气候的双重影响生态环境发生的一些变化，认为石羊河流域出山流量呈明显递减趋势，黑河流域和疏勒河流域下游水量锐减，而且水体盐化和污染加剧，北部天然荒漠森林持续衰退，天然林加速消亡，草地生态面积减少，沙漠化进程加快。为此，他们主张以流域为单位进行水资源综合利用与管理，遵循生态规律开发和利用土地资源。[④] 梅锦山等依据河西走廊生态系统的特征，分析了近 10 年来流域治理规划中存在的问题，着眼于实现社会经济的稳定发展和生态保护，提出了加快实现经济发展方式、水资源利用方式以及生态保护方式转变的生态保护战略，提出优先保护重要生境、切实维护绿洲稳定和优化调整产业结构的具体措施。[⑤] 张建永等根据河西走廊的区域生态特点和水资源分布状况，将其分为祁连山水源涵养区、河西走廊绿洲区、内陆河尾闾湿地区、河西走廊荒漠区 4 个生态分区，认为 1949 年以后河西走廊的生态格局演变水资源开发利用为主线，在自然与人类活动的双

　　① 戴尔阜、方创琳：《甘肃河西地区生态问题与生态环境建设》，《干旱区资源与环境》2002 年第 2 期。

　　② 李福兴、杜虎林：《河西走廊的生态环境战略和建设》，《中国沙漠》1996 年第 4 期。

　　③ 雍海宾：《河西地区生态环境建设思路研究》，《开发研究》2003 年第 1 期。

　　④ 王根绪、程国栋、沈永平：《近 50 年来河西走廊区域生态环境变化特征与综合防治对策》，《自然资源学报》2002 年第 1 期。

　　⑤ 梅锦山、张建永、李扬等：《河西走廊生态保护战略研究》，《水资源保护》2014 年第 5 期。

重作用下驱动不同分区生态格局的演变。[①] 张勃和石惠春分析了河西地区人口资源和环境的优势，认为在经济发展和资源利用中存在地多水少、土地利用率低、工农业生产科技含量低、生态环境日趋恶化等问题，提出了以科学技术为先导实现经济增长方式转变、发展高效农业、建立节水型绿洲经济体系等具体的应对之策。[②]

曲耀光和马世敏探讨了河西走廊的水与绿洲的概况，认为水资源空间分布与绿洲形成有很大的关系，河西走廊的绿洲可以分为扇形地绿洲、沿河绿洲、干三角洲绿洲，为了防止绿洲退化，应采用先进的节水灌溉技术，发展节水型农业，才能促进河西地区经济和环境的持续发展。[③] 谢继忠认为河西走廊在水资源利用中存在水资源短缺、水资源配置不合理、水资源管理薄弱、浪费严重、地下水位急剧下降、水质污染等问题，提出了强化政府水资源调控管理、农业结构调整、加强节水水利工程建设等具体的治理措施。[④] 郭小芹等研究河西走廊的降水及其干旱特征，研究表明河西走廊的降水呈减少趋势，但降水变化具有区域性差异，西部为干中心，东部为湿中心，中东部的张掖、武威降水增多，其余地方降水均减少。河西走廊具有高度一致的干旱性特征，20 世纪 90 年代以来干旱范围显著增加，干旱强度明显增强。[⑤] 刘占波以张掖市为例系统分析了河西地区沙漠化的现状，认为河西地区土地荒漠化呈增长态势，自然灾害和漠视生态环境承载力的发展理念是引起沙漠化的主要原因，为防治沙漠化，应合理利用水资源，退耕还林还草，加强祁连山水源涵养林的防护，逐步建立治沙技术和制度创新体系。[⑥]

---

① 张建永、李扬、赵文智等：《河西走廊生态格局演变跟踪分析》，《水资源保护》2015 年第 3 期。

② 张勃、石惠春：《甘肃河西地区人口、资源、环境与经济可持续发展研究》，《中国沙漠》1997 年第 4 期。

③ 曲耀光、马世敏：《甘肃河西走廊地区的水与绿洲》，《干旱区资源与环境》1995 年第 3 期。

④ 谢继忠：《河西走廊的水资源问题与节水对策》，《中国沙漠》2004 年第 6 期。

⑤ 郭小芹、曹玲、兰晓波：《河西走廊降水及其干旱特征研究》，《干旱区资源与环境》2011 年第 4 期。

⑥ 刘占波：《甘肃河西地区土地沙漠化的治理思考——以张掖市为例》，《内蒙古农业大学学报》（自然科学版）2005 年第 2 期。

（三）关于国内外研究现状的思考

通过以上对河西走廊生态治理研究现状的梳理可以看出，从历史的维度对河西走廊的生态问题进行时间尺度上的演绎归纳，探讨生态环境变迁的基本概况及其变迁的影响因子，意在为现实社会经济的可持续发展提供历史经验；从空间维度上，则是对河西走廊业已凸显的水源枯竭、沙漠化、林地草场破坏等典型的生态问题进行研究，旨在模拟和探究人与资源环境之间的动态联系，为当下生态环境治理和可持续发展提供合理依据。毫无疑问，河西走廊日益恶化的生态问题是由历史上不合理的开发、利用资源而导致的，甚至到今天这种人地冲突与对立依然没有得到根治。毋庸讳言，人是生态危机发生蔓延过程中主要的因素，因此治理生态问题与治理人的问题应该有机统合在一起，而河西走廊现有的生态治理基本上采取的是人类中心主义主导下的单一生态治理模式，无法从宏观上把握人与自然之间的和谐统一性，生态治理效果大打折扣。再者，人与自然共同构成复杂的生态系统，生态危机之所以发生，在于人为作用破坏了生态系统的自我修复功能，使人与自然之间的物质与能量无法维系在平衡的共同体中，发生了新陈代谢的断裂。因此，在解决生态危机的问题上，人的价值理念和行为向度至关重要，直接决定着生态治理的举措和实效。河西走廊生态环境问题由来已久，它不仅仅是一个单纯的生态失衡问题，更是一个人如何应对自然的价值观层面的问题。故而，在生态治理中只靠政府和政策的单向投入是难以实现人与自然可持续发展的，解决生态问题更需要以宏阔的视域统摄人与自然的共存关系，重塑人地共生之境。

生态共同体的出场承袭了共同体思想的精髓，汲取了马克思关于人与自然双重和解的生态思想、怀特海关于万物之间有机动态联系的有机哲学，以及中国传统文化中人与自然"中和互生"的生态智慧。在生态共同体中人与自然是一个对等实体，均具有存在的内在价值，人的全面发展与自然的繁荣永续是统一在一起的，在一个多元共生的生命共同体中谋求人与自然的共同福祉。生态共同体出场的价值取向决定了其在实践上遵循够了就行的经济理性原则，厉行绿色发展方式，将生态文明视为实践指向。这就意味着生态共同体的价值追求和实践归宿真正地把人的自由与自然的自由统摄于有机整体的发展平台上，呵护人类共有的绿色家园，谋求人类文明的可持续繁荣。生态共同体有机整体主义的思维视域和认识视野为河西走廊生态治理注入了新的活力，有利于人类克服现有生态治理中的种种困境，将人的全面发展、社会的繁荣持续以及资源的保护利用统一于密不可分的生态共同体中，践履多元协同的生态治理模式。多元协同的生态治理实践秉持有机整体主义的统合理念、人与自然互不相胜的共生理念以及可持续性的新发展理念。创新、协调、绿色、开放、共享的新发展理念，引领多元协同的生态治理，着力于发展生态经济，完善生态政治制度体系，整合生态文化资源，开辟河西走廊生态治理新路径，从而助推河西走廊生态文明建设。

三　研究的重点问题及创新

河西走廊是衔接中国内陆与中亚、西亚乃至欧洲的重要通道，是当前实施"一带一路"倡议的重要枢纽。然而，由于河西走廊地区自然禀赋并不占优势，加之历史时期人类不合理的资源利用方式，该区域面临严峻的生态环境问题，成为西北地区典型的生态脆弱区，严重制约了社会经济的可持续发展。

（一）研究的重点问题

正是基于对河西走廊生态问题的现实关切，本书以生态共同体为视域探讨河西走廊生态治理问题，重点突出以下几个问题。

1. 生态共同体理论的阐释

从本质上来讲，生态共同体实际上关注的是人与自然和谐共生的主题，是将人与自然置于一个共栖互惠、彼此互生的有机整体来考量。生态共同体既是对马克思人与自然和谐共生思想、共同体思想的智慧凝聚，又是对中国传统优秀生态文化资源的充分发掘和利用，还是对西方过程哲学有机整体思想的继承和发展。如此丰富的思想理论渊源赋予了生态共同体浑厚而磅礴的理论底蕴，更加彰显生态共同体观照现实生态问题的持久生命力，是本书所着力论证的重点问题之一。

2. 河西走廊生态治理价值取向的转向

河西走廊的生态治理日渐式微，昭明现有的生态治理依然是以人类为中心、为主导的单一价值取向，将人类超然于他物之上，实行的是竭泽而渔的黑色发展模式，而实现河西走廊生态环境的根本好转核心在于以生态共同体福祉为实践旨归的多元价值取向，规避单一主体生态治理模式的弊端，实施多元协同的生态治理模式。

3. 开辟河西走廊多元协同的生态治理新路径

河西走廊多元协同的生态治理秉持有机整体主义的统合理念、人与自然互不相胜的共生理念和可持续性的新发展理念。在社会主义生态文明建设的背景下，河西走廊的生态治理需要新发展理念引领实践，通过创新发展、协调发展、绿色发展、开放发展和共享发展的生态治理实践，最终为美好生活奠定良好的环境基础，让人类诗意地栖居。在生态治理的实践路径上，将生态经济、生态政治和生态文化有机地统合在一起，形成三位一体的生态治理格局，进而彻底扭转河西走廊生态治理乏力和生态治理效果不尽如人意的困境，逐步改善日益恶化的生态环境，实现河西走廊人与自然、社会的可持续发展。

（二）研究的创新之处

本书择取河西走廊这一生态脆弱的典型区域，探讨在生态共同体视域中它的生态治理问题，旨在将人与自然统摄于有机整体的视野内，开辟生态治理的新路径。本书的创新之处体现在以下几个方面。

1. 研究视角创新

生态危机绝非单纯的生态系统物质循环的断裂，它本质上反映了人与社会、资源丧失了耦合效应，所以生态治理应该是兼及人的发展、社会的繁荣稳定、资源的持续利用的宏大命题。生态共同体就是把这三者置于一个有机共同体中来审视，谋取他们共同的根本福祉，从而为生态治理提供新路径。

2. 研究方法创新

本书采用历史地理学、生态学、政治学、哲学、伦理学、野外考察等多学科研究的方法，力图探寻一种多元化的生态治理理论。

3. 结论创新

在生态共同体的宏阔视域下，生态治理并不是单纯的政策灌输，它蕴含以人为本的内在回归和以和谐共生为旨趣的外在超越两个向度。河西走廊生态治理日渐式微，吁求以人类中心主义为主导的单一价值取向转向生态共同体福祉为旨归的多元价值取向。在生态共同体福祉为旨归的多元价值取向引导下，河西走廊践履多元协同的生态治理路径，将人与自然的根本利益统摄于生态治理的全过程，在新发展理念的引领下统合政治的、经济的、文化的诸多因子，发展生态经济，完善生态政治制度体系，发掘生态文化资源，以期夯实生态治理的基础，实现河西走廊人与资源、环境的可持续发展。

四　研究的思路与方法

（一）研究思路

本书首先阐明了生态共同体的相关理论，包括生态共同体出场的背景、内涵及理论渊源，进而介绍了生态共同体的价值取向以及实践指向。其次，分析了河西走廊的自然地理状况和区位特点，深入剖析了河西走廊绿洲系统由于历史时期不合理的人类活动遭到严重破坏，人地关系发生了质变，而河西走廊业已显现的生态问题确证人与自然产生了难以弥合的鸿沟，并鲜明地指出目前河西走廊生态治理的不足。再次，论证河西走廊的生态治理需要进行价值取向的转向，从人类中心主义主导的单一价值取向转向以生态共同体福祉为旨归的多元价值取向，规避单一生态治理主体的弊端，践履多元协同的生态治理路径。最后，指出河西走廊的生态治理在新发展理念的引领下通过发展生态经济、完善生态政治、发掘生态文化来开辟生态治理的新路径，借以实现河西走廊人与自然的和谐发展。

（二）研究方法

第一，文献分析法。通过梳理、研读、分析和挖掘经典文献，整合其中的原理与方法，将其融入现有的生态理论，从而为遏制生态危机和解决现实的生态问题提供理论依据和实践参考。

　　第二，野外考察法。深入河西走廊，对该区域的生态环境状况进行实际考察，真实地了解到该区域所面临的严重的生态环境问题，切实为本书研究提供确凿理据。

　　第三，综合研究法。采用历史地理学、政治学、马克思主义哲学、伦理学、生态学等多学科综合研究方法，借鉴各学科所长，试图从学理层面探索出河西走廊生态治理的有效路径，推动经济社会可持续发展。

第 一 章

生态共同体理论概述

    生态共同体是指在有机互动的生态系统内各个生命体之间相互依赖、彼此互生共栖的一种生存样态，表征物种之间和谐共生的至美境界。然而，现实的境域却是整个生态系统出现了严重紊乱，维系生态平衡的固有生态法则破坏殆尽，生物体不能依照正常的生态序列繁衍生息而发生质变，生态系统各成员之间和睦共生的依存关系发生根本倒置，相互倾轧和剥夺生存空间。生态系统质变为竞逐资源与生存权益的角斗场，异化所致的必然结果便是骇人听闻的生态危机。生态危机具有持续时间长、波及范围广、破坏程度深的特点。如今，生态危机业已成为全球性危机，就其危害的程度来讲，已涵盖大气、河流、土地等生态系统的诸多领域，不仅意味着稳定有序的自然生态系统面临崩溃的境地，而且更为重要的是，作为人类社会生生不息的根脉，一旦遭到破坏，将直接威胁人类文明的繁荣永续。生态共同体的出场就是以全球性的生态危机为背景，试图重塑生态系统内各物种之间的和谐共生关系，重置生物体生存的生态规则，构建天地美生的生存境域。生态共同体出场有深厚的理论底蕴，既根植于马克思人与自然和谐共生的思想，又与过程哲学中宇宙之间环环相扣的有机整体思想密切相关，还汲取了中华优秀传统文化中"天人合一"的生态智慧。正是立足如此宏阔的理论视域，生态共同体在遏制生态危机、缓解人与自然矛盾方面具有很强的理论导向价值和现实引领力，昭示人与自然和解的指示向度。

一　生态共同体的出场背景

20世纪60年代中期，美国学者蕾切尔·卡逊在其名著《寂静的春天》一书中精辟地指出："当人类向着它所宣告的征服大自然的目标前进时，它已写下了一部令人心痛的破坏大自然的记录，这种破坏不仅仅是直接危害了人们所居的大地，而且也危害了与人类共享大自然的其他生命。"[①] 卡逊鲜明地指出人类对大自然永无宁日的破坏必然招致生态危机，进而使整个生态系统惨遭戕害。而今，生态危机正在全球范围内肆虐，它如狰狞的幽灵一样侵蚀着人类生生不息的绿色家园。同时，卡逊也向世人警示，生态危机的幽灵之所以如此猖獗，与人类漠视大自然的内在价值、固持征服自然的野蛮态度密切相关，因而人类应该内省和检视自己的不义之举，尊重和善待自然。《寂静的春天》问世之后，在美国产生了振聋发聩的影响，唤醒了美国民众的环保意识，改变了美国民众对待周遭环境的态度。美国前副总统戈尔在为该书写序时高度评价了此书：它让我们重温了人与自然应该相互融合这种曾经消失殆尽的观念，它像一道光照亮了我们这个时代最为关心的主题。的确如此，《寂静的春天》真实地呈现了生态危机的幽灵已经成为世人难以回避的时代命题，揭示了人类所普遍关注的核心问题，正视了人类的狂妄导致的人类生存环境惨遭毁坏的真实面向，号召人类珍视我们这个脆弱的星球。确如英国学者菲利普·沙别科夫所言："《寂静的春天》现被认为是本世纪具有真正重要意义的著作。更为重要的是它改变了美国人、全世界人看待事物的方式，我们曾以漠不关心的态度看待我们居住的星球。"[②]

（一）生态危机吁求生态共同体出场

1. 生态危机的内涵

"生"指的是宇宙世界中的动物、植物、微生物等一切生命体，抽象

---

① ［美］蕾切尔·卡逊：《寂静的春天》，吕瑞兰、李长生译，吉林人民出版社1997年版，第73页。

② ［英］菲利普·沙别科夫：《滚滚绿色浪潮》，周律等译，中国环境科学出版社1997年版，第92页。

地讲就是指生命；"态"是指生命体在周围环境中的生存状态；"生"与"态"的有机统一则组成物种生命循环系统中根本的生命要素。物种与其生存环境共同构成一个充满无限生机与活力的生态系统。在这个生态系统中，物种与环境之间遵循一种本然的生态法则，相互倚重而生，而探讨生物体与其环境关系的话题则属于生态学所关注的命题。"生态学"最早是由1866年德国动物学家海克尔提出来的，是指研究生态系统中有机体与其周围环境关系的科学，关注的是整个生态系统的平衡性和持续稳定性。在物种与环境耦合组成的生态系统中，物种与环境自身保持着固有的独立性和延续性，它们按照各自生命系统的循环规律完成代谢或循环，但相互之间并不是截然割裂的，彼此存在一种共栖互生关系。物种生命的延续需要周围环境提供基本的生命元素，物种的繁衍更要依靠周围环境提供发展的机遇或平台。正是由于物种生命现象的存在，环境系统富有灵气和活力。况且诸种生物将自身代谢物直接排放于自然界，通过自然的分解转化又可以变为可供周围环境汲取的养分加以吸收、利用。可见，在生态系统中不论生物与环境自身以何种形式演变，有机体与环境之间共生互存的关系是固定的，脱离环境孤立发展的生命体与脱离生命体孤立发展的环境在现实的逻辑当中是根本不存在的。在自然生态系统中，有机体与环境存在共栖的互生关系。这种关系并非凝固不变的，而是伴随物种性质或环境的改变呈动态发展的特点，此消彼长或此长彼消都会引起属性的蜕变或关系的波动。正是如此，有机体与周围环境之间进行物质与能量的代谢传递需要尽可能达到一种平衡状态，既能促进生物物种的永续发展又能改善环境质量，也就是我们通常所说的生态系统的平衡。

生态危机就是说自然生态系统中有机体与周围环境之间的耦合机制被毁坏，二者在物质与能量的传递受阻，生态循环链条发生断裂。生态系统中的有机体与环境之间依照自然法则保持着各自发展的稳定性和持续性，本然的生态秩序使二者在生态序列中进行物质与能量的循环，彼此倚重，不离不弃，维系着整个生态系统的平衡发展。但是随着有机体在数量、性质、行为方式等方面的改变，它对周围环境的作用力和影响力也在逐步增强。为了维持物种生命的持续健康发展，有机体必然会加大对自然环境的作用强度，特别是加大对自然资源毫无底线的索取。其必然的结果是有限的生态资源难以支撑生物群落日益激增的物质需要，自然资源的一味透支就会破坏生态系统的自我平衡机制，生态失衡使生命体失去了生态系统的生态位，生态危机自然难以避免。

在自然生态系统中，人类对自然的作用强度远远超过其他动物。可以直言不讳地说，因整个生态系统的失衡而引起的生态危机在很大程度上与人类不合理的资源利用方式密切有关，特别是人类对自然的毫无底线的欲望和狼性态度进一步加快了生态环境恶化的程度。人类与其他动物最重要的区别在于人类禀赋的思维意识。恩格斯曾鲜明地指出人与动物的异质性："一句话，动物仅仅利用外部自然界，单纯地以自己的存在来使自然界改变；而人则通过他所做出的改变来使自然界为自己的目的服务，来支配自然界。"① 人类能够利用自己的智慧和力量通过劳动实践向周围环境施加影响，改变周围世界，而动物则只能依靠它们的自然属性顺自然而生。"动物的存在只是在于实现自然赋予它的形式，而人则必须是通过自己的智慧和创造性的劳动实现自己的存在，我们究竟会实现成为一种怎样的存在形式，这不是由自然具体规定的，而是由人自己的创造性的劳动而逐渐生成的。"② 人类通过无穷的智慧赋予自身无尽的力量，并将其施之于自然，从大自然当中汲取物质资料，借以推动人类社会的繁荣进步。迄今为止，人类凭借这种智慧和力量先后创造了原始文明、农业文明和工业文明，在人类发展史上镌刻了难以泯灭的丰碑，是人类社会走向繁荣昌盛的宝贵财富。但毋庸置疑的是，人类璀璨的文明成果很大程度上是以对生态环境的破坏为代价的，人类文明的足迹背后遗留下的往往是一片荒漠，人类创造了高度发达的文明系统却留下了满目疮痍的大自然，而今诸如全球气温升高、海平面上升、空气污染、土地和水污染等严重的生态问题与人类的斑斑劣迹密不可分。确如恩格斯所言："文明是一个对抗的过程，这个过程以其至今为止的形式使土地贫瘠，使森林荒芜，使土壤不能产生最初的产品，并使气候恶化。"③

2. 生态危机的特点

生态危机是由维系生态系统的平衡机制失效引起的，而生态失衡很

① 恩格斯：《自然辩证法》，人民出版社1984年版，第304页。
② 郑慧子：《遵循自然》，人民出版社2014年版，第9页。
③ 恩格斯：《自然辩证法》，人民出版社1984年版，第311页。

大程度上与人类漠视自然价值、藐视自然尊严的傲慢态度密切相关。正是由于人类将自然视为可供攫取无限财富的工具或手段，往往采取竭泽而渔的资源利用方式，最终造成难以逆转的生态危机。生态危机的作用机制以及发生过程决定了生态危机独有的特点。

（1）持续时间长。生态危机是因人类与周围环境的物质与能量传递在生态链条上断裂而发生的。生态链条断裂，意味着生态系统的平衡系统被毁，使大自然无法靠自身的力量恢复如初。在自然生态系统中，有机体与周围环境遵循相应的生态规则维系生命体的稳定、持续：有机体向周围环境汲取身体所需的养分维持自身发展，通过身体功能的调节将摄取的能量转化为代谢物，之后将其排泄于大自然，大自然则本能地分解这些排泄物，置换为环境所需要的生命元素，再进行新一轮的物质与能量传递，其间能量传递总体上是守恒的。在能量传递过程中，物种之间争夺资源而导致的小范围的生态破损或大自然自身的自然性破坏通过生态系统的自我调节功能完全可以修复，生态系统靠自身的力量就可以达到平衡。但是当人类超强度的攫取和盘剥出现时，生态系统变成单线式的能量输出。而且，伴随人类生活节奏加快，人类大量的消费代谢物被抛向了大自然，使得大自然凭借自身的力量在短时期内无法进行生态修复。更重要的是，人类毫无节制地摄取能量，漫无目的地消费代谢，之后又进行肆无忌惮的排泄，整个过程无休无止，其结果是人类活动早已超过了生态阈值。倘若无法遏制人类这种毫无上限的掠夺，必将招致生态资源被无尽掠取、无尽消费、无尽抛弃的恶果，生态危机自然无法从根源上得到彻底解决，在相当长的时间内无法消失在人类视野之内。

（2）波及范围广。这里所指的波及范围广主要是从生态危机覆盖的领域和达到的地理界域两个维度来呈现的。就生态危机覆盖的领域来讲，其负影响力已波及了整个生态系统，也就是说，生态危机是整个生态系统的危机。生态危机本身是由于整个生态系统的生态调节功能失衡，所以发生危机后，自然会引起整个生态系统发生紊乱，有机体与环境之间原本遵循的生态序列难以维系，生态环境面临全面崩溃。而今，每逢提及生态环境的破坏，往往会涉及诸如大气污染、水污染、土地污染、资源被毁、植被惨遭破坏等多个领域，它们都是维系生态系统基本的生态要素，相互依存而生，共栖共生，某一方面遭到持续恶劣的影响就会牵涉其他方面。例如，人类的超强活动破坏了森林植被，而森林具有净化空气、防风固土、涵养水源的重要功能，森林覆盖率下降意味着它无法对生态起到应有的调节作用，就会出现空气干燥、风沙肆虐、水源萎缩等一系列连锁反应，造成生态危机。就生态危机达到的地理界域而言，主要是指生态问题早已不是一个国家所要面对的问题，而是整个人类所要着力解决的迫在眉睫的头等问题。放眼全球，全球气温升高、空气污染、海平面上升、沙漠化进程加快、土地污染等诸多生态问题已经明显地超出了国界，成为全球性的问题。而且，某些问题仅靠一个国家的力量是无法解决的，需要国际社会协同合作才能取得明显的治理效果。由此可见，生态危机不仅牵涉整个生态系统的稳定与持续，更重要的是，它已经成为全球性危机，是人类社会共同面对的时代性难题，没有哪一个国家能够置身事外，独善其身，只有守望相助、通力合作、贡献智慧才能化解这个史无前例的危机。

（3）破坏程度深。如今，生态危机业已成为全球性的生态劫难，而且某些生态问题在短时期内是无法彻底解决的，由此也就决定了生态危机具有破坏程度深的特点。生态危机首先破坏的是生态系统的稳定性和持续性。发生生态危机，意味着有机体与周围环境之间的有机连续被阻隔，在生态循环的链条上就会出现物质与能量不能被有效传递给物种承担者，某些物种因接受不到物质供给而导致生物物种的减少，物种的缺失则意味着在生态调节时某些功能的失灵，久而久之就会出现生态系统中物质与能量的输入和输出相脱节的怪象。同时，某一物种数量的萎缩使得生态系统难以维系与之相匹配的物种数量或属性，直接影响生态系统的平衡性，进而破坏生态系统的稳定与持续发展。另外，生态危机给人类社会带来的危害也是至深的。可以说，生态危机是关涉人类生命安全以及文明永续繁荣至关重要的问题。生态危机一旦发生，其破坏性是无法想象的，如20世纪震惊全球的八大公害事件，21世纪初日本的福岛核电站泄漏，无数生命罹难，财产损失巨大即是明证。如今全球温室气体排放有增无减导致全球范围内的气温明显上升，而且气体排放严重污染空气质量，影响人们的日常生活。改革开放以来，我国经济发展取得历史性成就，也积累了大量生态环境问题，给人们的生活出行带来了严重的不良影响。这些迹象进一步确证生态危机对人类实现美好生活的愿景存在一定的阻碍。

总之,生态危机持续时间长、波及范围广、破坏程度深,不仅破坏生态系统的稳定性与持续性,而且生态系统中活跃的人类社会也在承受着生态危机带来的日益严重的生态压力。更为重要的是,生态危机直接破坏了人类赖以生存和发展的自然基础,使人类面临资源短缺、绿色家园被毁的残酷现实,威胁人类文明的繁荣永续。因此,面对生态危机咄咄逼人的严峻情势,我们呼求生态共同体的出场,从有机整体的认知视域全面审视人与自然的共生关系,将人与自然的共同福祉纳入人类文明的发展进程,澄明生态危机发生的作用机制,进而有效遏制生态危机,实现人与自然的和谐共生。

(二) 生态危机昭示人与自然关系的异化

异化,顾名思义就是事物本质属性发生根本性变化,意味着事物的特征、面貌、性质、存在状态等方面在异化前后有了质变。马克思在《1844 年经济学哲学手稿》中系统阐述了异化的内涵、内容及其原因。在马克思看来,资本主义社会中的异化突出地表现为劳动的异化,具体表现在以下几个维度:第一,劳动者与劳动对象的异化。劳动者与劳动对象向来是密不可分的,劳动者凭借智慧和汗水生产出劳动产品,在劳动产品上已经凝结了劳动的结晶,劳动产品应尽属劳动者支配,但在资本主义条件下却出现了劳动产品与劳动者的分离,劳动者不能支配劳动产品,劳动产品作为生产的结果完全游离于劳动者视野之外,变为异己的事物。正如马克思所说的:"劳动所生产的对象,即劳动的产品,作为一种异己的存在物,作为不依赖于生产者的力量,同劳动相对立。"[①] 第二,现实的劳动与劳动本质的异化。劳动作为人之本能的一种实践行为,其目的是为人的生存和发展提供支撑,促进人的全面健康发展。但现实的境况却是劳动者付出了劳动,可这种劳动并未给劳动者本身带来获得感和幸福感,相反,劳动者从劳动中体验到的是肉体上的损伤和精神上的摧残。第三,劳动与人的类本质相异化。人类作为一种高级动物与其他

---

① 《马克思恩格斯全集》第 3 卷,人民出版社 2002 年版,第 267 页。

动物的区别便是人能依靠自己的智慧和力量，通过劳动创造出辉煌灿烂的文化，所以劳动是一种人类至高无上的生存技能。但现实的劳动却完全背离了人之劳动的真正使命，劳动并没有将人类推向前进，反而使人类劳动蜕变为仅仅维持肉体之需的手段。第四，劳动的异化随之带来的是人与人的异化。商品作为一种交往介质在资本主义生产关系中占有异常重要的地位，使得社会关系变为一种赤裸裸的商品交易关系，人与人之间是利益的竞争者而非和睦共处的友善者，"人同自己的劳动产品、自己的生命活动、自己的类本质相异化这一事实所造成的直接结果就是人同人相异化"①。马克思的异化劳动实际上映射了人与自然、人与社会、人与人三个方面产生了异化，作为与生态危机密切相关的自然是人与自然关系的全面异化，这种异化凸显为人与自然原本和谐共生的关系质变为纯粹的工具或手段的关系。

人与自然是整个生态系统中重要的组成部分，二者是一种互生共栖的依存关系。人是自然界长期演化到一定阶段的产物，也就是说人类是自然之子，既然如此，人类与自然原本就应该存在一种本能的亲和力，相濡以沫，和谐共生。恩格斯说："人本身是自然界的产物，是在自己所处的环境中并且和这个环境一起发展起来的。"② 就是说，人类与其周围的环境共同构成完整的生态序列。在这个稳定有序的生态序列中，人类与自然环境遵循一种本然的生态法则，不离不弃，共同呵护宇宙生命系统的和谐、稳定和持续。除了人类与自然之间的这种亲缘性的共生关系以外，人与自然密不可分的关系还表现为二者是一个互利共生的生态共同体。在这个生态共同体中，人与自然共同缔造和谐有序的生命循环系统。人与自然是生态系统中富有鲜活性的生命元素，自然的生命力在于它能够为人类的生存和发展提供基本的物质资料，为人类的繁衍生息提供栖居之所，为人类的生产和生活提供物质资源，而人类的生命力则在于通过智慧和力量将大自然装扮得更具有灵气和活力。

人与自然在一个有机的生命系统中不仅完成物质、能量与信息的传递，保持生命体的健康稳定发展，而且通过人类的点缀，大自然的审美

---

① 《马克思恩格斯全集》第 3 卷，人民出版社 2002 年版，第 274 页。

② 《马克思恩格斯选集》第 3 卷，人民出版社 2012 年版，第 410 页。

价值更加淋漓尽致地表达出来，展现大自然固有的魅力与本真。人与自
然原本是和谐共生的生命共同体，但面对数以千计的物种灭绝、荒无人
烟的戈壁沙漠、臭气熏天的河流、漫山遍野的森林植被破坏殆尽，我们
还会想到悄无声息的大自然是人类的伙伴吗？答案是否定的。毋庸置疑，
如今遍布全球的生态危机即是明证。人类自诞生以来就源源不断地向大
自然汲取发展所需。在大自然强有力的支持下，人类创造了辉煌璀璨的
文明，但是这些文明的背后无一不是以无情地摧残大自然为先决条件的，
特别是工业文明依赖高强的科学技术，人类更是变本加厉地盘剥自然，
导致大自然面目全非。正如美国学者阿尔温·托夫勒在《第三次浪潮》
中谈道的："当我们的父母在为第二次浪潮从事改进生活许多条件的同
时，也引起了极其严重的客观后果，一种未曾预料到和未加以预防的后
果。其中，对地球生物圈的破坏也许是无可挽救的。由于工业现实观基
于征服自然的原则，由于它的人口的增长，它的残忍无情的技术，和它
为了发展而持续不断的需求，彻底地破坏了周围环境，超过了早先任何
年代的浩劫。"① 人类之所以如此恣意妄为，盲目地破坏自然，就在于他
们将大自然视为攫取财富的手段或工具，完全漠视大自然存在的内在
价值。

　　实际上，大自然固有自己的客观价值，而且这种价值内藏于自然本
身，是以物质的形态表现出来的。"然之物的价值具有内在性，人类不能
去规定它，只能去认识它，利用它。在人类认识它、利用它之前，它的价
值对于人类并非无。"② 大自然自身价值的这种内在性要求人类付出一定
的辛劳和智慧才能真正发挥大自然蕴藏的潜在价值。可是人类一直将大
自然视为异己的对象，偏执地认为大自然仅具有工具性价值。正是这种
错位的价值立场，再加上物欲至上观念的刺激，人类更加肆无忌惮地蹂
躏自然，最终造成如今蔓延全球的生态危机。人类的不义之举毁坏了
整个生态系统的安宁、祥和，人类对大自然的超强干预已经超过了大
自然的承载力，人类与自然之间正常的新陈代谢出现了断裂，无法维

---

① ［美］阿尔温·托夫勒：《第三次浪潮》，朱志焱等译，生活·读书·新知三联书店 1984
年版，第 187 页。

② 刘湘溶：《生态伦理学》，湖南师范大学出版社 1992 年版，第 80 页。

系生态链条中物质与能量的正常供给，生态系统的平衡被打破，人与自然和谐共生的关系质变为纯粹的工具或手段的关系，自然无法避免生态危机。

（三）生态危机威胁人类文明的繁荣永续

迄今为止，人类社会先后经历了原始文明、农业文明和工业文明的发展轨迹，在人类发展的历史上留下了弥足珍贵的智慧和财富，但毋庸置疑的是，无论哪一种文明如何灿烂辉煌，均离不开大自然根基的滋养。可以说，正是大自然的无偿付出，才孕育了人类无与伦比的璀璨文明。在原始文明中，人类对自然界中的万物懵懂无知，对大自然的神奇异象充满了神秘的崇拜，所以总是以一颗敬畏之心善待自然，与自然和睦共处。加之生产力水平低下，人类只能在有限的范围内对自然进行开发、利用，丝毫没有亵渎自然尊严的念想和行为，人与自然相得益彰，保持着原始的蒙昧与本真。到了农业文明时代，生产力水平得到大幅度提升，人口数量激增，人类在自然界中的活动范围不断扩大，活动强度日渐增加，开始有规模地开发和利用自然，在生态系统中的足迹逐渐明显。但幸运的是，人类的活动依然在大自然的生态阈值之内，落后的生产工具仅仅是初步改变了自然界的面貌，尚未损坏生态系统的自我修复功能，人类活动的印记完全可以通过大自然的自我调节恢复如初。而且在农业时代，人类还对大自然抱有敬畏的情结，幻想着在大自然的恩赐下能够以丰硕的成果回馈他们的辛勤劳动。因此，人类虽然在改变自然，但内心对自然的虔敬之情很大程度上限制了人类的任何过激的行为，人与自然的关系总体上还是和谐的。但工业时代的到来，使得人与自然的共生关系发生了根本性的变化，自然的神秘面纱在科学的发展过程中被逐一解开，人类意识到自己并不是匍匐于自然之下的动物，可以凭借自己的理性思维突破传统价值观的束缚，寻觅自由的幸福生活。所以，在理性的号召之下，人类开始发掘自然的奥秘，在大自然中探寻致富的门径。此时，大自然不再是被奉若神明的宠儿，而是可供人类利用的工具或手段。随着自然科学的进步，一系列行之有效的机器发明随之出现，并且施之于自然界。人类完全将大自然视为满足私欲的工具，无度的物欲刺激着机器在大自然的身体上疯狂地轰鸣，财富的增加又助长了人类的物欲，进而形成物欲膨胀—技术倾轧—生态破坏的恶性循环。

可见，在技术比较落后的原始文明和农业文明时代，人类尚能尊敬和善待自然，与自然和谐共处，但自从进入工业文明以来，大自然遭受了空前的破坏，人类的生存环境恶化愈演愈烈，人类文明赖以存续的根脉何以延续业已成为国际社会审慎考量的重要问题。实际上，综观人类文明发展的进程，由于人类不合理的行为方式破坏生态环境、因生态环境恶化引起文明湮灭的例子比比皆是。曾经辉煌灿烂的四大文明古国如今只有中国的中华文明在承续、发扬，埃及、印度和古巴比伦早已尘封在历史的长河中，这些文明之所以难以为继，一个重要的原因就是支撑其繁荣延续的生态环境惨遭破坏。再如中国古楼兰文明一直是古丝绸之路上一颗耀眼的明珠，无数商旅驼队曾经在这里休整转站，可是由于人口的不断繁衍破坏了古城四周的生态系统，加之干燥的气候、河流改道，最终楼兰古城被淹没在戈壁荒漠中。

追溯人类文明发展的进程，我们可以更为清晰地看出生态环境不仅是人类社会生生不息的物质载体，推动社会繁荣昌盛，而且是人类文明繁荣永续的根基。历史的惨痛教训值得我们慎重反思，我们究竟以何种态度和行为方式来对待与我们朝夕相处的大自然？如今，工业文明依然主宰着人类发展的基本方向，影响力有增无减，但现实的境况是整个人类面对的是史无前例的全球性生态危机。可以坦言，人类文明正处在一个艰难的十字路口，是继续以竭泽而渔的粗暴方式毁坏我们赖以生存的绿色家园，将我们的文明推向万劫不复的深渊，还是慎重检视人类的不义之举以更加明智的做法推动人类文明的永续繁荣？现实的境域不容我们做过多的徘徊。面对肆虐的生态危机，人类唯有放下曾经的骄傲与自大，与自然和平共处，尊重和善待自然，采取有益于维护人与自然共同福祉的绿色发展方式，才是永葆人类文明繁荣的明智选择。而且，现实的生态劫难绝非一个国家所能应对的，也没有任何一个国家凭借强大的经济实力就能解决生态问题。生态危机是摆在人类面前迫切需要解决的头等问题，需要全人类同仇敌忾、精诚合作，方能有望解决这个棘手的问题。

发展依然是解决人类所有问题的核心，也是推动人类文明繁荣昌盛的不竭动力。问题是面对人类文明根基严重被毁的残酷现实，人类究竟如何发展、采取哪一种发展方式才是解决问题的关键所在。随着经济全球化进程的加快，世界各地之间的经济、信息交往互通更为便捷，整个人类已经趋向形成互相依存的人类命运共同体。在人类命运共同体中，世界各国平等相处，合作共赢，通过相互协商与对话的方式来共商发展大计。其立足于人类当前的发展瓶颈，着眼于人类长远的发展目标，互惠互利。在人类命运共同体中汇聚了世界各国灿烂的文明成果，它们是人类文明发展的瑰宝，也是推动文明延续的宝贵财富。尽管在语言、行为、习惯等方面存在差异，但各种文明可以实现包容互鉴、各取所长，各种文化可以在这里交融互动、相映生辉。曾经辉煌灿烂的文明覆灭在人类的恣意妄为之下，这种惨痛的经验教训赫然昭明生态危机严重威胁了人类文明的繁荣永续，也在向我们警示面对全球性生态危机的现实困境，人类要逐步构建人类命运共同体，将整个人类的命运维系于共同福祉的长远目标之上，妥善处理好人与自然的关系，采取人与自然和谐共生的绿色发展方式。不断恶化的生态环境已然表明，"如果我们这个物种和其他所有物种要想继续在这个星球上生存和繁荣的话，生态文明建设就是迫切需要的"①。生态文明昭示了人类文明前行的方向，它是继原始文明、工业文明之后的一种新型文明形态，并没有否定工业文明的成果，相反是对工业文明的积极扬弃。"生态文明不是工业文明逻辑的简单延续和修正。生态文明不可能从工业文明内部合乎逻辑地发生，而只能是超越工业文明的结果。生态文明的确立，只能是来源于人类对工业文明反思后的自觉选择。"② 的确，生态文明是对人类文明成果的继承和发扬，它是将自然环境的保护和利用摆在了人类发展优先考虑的重要位置，既注重人类繁荣发展的可持续性，又兼顾自然生态环境的稳定性，真正意义上将人与自然置于互相依存的生态共同体中来认同，尊重或认可大自然禀赋的固有价值，将人与自然和谐共生的绿色发展理念贯穿于人类发展的全过程，推动人类命运共同体的持续健康发展。唯其如

---

① 李惠斌、薛晓源、王治河主编：《生态文明与马克思主义》，中央编译出版社 2008 年版，序言第 9 页。

② 曹孟勤、卢风主编：《环境哲学：理论与实践》，南京师范大学出版社 2010 年版，第 48 页。

此，方能挽救我们这个脆弱的星球，保护人类繁衍生息的根脉，促进人类文明繁荣永续。

二　生态共同体的内涵

共同体是指在一定的自然地理基础上形成的物种群落的天然联合体，包括血缘、家庭、村庄、行为习惯、思想的联合。这种联合是完全出自物种本能的意志，是一种真正意义上的自由联合体。生态共同体绝非生态与共同体的简单组合，而是指在整个生态系统中，各个物种在自由发展的过程中自觉地遵循自然规定性，交互共生，和谐共处，维系生态系统的平衡与祥和。生态共同体的出场是基于当前人类共同面临的全球性生态危机已经严重威胁人类文明可持续繁荣的时代境域，着力于重塑生态系统中人与自然的和谐共生关系，彻底摒弃以往漠视自然价值，将人与自然断然对立的狭隘观念，尊重生态系统中价值多元体的互动融通，真正意义上将人的自由全面发展与自然的稳定持续有机结合起来，探索建设表征人类文明前进方向的生态文明。

（一）生态共同体以遏制生态危机为使命

"共同体"概念可追溯于亚里士多德所提出的"善意"的关系组合体。他在《政治学》开篇就提到城邦实际上是一个善意的社会团体，这个团体追求的最高目标就是至善。为了达到这一目的，它们联合为一个政治共同体，即城邦。后来，德国著名的社会学家和哲学家、德国现代社会学的奠基人之一斐迪南·滕尼斯在其名著《共同体与社会》中系统阐释了共同体与社会的关系。滕尼斯认为共同体是一个更为古老的概念，它是建立于一定自然基础之上的社会群体的自由联合体，共同体成员本能的意志或行为习惯的约定或共同的思想记忆构成共同体存在的基础。共同体可以分为血缘共同体、地缘共同体和精神共同体，它们并非仅仅是一种各自领域的简单相加的组合体，更重要的是已经融合为浑然一体的有机整体。滕尼斯认为社会是一个比较晚的概念，社会的产生更多的是掺杂着个人思想和行为的有计划的协调整合，为了实现有利于己的特定目的而共同行动起来组合为一个整体。社会是一种目的的联合体，社会成员之间的关系相对疏远，远没有达到共同体中的那种有机结合的程度。因此，滕尼斯认为："共同体是持久的和真正的生活，社会只不过是一种暂时的和表面的共同生活，因此，共同体本身被理解为一种生机勃勃的有机体，而社会应该被理解为一种机械的聚合和人工制品。"①

英国学者鲍曼在滕尼斯共同体要义的基础上把共同体视为象征和谐安宁的安全港湾，他认为流动的现代性已经使社会充满了竞争和压抑的残酷现实，传统的共同体已濒于解体，造成公众缺乏心灵归属感和价值观认同，只有在共同体中公众才会感觉到是安全的，可以相互理解和帮扶，鉴别事情的真伪，没有丝毫的困惑、迷茫和震惊。"没有这种安全感，共同体相互开放的可能性，参加可以使它们都受益并加强和和睦相处的人性的会谈的这种可能性，就微乎其微。有了它，人性的前景看起来就是光明的。"② 我国学者张康之等认为，在人类社会的不同发展阶段共同体呈现不同的形式和性质，表现为在农业社会发展阶段人类属于家元共同体，在工业化过程中人类建构了族阈共同体，而在全球化时代预示着合作共同体的生成，并且认为"全球化是与后工业化密切联系在一起的，如果说工业化实现了族阈共同体对家元共同体的替代的话，那么，后工业化必将是一个共同体的再造的过程，将是合作共同体对族阈共同体的替代过程"③。据英国学者威廉斯考证，共同体这个词自 14 世纪以来就存在，对它的理解也存在各种差异，"不像其他的社会组织的语言（例如：state，nation，society 等），community（共同体）似乎从来没有用负面的意涵，并且不会被赋予明确的反对或具有区别性的意涵"④。的确如此，共同体实际上是一个难以用明确的语言准确定性的话语，它可以从社会学、政治哲学、伦理学的维度探讨，也可以从民族学、人类学的视角去审视，展现其见仁见智的多重含义。正如美国学者菲利普·塞尔兹尼克指出的："共同体是一个非常棘手的理念——一个含糊不清的、难以

---

① ［德］斐迪南·滕尼斯：《共同体与社会》，林容远译，商务印书馆1999年版，第54页。
② ［英］齐格蒙特·鲍曼：《共同体》，欧阳景根译，江苏人民出版社2003年版，第177页。
③ 张康之、张乾友：《共同体的进化》，中国社会科学出版社2012年版，第17页。
④ ［英］雷蒙·威廉斯：《关键词：文化与社会的词汇》，刘建基译，生活·读书·新知三联书店2005年版，第81页。

琢磨的甚至是危险的理念。这一担忧并非杞人忧天，但是它们至少也适应于哲学和社会科学中的许多其他核心概念，主要是'道德'、'法律'、'文化'、'自由'和'合理性'。"①

共同体很难用科学而规范的语言明确界定，这本身就标示出共同体内涵的丰富性。值得关注的是，无论关于共同体的阐释多么复杂，共同体中成员之间自由和谐、平等互利的核心要素都是无法改变的，这一点在生态共同体中也能体现出来。生态共同体并不是简单的生态与共同体的联合，而是指整个生态系统中物种自由互惠的有机整体。"生态"指出了这个有机整体运转的基本原则和根本方向，也就是说，在生态共同体中，成员之间的交往互动要遵守生态系统的规则和秩序，是以生态的标准处理成员之间错综复杂的关系，其最终目的便是构建持续稳定、和谐有序的生态化的共同体。"共同体"则意味着成员之间互利共生的对等关系，共同体成员是生态系统的重要组成部分，彼此倚重互生，共同承担着维系生态平衡和共促物种繁衍的重要责任，因此成员之间必须彼此尊重，相互信任，互生共栖。生态与共同体的耦合实际上打造的是一个人与自然相濡以沫、和谐共生的生态家园，无论是富有智慧和力量的人类还是静谧安详的大自然，均是宇宙生态系统这个有机整体中不可或缺的重要组成部分，二者的有机结合乃是实现生态共同体根本福祉的坚实基础。正是基于此，面对日益严峻的全球性生态危机，人类迫切需要重新审视人与自然之间的关系，重塑物我互不相胜的理念，吁求建立和谐共生的生态共同体。生态共同体出场的重要使命就是弥合已经断裂的人地关系，尊重人与自然存在的共生价值，重置共同体中的话语对话方式，使其回归到人与自然和谐有序的轨道上来，有效遏制生态危机，挽救我们已经失衡的绿色家园，再现"天人合一"的美好胜境。

（二）生态共同体尊重人与自然的共生价值

既然生态共同体的出场是为了重塑人与自然的共生关系，那么也就意味着在生态共同体中人与自然的地位是平等的，有着对等的话语权。

---

① ［美］菲利普·塞尔兹尼克：《社群主义的说服力》，马洪、李清伟译，上海人民出版社2009 年版，第 16 页。

这是重塑人与自然共生关系的前提，否则人与自然就失去了互动的平台和基础。人与自然之所以能够平等对话，是因为与人类一样，大自然也有其固有的价值，只不过与人类不同，大自然的内在价值内藏于自身，人类只能去发现它，依靠智慧去发掘利用它，而不是否定其存在的意义。何谓价值？这是一个难以用统一的尺度来度量的问题。一般而言，价值是指客体的存在、属性及其变化对主体需要的有用性，简言之就是客体对主体的需要。提及价值，无法回避的两大主题就是主体与客体。何谓主体，又何谓客体，在不同的场域内有异质的界定。长期以来，在价值主体的认同上，人们不约而同地偏向了人，的确将人作为价值的主体有其合理的内在逻辑，也非常符合人类的思维习惯和行为方式。在整个生态系统中，唯有人类拥有超凡的智慧和力量，人类可以凭借这种禀赋的优势将人类之外的一切资源纳入自己的视野之内，利用人类特有的思维和实践能力把非人类存在物当作人类活动的对象认识和利用，在这方面，人类具有绝对的自主权。反观人类之外的自然界，它不会讲人类的语言，永远保持着静谧祥和，纵使有自身的价值，这种价值也只有通过人类来认可和界定，人类之外的其他动物是无法从思维的认知视野来认同的，从此种意义上讲，将人作为价值的主体存在一定的合理性。

但是将人类视为价值主体且绝对化并非无懈可击，而且将人类作为价值主体虽然能够凸显人类与其他动物的不同，但遗憾的是："在传统价值论中，对价值主体的界定在很大的程度上是参照了人的特征，从人的角度来规定价值主体的特征，所以就有了只有人是价值主体的结论。人无条件地成为价值主体实际上是'人文沙文主义'的体现。"① 在整个宇宙系统中，主体是人、客体是自然这种人类价值主体一元性的观点很容易助长人类的狂傲和虚妄，将人类之外的自然界视为蹂躏的对象，最终跌入人类中心主义的深渊。价值是主体对客体需要的满足，传统的价值观将人类作为主体实际上是把人作为参照系来深度认同，造成的结果便是人类之外的自然界变为人类需要的客体对象，将人类凌驾于自然界，标示人类是自然主人的错误倾向必然导致人类一味地向自然索取物质所需，人为地制造人与自然之间的沟壑，为人类大肆地盘剥和征服自然提

①　胡安水：《生态价值概论》，人民出版社2013年版，第31页。

供合理性。因此，必须对这种价值论加以修正。既然需要是价值的载体，主体对客体的需要有价值，那么客体对主体也有需要，是否有价值？故此不能贸然将主客体绝对化，特别是不能将人与自然的主客体关系绝对化。

针对传统价值论存在的狭隘陋习，我们必须打破将人固化为主体的弊端，撇开把人视为参照标准或认同依据，以需要的标准来确定主客体。谁有需要谁就是主体，如此在价值体系当中的主客体是呈动态变化的，从而避免了主客体固化带来的种种诟病。在生态系统中，人类对自然有需要，要依靠自然界提供的物质资料支撑生命体的延续，也同样需要这些物质资料来推动社会经济的持续发展，还需要大自然来点缀他们的生活，满足人类审美的需求。人类需要大自然，人类就是主体，自然是客体。反过来讲，大自然也需要人类，需要人类的智慧去认识和利用它存在的价值，在大自然承载力范围内将之转化为人类发展所需的物质财富。大自然需要人类主动承担起维护生态平衡的责任，与其和谐共处。当大自然生态失调的时候，人类需要自觉调整行为呵护大自然的尊严。从此种意义上说，大自然又是主体，人类是客体。人与自然主客体之间可以相互转化，从某种程度上就弱化了人类对大自然的恣意妄为，从而警示人类慎重自己的行为，树立人与自然互不相胜的发展理念，尊重和善待自然，遵循自然规律，因为"我们连同我们的肉、血和头脑都是属于自然界和存在于自然界之中的；我们对自然界的整个支配作用，就在于我们比其他一切生物强，能够认识和正确运用自然规律"①。

以需要为标尺来衡量价值体系中的主客体对应关系意味着主体可以客体化，客体也可以主体化，进而也就昭示价值评价体系和评价标准的多样性。在人与自然所构成的生态系统中，长期以来人们都是将人作为衡量价值的唯一标尺，无形中将人类标榜于自然之上，自然则被视为人类的价值实现的附属物。在传统的价值观看来，人类具有自然界其他生物所不具备的思维意识，好坏善恶都是由人类来衡量，自然界中的各种物质资源是否有价值，价值潜力的深浅均是由人来厘定，唯有人类具有评判价值的能力和权利，大自然是没有价值的，它只是人类实现自身价

---

① 《马克思恩格斯文集》第9卷，人民出版社2009年版，第560页。

值的手段或工具。这种价值观奉行的是人与自然主客对立的思维范式，在人与自然关系的发展历史上维持了很长时间，可以说是根深蒂固。特别是工业文明以来，这种价值观一直是人类肆意蹂躏自然的主要依据。但这是一种完全错位的价值观，它颠倒了人与自然的关系，将人的意志强加于自然，使自然遭受人类毫无止境的盘剥和奴役，导致的结果是自然界满目疮痍，最终引起大自然的报复，造成如今遍及全球的生态危机。

在自然生态系统中，人需要自然，自然也需要人，人与自然互为需要的主体，如此表征了大自然也有其存在的固有价值。自然在人类的不断改造中更富有价值，而人类在汲取自然资源的过程中更加感受到了自然的魅力，人化的自然与自然的人化是有机统一在一起的。现在看来，大自然有其自身的价值已经成为不争的事实。美国生态哲学家霍尔姆斯·罗尔斯顿认为，自然界作为与人类朝夕共存的伙伴是有内在价值的："从长远的客观的角度来看，自然系统作为一个创生的万物的系统，是有内在价值的。"① 动物权利论者的代表人物、美国学者汤姆·雷根也持同样的观点，认为只要是大自然的存在物，不管是人类还是其他生物均有其存在的价值。"所有拥有天赋价值的存在物，都平等地拥有天赋价值，所有作为生活主体而存在的存在物，都有相同的道德价值——不管他们是不是人类动物。"② 我国学者余谋昌在《自然价值论》一书中也认为，自然界禀赋有其内在的价值："'自然的价值'概念作为自然事物的客观属性的理论概括，不能归结为人类的资源。它除了表示生命和自然界作为资源对于人类具有商品性和非商品性价值外，还具有以它自身为尺度的价值，即内在价值。"③

大自然有存在的价值，而且这种价值可分为外在价值和内在价值两个层面。所谓外在价值，是指大自然以物质的形态直接呈现在人类面前的价值，它是支撑人类繁衍生息的物质基础，也是人类文明传承创新的物质载体。自人类诞生以来，大自然就直接以各种各样的物质形态出现

---

① ［美］霍尔姆斯·罗尔斯顿：《环境伦理学》，杨通进译，中国社会科学出版社 2000 年版，第 2 页。

② ［美］汤姆·雷根、卡尔·科亨：《动物权利的论争》，杨通进等译，中国政法大学出版社 2005 年版，第 154 页。

③ 余谋昌：《自然价值论》，陕西人民教育出版社 2003 年版，第 23 页。

在人类的视野之内，而人类也依托自然提供的具体物质资源通过劳动不断向自然摄取自身所需，人类的衣食住行均来自大自然的无偿供给。大自然不仅提供了人类维系生命所需要的物质与能量，而且通过人类的不断发展，还在自然之上建立了文化系统，极大程度上丰富了人类的生产生活，满足了人类的物质需求和审美需要。自然的内在价值是指大自然作为自然存在物与生俱来的潜在价值，具体指维持生态系统的持续性和稳定性。在生态系统中，人与自然之间进行物质与能量的转换，依靠生态法则来维持各自生命的独立发展。当人类的排泄物释放于大自然时，要靠大自然的分解功能来进行能量的化解，转化为可供微生物需要的生命元素，之后再在生态系统中进行新一轮的代谢循环，大自然本能地起到一种纽带的作用。当自然界的物种竞争违反了自然界的内在规定性时，破坏了生态系统的稳定性，大自然就要靠自身的调节功能恢复生态平衡，维持生态系统的持续发展。质言之，"自然的内在价值则是生命和自然界在地球上生存的合理性意义和必然性价值；自然的外在价值可以理解是在文化的层次上作为人的工具而为人所利用的商品性和非商品性价值，即对人的有用性上表现出来的价值。外在价值主要是满足人的需要，也称工具价值，后一种内在价值表现在大自然内在的系统性、和谐性"①。

　　诚如上文所述，人与自然在生态系统中都有其存在的价值。人的价值在于发现和探索自然的奥秘，展现自然的无穷魅力；自然的价值在于为人类的生产生活提供物质资源，维系人类社会生生不息。作为人与自然和谐共生的生态共同体，它出场的重要基础便是对人与自然固有价值的肯定和尊重。在生态共同体中，人与自然之所以能够结合为一个密不可分的有机整体，能够在对等的平台上展开对话，就在于人类对自然生存权利和存在价值的尊重，否则二者就失去了互生共栖的重要基础。生态共同体的出场是以有效遏制生态危机为使命，而遏制生态危机的关键环节在于明晰生态危机的发生作用机制，着力探明人与自然在互动交往过程中的症结所在，有的放矢，才能精准把握问题的核心，否则依然会

---

① 李明宇、李丽：《马克思主义生态哲学：理论建构与实践创新》，人民出版社2015年版，第82页。

复归治标不治本的旧路，最终还会陷入人类沙文主义的窠臼。生态共同体将人与自然共置于对等的发展平台上，彻底颠覆了以往将自然纯粹视为工具或手段的狭隘观念，正视大自然存在的权利，尊重大自然与人类存在的共生价值，将自然生态系统的持续稳定与人类社会的健康发展维系在呵护生态共同体根本福祉的发展轨道上来，改变曾经盲目征服或改造自然的黑色发展方式，实施人与自然和谐共生的绿色发展，实现人与自然的双重解放。

（三）生态共同体着力实现人与自然的和解

马克思说："自然界，就他自身不是人的身体而言，是人的无机的身体。人靠自然界生活。这就是说，自然界是人为了不置死亡而必须与之处于持续不断地交互作用过程的、人的身体。所谓人的肉体生活和精神生活同自然界相联系，不外是说自然界同自身相联系，因为人是自然界的一部分。"① 这句话被高频率地引用，它鲜明地阐明了在生态共同体中，人与自然之间是相互依存、互动共生的共栖关系，共同构成一个有机统一的生命共同体。如今生态危机在全球范围内肆虐，赫然昭明人与自然之间的和谐关系早已断裂，它们之间的共生关系已经蜕化为尖锐的冲突与对立，人类在野蛮的征服和改造中也在摧残着人类赖以生存的绿色家园。实际上，人与自然的关系原本没有如此僵化，人类是自然界长期演化到一定阶段的产物，人类诞生之初对自然界的各种现象是懵懂无知的。"自然界起初是作为一种完全异己的、有无限威力和不可制服的力量与人们对立的，人们同它的关系完全像动物同它的关系一样，人们就像牲畜一样慑服于自然界，因而，这是对自然界的一种纯粹动物式的意识（自然宗教）。"② 正因如此，人们不理解自然而膜拜、敬畏自然，在有限的范围内合理利用自然，人与自然的关系在人类文明发轫之初保持着一种和谐的状态。但伴随资本主义工业文明时代的到来，这种和谐的良好状态再也难以维系，马克思将这种境况称为异化。

前已述及生态危机的本质是人与自然关系的异化，这种异化在人与

---

① 《马克思恩格斯选集》第 1 卷，人民出版社 2012 年版，第 55—56 页。
② 《马克思恩格斯选集》第 1 卷，人民出版社 2012 年版，第 161 页。

自然的关系中突出地表现在人与自然均背弃了各自的本真，质变为异己的力量。人类是自然之子，理所当然地拥有大自然固有的灵性与本真，使人性能够散发出灿烂的光泽，在苍茫的宇宙中探索前行的方向。人的本性是充满善意的，其本真在于求真、至善、达美：求真在于探究宇宙世界的真知和奥秘，其目的就在于避免人性蜕化为毫无涵养的躯壳，保持人性的纯洁与率真；至善在于按照善的标准来规范人类的行为举止，使人不至于在宇宙中堕落为欲望的奴隶；达美则是臻于完美，代表着人性的至高境界。求真、至善、达美的契合表征了人性至真至纯的善意本真。在生态系统中，人性的本真就体现为人类与其他生物之间的和睦共处，通过人类善意的活动，将人类的智慧和力量传递给周围世界，使其他生物和环境共享人性之美，因而人的意志是融入自然界的。自然的本真在于固守大自然的灵性，在一种荒野的状态中展现大自然的妩媚，通过人类的实践活动将自然资源转化为人类持续发展的不竭动力，使人类感悟到大自然的胸怀与温存，大自然与人类是融为一体的。正因如此，我们说："人与自然融为一体是人与自然的内在一致，人与自然在本质上的统一。这种统一使自然界的本质进入人的本质中，人的本质进入自然界中，自然界象征着人，人也象征着自然界。"① 但是在异化的作用下，人质变为纯粹满足物质需要的动物，而自然则失去了昔日的妩媚，沦落为人类满足私欲的工具或手段，自然的灵性早已在人类的虚妄中消失殆尽。

马克思说："异化劳动从人那里夺去了他的生产的对象，也就从人那里夺去了他的类生活，即他的现实的类对象性，把人对动物所具有的优点变成缺点，因为从人那里夺走了他的无机的身体即自然界被剥夺了。"② 马克思精辟地指出了正是由于异化，人失去了人之为人的善意本真，丧失了人性最起码的道德良知，将满足欲望的利爪无情地伸向大自然，致使大自然日益沉沦为掠取财富的对象。那么，究竟是什么力量促使人性发生悖逆，走上了一条与大自然主旨相悖的道路？综观人类发展的历史，

①　曹孟勤：《人性与自然：生态伦理哲学基础反思》，南京师范大学出版社 2004 年版，第61 页。

②　《马克思恩格斯选集》第 1 卷，人民出版社 2012 年版，第 57 页。

正是在资本主义工业文明时期，随着人类科学技术的层出不穷，增强了人类作用自然的强度，自然界在短时期内遭受严重破坏。毫无疑问，资本主义工业文明使人性发生裂变，特别是资本主义私有制以追逐私有财产的无限增长为使命，信奉物欲至上的价值观，助长了人性的贪婪欲望，背弃了人性的善意本真，逐渐滑向了物质主义的深渊。

资本主义私有的本性决定了将不增长就死亡视为发展的铁律，崇尚物欲的价值观念，遵循越多越好的发展逻辑，所以商品利益关系在社会关系中占据至关重要的地位，由此也就意味着资本主义生产关系完全是赤裸裸的金钱交易关系。"在资产阶级看来，世界上没有一样东西不是为了金钱而存在的，连他们本身也不例外，因为他们活着就是为了赚钱，除了快快发财，他们不知道还有别的幸福，除了金钱的损失，不知道有别的痛苦。"[①] 在金钱的刺激下，资本家疯狂地追求物质财富的无尽占有。为了占有财富，资本家将注意力转向科学技术，因为只有不断创新的科学技术才会不断提高生产效率，让他们在大自然当中占有更多的资源借以积累财富，技术俨然被贴上了财富的标签。科学技术是人类文明发展的丰硕成果，它也是推动人类文明进步的强劲动力。但科学技术并不是万能的，一旦被贴上利益的标签，受制于财富的掌控，科学技术就质变为技术主义，背弃了科学为人类谋福祉的本意。资本主义的工业技术正是屈从于资本家追求财富积累的需要，成为其满足私欲的工具，结果技术在帮助资本家增加财富的同时，也毫不留情地破坏了人类赖以生存的大自然，技术纯粹成为财富积累的工具。"只有资本主义生产方式第一次使自然科学为直接的生产过程服务，同时，生产的发展反过来又为从理论上征服自然提供了手段。科学获得的使命是：成为生产财富的手段，成为致富的手段。"[②]

长期以来，资本主义工业文明受金钱至上价值观的驱动遵行越多越好的经济理性原则。经济理性唯一认准的就是有效地积累财富，它利用资本主义庞大的市场体系，在科学技术的有力推动下肆无忌惮地向自然界攫取财富。资本主义的经济理性原则直接受制于以私有制为基础的资

---

① 《马克思恩格斯文集》第 1 卷，人民出版社 2009 年版，第 476 页。
② 《马克思恩格斯文集》第 8 卷，人民出版社 2009 年版，第 356—357 页。

本逻辑，追寻财富的无限增长。在资本逻辑的催动下，"金钱是一切事物的普遍的、独立自在的价值。因此它剥夺了整个世界——人的世界和自然界——固有的价值。金钱是人的劳动和人的存在的同人相异化的本质；这种异己的本质统治了人，而人则向它顶礼膜拜"①。在物欲至上的价值观的刺激下，人们疯狂地聚敛财富，毫无保留地将大自然作为掠取财富的对象，无休无止地盘剥自然，其必然的结果是践踏了自然的尊严，使大自然沉沦为物欲的奴隶，失去了昔日的自由。资本主义永无宁日地向大自然榨取财富，是对大自然固有权利的挑衅，是人类无视自然价值、以自然主人自居的狂妄表现。

金钱至上的价值观不仅使大自然受制于资本逻辑而失去自由，而且使人性在金钱的奴役中变质，蜕化为只为攫取物质利益的奴隶，疯狂地积累财富，疯狂地消费，偏执地认为只有在财富的占有中才能实现自身的价值，造成的结果是我们肉体和精神上的不自由。"当我们一门心思踏上消费主义和物质主义的单行道的时候，我们便已然成为物欲症的奴隶，这必然导致我们无论在肉体上还是精神上都将处于一种不自由的奴役状态。"② 资本主义工业文明使人与自然双双异化为财富的奴隶，表征资本主义工业文明越多越好的发展逻辑只能恶化人与自然的共生关系，根本无益于遏制生态危机。在资本主义制度框架内，私有制的固有属性不改变，则追求财富无限增长的资本逻辑就不会消失，大自然就无法避免遭受剥夺的际遇，生态危机自然难以根除。可以说，资本主义工业文明是引起生态危机的罪魁祸首，遏制生态危机，实现人与自然的彻底解放就是要变革资本主义制度，既要进行社会革命，又要进行生态革命。所谓的社会革命，是指制度变革，即用社会主义制度取代资本主义制度；所谓的生态革命，是指对人类超绝欲望和狼性态度宰制的整个生态系统的根本性变革，确如福斯特所言的就是，"需要结束资本主义的破坏性新陈代谢，取而代之以一种所有人类和地球在内的新型的、共同的新陈代

---

① 《马克思恩格斯文集》第 1 卷，人民出版社 2009 年版，第 52 页。
② 王治河、樊美筠：《第二次启蒙》，北京大学出版社 2011 年版，第 433 页。

谢"①。这种新型的新陈代谢显然是标示人与自然繁荣永续的生态文明，其旨在从根本上扭转工业文明以牺牲生态环境来换取经济发展的黑色发展观，规避工业文明的种种陋习，实现人与自然的和谐共生。美国著名建设性后现代主义生态文明观的代表人物之一柯布先生认为，"生态文明的本质特征在于，其目标是为了人类的幸福，而不是经济增长"②。在人与自然和谐共生的生态共同体中，人与自然是一个密不可分的有机整体，人的全面自由发展和自然的持续稳定是紧紧联系在一起的，因此生态共同体发展的目标是呵护人与自然的根本福祉，故此生态共同体在发展理念和发展模式上均与资本主义工业文明存在明显差异。在生态共同体中，人与自然是平等互惠的。这种有机整体的共生关系为人与自然的和解搭建了平等交流的平台。在实践中，生态共同体将生态文明作为根本的归宿，为实现人与自然的和解奠定基础。面对全球生态危机的现实困境，生态共同体所要实现的生态文明根本上是着眼于人与自然的长远利益，祛除资本主义工业文明将人凌驾于自然之上、漠视自然价值的狭隘与短视，将人类文明的传承创新与自然生态系统的稳定持续统摄于经济发展的各个环节，践行人与自然和谐共生的绿色发展理念，真正实现人与自然的双重解放。

三　生态共同体的理论渊源

生态共同体是在人类文明面临重要抉择的时代境域中出场的，它旨在遏制全球性的生态危机，将人的全面发展与自然生态系统的稳定、持续有机地结合在一起，谋取人与自然共同的福祉。生态危机表征了曾经和谐共生的人地关系发生断裂，生态系统出现了难以逆转的危机，而生态共同体的出场试图弥合破裂的人地关系，积极建设生态文明，重塑人地共生的美好图景。生态共同体之所以能够担负起构建和谐人地关系的

---

① ［美］约翰·贝拉米·福斯特：《生态革命——与地球和平相处》，刘仁胜等译，人民出版社 2015 年版，第 28 页。

② 小约翰·B. 科布、杨志华、王治河：《建设性后现代主义生态文明观——小约翰·B. 科布访谈录》，《求是学刊》2016 年第 1 期。

重任，肩负延续人类文明根基的重要使命与担当，就在于生态共同体自身有强大的智慧或力量作为坚守的后盾。这种力量蕴藏于生态共同体丰富的理论体系当中。事实上，生态共同体并非凭空出场，生态共同体的生成和运演过程内蕴着深厚的理论渊源，包括马克思关于人与自然对立统一的和谐共生思想、以怀特海为代表的过程哲学（或有机哲学）阐发的有机整体主义思想以及中国传统文化"天人合一"的生态伦理思想。这些思想本身就是一个丰富的理论体系，它们的有机整合必将为生态共同体提供强大的思想动力和智慧之源，使生态共同体展现生机勃勃的生命力，推动生态共同体理论体系不断完善和超越创新，进而为生态共同体建设生态文明的实践指向提供坚实的理论支撑。

（一）马克思人与自然和谐共生的思想

人与自然是宇宙世界中彼此难舍难分的两大主体，它们之间的关系自人类诞生之后就成为这个世界中永恒的主题，并引起诸多思想家的关注。他们从不同的视角审视人与自然，试图通过探寻二者的关系寻觅人与自然的相处之道，马克思和恩格斯也不例外。作为伟大的思想家，马克思和恩格斯的思想关涉诸多领域。虽然马克思没有专篇讨论人与自然为核心的生态问题，但在他的经典著作中，他分散地论述了人与自然密不可分的关系，揭示了人与自然的异化以及资本主义生态危机的根源，并且指出人与自然实现和解的制度路径。这些问题论域实际上已经构成马克思人与自然和谐共生的思想，成为今天在人地关系断裂的现实困境中重塑人与自然共生关系的智慧之源或宝贵财富。马克思人与自然和谐共生的思想至少包括以下几个方面。

1. 人与自然是对立统一的有机整体

首先，在生态系统中，人与自然向来是密不可分的共生关系。无论是独具思维意识和实践能力的人类，还是有着无限胸怀、充满神秘意味的大自然，都是这个生态系统中的重要成员，对维系生态系统的平衡、持续和稳定有着非常重要的作用。从此种意义上讲，人与自然就是一个有机统一的生命体。但是在生态系统中，人与自然却是对立统一的关系。人与自然的对立性首先体现在人与自然是不同的实体，在本质属性、发展特征以及发展目标等方面存在明显的差异。我们通常讲人是自然界的重要成员，但人就是人，自然就是自然，人与自然毕竟是两种不同形式的存在物，代表着迥然不同的生命特征。人在本质上是一种动物，不可避免地带有动物的某些属性，但人类与动物又有明显的区别。恩格斯说："一句话，动物仅仅利用外部自然界，简单地通过自身的存在在自然界中引起变化；而人则通过他所做出的改变来使自然界为自己的目的服务，来支配自然界。这便是人同其他动物的最终的本质的差别，而造成这一差别的又是劳动。"[①] 人类有自己的思维意志，可以将他们头脑中的意识或计划转化为现实的生产劳动，通过生产实践活动按照预先的规划利用和改变周围的环境以便更好地适应生存环境。在改造环境的过程中，人类的劳动起着重要的衔接作用。但是动物仅仅依靠本能的需求被动地适应环境，无法通过劳动从自然界摄取生命所需的物质与能量，只能在裸露的自然界中依靠本能需求维持生命的延续，动物远没有达到人类认识和利用自然的认知高度。人是一种高级别的动物，具有能动意识和自主意识，他可以通过启迪智慧、开展实践活动作用于周遭世界，而相较于人的主动性，自然则不具备这种意识和能力。自然在本质上是宇宙世界中存在的客观事物，是以丰富多彩的物质形态呈现出来的，并表现为一种静态的安定与神秘，但其并不是僵死或固化的，可以通过自身的调节功能进行周期性的生态调节，维持自身内部的平衡。人类发展的目标是推动人类社会的发展，促进人类文明的繁荣永续，而自然的发展目标则是维持生态系统的可持续平衡，人与自然存在属性上的差异。

其次，人与自然的对立表现为人类要不断改造自然，而自然在消解人类行为的同时也在对抗着人类的野蛮行径，本能地对抗着人类毫无底线的物质欲望。人类维持生命体的运转需要不断从自然界摄取能量，但人类在发展过程中建立了自己的制度体系和文化体系，这些代表人类文明辉煌的成果无一不是建立于自然基础之上的。推进文明的繁荣势必会消耗自然资源，而且越是高度发达的文明，其对资源需求更为迫切，对大自然的掠取越猖獗，人与自然之间的冲突与对抗越激烈。大自然不会讲人类的语言，它总是无偿地向人类提供资源，默默地承受着人类对生态资源的高强度利用所带来的隐痛。但大自然的承载力是有限的，当人

---

①《马克思恩格斯文集》第9卷，人民出版社2009年版，第559页。

类活动超过了生态阈值，就触犯了大自然的生存权利，大自然就本能地产生了一种抵抗情绪，最终引起大自然的无情报复，以生态危机的形式表现出来。确如恩格斯所言："文明是一个对抗的过程，这个过程以其至今为止的形式使土地贫瘠，使森林荒芜，使土壤不能产生最初的产品，并使气候恶化。"[1]

人与自然由于属性的不同存在着对立，但作为生态系统的重要成员，人的生存和发展离不开自然，同样，缺乏人类活动的自然也将失去鲜活性和生命力。因此，人与自然又是统一的，是生态系统中密不可分的生命共同体。人与自然的统一性主要体现在人是自然界的重要组成部分，自然界是人类生存和发展的物质基础。人类来自自然界，是自然界长期演化到一定阶段的产物，人在自然界中通过生产实践活动利用和改造自然，体现自然界存在的真正价值，凭借人类特有的思维意识创造了制度体系和文化系统，并且将其施于自然界，使大自然更富有灵性和生命力。同时，人类的生存和发展要依赖于自然界，人类向自然界不断摄取能量来维持生命体的新陈代谢。而且，人类的衣食住行均来自大自然的无偿提供，大自然是人类生存和发展的物质承担者。更为重要的是，综观人类发展的历史，无一不是在大自然的基础上演绎推进的，离开自然的人类发展运演的历史是根本不存在的。"正像一切自然物必须形成一样，人也有自己的形成过程即历史，但历史对人来说是被认识到的历史，因而它作为形成过程是一种有意识地扬弃自身的形成过程。历史是人的真正的自然史。"[2] 人类依靠大自然建立文化系统推动人类文明的繁荣演进，大自然在向人类提供物质资源的同时也共享了人类文明的优秀成果，人与自然是互生共存的有机统一体，彼此交互而生。就如马克思所言："自然界，就它自身不是人的身体而言，是人的无机的身体。人靠自然界生活。这就是说，自然界是人为了不置死亡而必须与之处于持续不断地交互作用过程的、人的身体。所谓人的肉体生活和精神生活同自然界相联系，不外是说自然界同自身相联系，因为人是自然界的一部分。"[3]

---

① 恩格斯：《自然辩证法》，人民出版社 1984 年版，第 311 页。
② 《马克思恩格斯全集》第 3 卷，人民出版社 2002 年版，第 326 页。
③ 《马克思恩格斯选集》第 1 卷，人民出版社 2012 年版，第 56 页。

2. 人与自然相互作用、互惠共生

自然界是人的无机的身体，源源不断向人类提供基本的物质需要，而人类在诞生之初就与大自然保持着密切的联系。人类在懵懂无知的最初阶段是敬畏自然，向大自然学习，制造生产工具从事生产活动。之后，人类在发展的过程中不断地从大自然汲取智慧和力量来推动人类社会向前发展。人类并不是一开始就采取粗暴的资源利用方式，联邦德国著名的马克思主义学者施密特说："人类并不是以不断征服自然的方式从自然必然性中解放出来，而是学会比以往更加强同自然的联系而已。"① 人类在学习和改造自然的过程中塑造自己的历史，而自然在人类成长的过程中日益改变了荒野状态，人与自然是相互作用的。这种作用显现为人类与自然之间进行着不间断的物质、能量与信息的传递。也就是说，人与自然之间自始至终有一个媒介来调节二者的关系，这个媒介就是人类特有的劳动实践活动。"劳动首先是人和自然之间的过程，是人以自身的活动来中介、调节和控制人和自然之间的物质交换的过程。"② 劳动是人类区别于其他动物特有的一项技能，正是由于人类劳动才有了生产实践活动。凭借生产实践，人类将自己的抽象思维转化为在大自然当中的客观事物，大自然则成为人类劳动的对象，劳动架起了人类与自然沟通的桥梁。正是由于劳动实践，大自然逐步改变了某些属性，成为可供人类繁衍生息的生活的自然。也就是说，实践使自在自然逐步实现了人化自然。"马克思提出实践是人与自然相统一的中介，找到了真正联结两者的关系纽带。在这其中，一方面，被实践中介了的自然界不断被人化，而成为人类的无机身体；另一方面，自然界也在实践基础上，使人类及其社会自然化。"③

在马克思看来，人与自然是生态系统中对立统一的有机整体，正是由于对立，人与自然两个属性不同的生命现象才有了交流碰撞的平台，人性与自然性在本质上实现了统一。"人作为自然的有机组成部分，人性

---

① ［联邦德国］施密特：《马克思的自然概念》，欧力同等译，商务印书馆1988年版，第4页。
② 《马克思恩格斯选集》第2卷，人民出版社2012年版，第169页。
③ 李怀涛：《马克思自然观的生态意蕴》，《马克思主义研究》2010年第12期。

不能脱离并超越自然性。人与自然的和谐并不是体现在人对自然界的臣服，人性与自然性的统一归根结底是服从自然性前提之下的统一。"① 人类为了生存和发展的需要不断征服和改造自然，向大自然强加自己的行为意志，而大自然在有限的范围内对抗着人类的活动。这种强加与对抗真实地表达了人与自然之间的情感交流，这份情感或者是充满亲和力的，抑或是夹杂着痛苦的，但都无一例外地昭明了在生态系统中人与自然这个生命共同体别样的生存面向。在人与自然的互动关系中，统一性更能完整地表达出人与自然之间密不可分的共生关系。人类来自大自然，人类社会的发展需要倚重大自然。人类在与自然演化的过程中创立了自己的文化，他们把代表人类意志的文化符号通过实践活动内化为自然界的一部分，满足物质和审美的需求。大自然则在人化自然过程中富有了人文的意义，在大自然的身体上镌刻着象征人类文明的印记，人的意志已经融入了大自然，大自然赋予了人的内涵。这样，人即是自然，自然即是人，人与自然在本质上达成了统一，耦合为一个互生互利的生态共同体。在这个生态共同体中，虽然存在着对立与抗争，但这种对立与抗争却无法冲淡人与自然互不相胜的主题。"自然不是一个没有内在联系的物质堆，而是一个有机体整体。对于这个有机体整体来说，人只是这一整体内部存在的、从属于这一整体的一个特殊的存在者，因而人不能成为自然有机整体的主体。"② 正因为生态共同体中人与自然有着对等的生存权利和发展平台，我们说生态共同体的出场能够重塑人与自然的共生之境，再现"天人合一"的美好胜境。

（二）过程哲学的有机整体思想

过程哲学又称有机哲学，主要的代表人物之一是英国哲学家怀特海。过程哲学着力探究的是宇宙世界中万物之间错综复杂的对应关系，它把宇宙看成一个相互联系、相互依存的互动网络，在整个宇宙生命系统中

---

① 聂长久、韩喜平：《马克思主义生态伦理学导论》，中国环境出版社 2016 年版，第 59 页。

② 卢风、曹孟勤主编：《生态哲学：新时代的时代精神》，中国社会科学出版社 2017 年版，第 83 页。

根本不存在孤立的存在物，存在物之间是紧密联系在一起的。物体的存在要以其他存在物为依托，向其他存在物汲取自身所需，一个生命体的死亡意味着另一个生命体的诞生，因此宇宙中的存在物之间是呈动态联系的、无限开放的有机统一体。怀特海的过程哲学将宇宙世界看成一个互相依托、交织并生、互动共存的网络系统。"每一种实际存在物本身只能被描述为一种有机过程。它在微观世界中重复着宏观世界中的宇宙。它是从一种状态到另一种状态的过程，每一种状态都是其后继者向有关事物的完成继续前进的实在基础。"① 在宇宙生命系统中，每一个生命体自身构成独立存在的实体，按照自身发展的逻辑完成生命的循环。但生命体在发展运转的过程中并不是孤立的，它需要其他生命体为依托才能完成生命体的延续和发展，更需要借助其他生命体来实现物质、能量与信息的传递借以完成自身的使命，因此生命体之间形成了彼此交织的常态化状态。

在宇宙世界中，有机体之间的联系正是通过存在物之间的交往互动而实现的。正是因为互动，生命体能够汲取自然存在物的能量维持生命的新陈代谢，整个生态系统实现生态链条上物质与能量的传递、信息资源的共享，进而推动了宇宙世界的生生不息。"自然、社会和思维乃至整个宇宙，都是活生生的、有生命的机体，处于永恒的创造进化过程之中。构成宇宙的不是所谓原初的物质或客观的物质实体，而是由性质和关系所构成的'有机体'。有机体的根本特征是活动，活动表现为过程，过程则是构成有机体的各元素之间具有内在联系的、持续的创造过程，它表明一个机体可以转化为另一个机体，因而整个宇宙表现为一个生生不息的活动过程。"② 过程哲学将宇宙世界视为一个相互依存、互生共存的有机统一体，宇宙中的存在物之间存在着千丝万缕的动态联系，按照生态系统的自然规定性进行物质与能量的代谢与传递，完成生命体之间的物质循环。

---

① ［英］怀特海：《过程与实在：宇宙论研究》，杨富斌译，中国城市出版社2003年版，第392页。

② ［英］怀特海：《过程与实在：宇宙论研究》，杨富斌译，中国城市出版社2003年版，第30页。

从有机体之间物质与能量的传递过程可以看出，过程哲学实际上把宇宙中的每一个生命体都融入了其庞大的能量循环系统，每一个生命体在能量循环的生态链条上都发挥着特定的作用，任何一个生命原点的残缺均会招致生态链条出现缺口而难以维系。也就是说，宇宙生态系统中的每一个生命体均具有自己的生态位，均有自身的价值。"万物对自己、他物和全体都有某种价值。这表示其实现意义的特性。我们没有权利毁伤价值经验，它是宇宙的真正本质。"① 承认和尊重宇宙生命体的固有价值，尊重它们的生存权利，这正是过程哲学有别于其他思想的显著特点，因为它从根本上消解了传统观念中漠视自然存在物价值的狭隘与短视。

在过程哲学看来，宇宙世界是一个相互联系、交织并生的互动网络。"万物不仅相互联系，而且是内在地统一在一起的。生命是一个整体。每一个人都是活生生宇宙中的活生生的有机体。"② 显然，作为生态系统中重要的两大主体，人类与自然也应该是一个相互依存、互动共生的有机共同体，是地位平等、互惠互利的价值实体。但与过程哲学这种有机自然观不同的是，传统哲学一直把人与自然视为对立的机械论自然观。传统哲学是一种本体意义上的哲学，它主要探究宇宙世界的本原和规律，把万事万物都追根溯源为一个本原，万物都是由这个本根派生演化的。既然宇宙有本体，那么与之相对的自然是客体，本体为客体的产生和演绎提供本原依据，客体由本体延伸而来并受其制约，如此就形成了本体与客体二元对立的思维范式，标示出本体对客体的主动意义。这种方式体现在人与自然关系上就是人是主体，自然是客体。

古希腊哲学家普罗太格拉提出"人是万物的尺度"，他肯定了人的作用和价值，赋予了人性以无限的光芒，但由此也拉开了人类超越其他自然存在物的序幕。到了近代，以理性为核心的理性哲学依然凸显人的主体性作用，在理性的号召之下，人类将实现自身价值视为时尚来追求，张扬理性就是要追求自由和实现幸福，而这种自由和幸福在现实中是以物性指标来衡量的，故而在理性为内核的现代性的刺激下，人类疯狂地

---

① ［英］怀特海：《思维方式》，黄龙保等译，天津教育出版社1989年版，第136页。

② ［美］大卫·施沃伦：《财富准则——自觉资本主义时代的企业模式》，王治河译，社会科学文献出版社2001年版，第111页。

聚敛财富，将自然视为掠取财富的对象和目标，毫无节制地榨取和盘剥自然。由此看来，传统哲学实际上把人与自然和谐共生的关系当作了肆意征服和蹂躏的"主奴关系"。在人类文明之初，人类对大自然充满无限敬畏，对自然界中的万象懵懂无知，人类匍匐于自然之下受其摆布，自然是主，人类是奴。"自然起初是作为一种完全异己的、有无限威力和不可制服的力量与人们对立的，人们同它的关系完全像动物同它的关系一样，人们就像牲畜一样服从它的权利。"① 但是到了近代，人类的主体作用被无限放大，人与自然关系发生根本倒置，人类是主，而自然是奴，人类凌驾于自然之上，以自然主人的身份自居而藐视或盘剥自然。

传统哲学对人与自然关系的认识实际上是一种非此即彼的二元对立观。这种机械自然观把自然存在物之间交织互生的关系看成机械化的组合与拼装，把宇宙世界看成一个僵化的、毫无生机可言的自然存在物的堆砌，背离了宇宙万物的本质属性。过程哲学却把宇宙世界看成富有鲜活性和生命力的生命共同体，形塑一种有机论自然观。有机体在互生与共生之间遵循自然规定性，维持生态系统的持续性和稳定性。难怪日本学者田中裕对此给予了高度评价："怀特海的哲学，尤其是其中的有机论自然观，是一种意义深远的生态学，即在自然界诸种生命活动整体中为人类定位这种思维方式的先驱。"②

德国著名生态哲学家萨克塞明确断言："在社会劳动进程中，我们得知人在生态关联网中受到了严格的控制，我们意识到我们不是作为主人面对这一发展，我们自己也是整体的一部分。"③ 的确，人类作为生态系统中活跃的因素不能超拔于自然界，肆意凌驾于自然之上，仅仅是大自然的重要组成部分，是整个生态系统这个有机整体的一部分，只能在有限的范围内改造自然，根本没有权利征服和剥夺自然，而在传统的本体论哲学思维习惯中，人类以自然主人的身份自居，肆意凌驾于自然之上。过程哲学的有机论自然观彻底消解了传统哲学论域中把人与自然认同为毫无生机的机械自然观，将宇宙世界中的每一个生命体视为平等相依、

---

① 《马克思恩格斯文集》第 1 卷，人民出版社 2009 年版，第 534 页。

② ［日］田中裕：《怀特海有机哲学》，包国光译，河北教育出版社 2001 年版，第 17 页。

③ ［德］萨克塞：《生态哲学》，文涛等译，东方出版社 1991 年版，第 194 页。

互动共荣的生命共同体，正视和尊重共同体成员的内在价值。也就是说，有机论自然观是一种有机整体主义的自然观，讲究共同体成员之间的动态联系性、动在性和互生性，真实呈现在生态系统中生物之间的有机整体性。正是由于有机整体主义视野，人与自然融合为一个共生共荣的生态共同体，如此也就意味着"人在自然世界之中，自然世界在人之中，人与自然世界构成一个不可分割的整体，就无所谓谁为主谁为奴，谁为中心谁为边缘，于是，人与自然世界的主奴关系就彻底消解了"①。

那么，什么是过程哲学所倡导的有机整体主义呢？著名学者王治河教授对此进行了精准的概括："所谓有机整体主义就是视宇宙万物为一个相互联系的有机整体，事物与事物之间、人与自然之间都是相互联系和相互依存的，整个世界是一个动态发展着的生命共同体。"② 有机整体主义之所以是一种有机的思维方式，就在于它将宇宙世界看作富有鲜活性的互动网络。在这个互动的网络系统中，每一个质点属性和特征的改变就会产生连锁效应，波及其他存在物的自然属性，进而影响整个生命循环系统的整体稳定性和持续性。在有机整体主义的视域内，人与自然是互动共生的，人通过自己的实践活动改变自然界的面貌，自然界对象化为人的本质，自然界的本质通过人的改造内化为人的自我意识，又成为人的本质的对象性存在。人与自然在本质上是一致的，这种一致性决定了在生态共同体中人与自然的有机统一性，而这恰恰是有机整体主义生成所要企及的重要目标。因此，过程哲学阐发的有机整体主义的思维方式极大程度上拓展了人与自然关系的问题域，以更为宏阔的认识视野来全面审视人与自然之间的共生关系。在当前生态危机日益严峻的态势下，人与自然究竟该如何相处？人的全面发展和自然的和谐稳定是否存在矛盾？这些问题在有机整体主义的整体视域中就能得到根本的解答。人类在遭遇工业文明成果带来的痛苦经历之后，人与自然非此即彼的机械自然观暂时偃旗息鼓，但由于这种观点深深植入了人们的思维意识，在短时期内并没有从人们的头脑中彻底祛除。在这种境域下，过程哲学所持

<hr>

① 卢风、曹孟勤主编：《生态哲学：新时代的时代精神》，中国社会科学出版社 2017 年版，第 97 页。

② 王治河、杨韬：《有机马克思主义的生态取向》，《自然辩证法研究》2015 年第 2 期。

的有机整体主义自然观有效地避免了在人类面临抉择之时思维方式的紊乱，为人类坚持科学发展、绿色发展提供了坚实的哲学基础。正因如此，生态共同体的出场需要过程哲学和有机整体思想提供强大的理论支撑和方法指引。

（三）中国传统文化中的生态思想

提及中国传统文化，不得不为其源远流长的历史沉淀和博大精深的内容所折服。中国传统文化之所以如此磅礴厚重并被赋予中国气派的特质，就在于中国的这种文化是儒家、道教和佛教文化经过长期的融合凝练而成。儒家、道教和佛教文化内容广博而宏远，涉及古代社会生活的人伦道德、社会秩序等诸多领域，其中之一便是关于人与自然和谐共处的生态思想。它不仅对当时和谐人与自然、社会之间的关系产生了重要作用，而且对生态危机日益严重的当今世界来说，中国传统文化的生态智慧也颇具影响力和号召力。美国著名建设性后现代主义的学者柯布就曾指出："中国的马克思主义拥有很大的影响力，过程思维拥有深刻的洞见，再加上中国优秀的传统文化，这三者的联合将是一支改变这个世界的重要力量。"①

1. 儒家的生态思想

儒家思想是中国传统文化的主流思想，其思想的影响力是根深蒂固的，在生态方面主要涉及两个重要的方面：一是"仁民爱物"的护生思想，二是"天人合一"的有机整体思想。在儒家看来，人的本性是善意的，这种善意在社会现实中就升格为"仁"，因此"仁"是儒家文化中的核心和精髓，成为衡量执政者统治得失和社会人伦秩序优劣的标尺。仁是人性之善的本质体现，仁者爱人，所以儒家提倡把这种仁爱施之于社会生活的每一个层面。统治者要实施仁政，宽政于民，而普通百姓要以仁爱的标准规范自己的行为道德，遵守伦理规约，只有在仁爱的、伦理的社会秩序中，政令才能通达，伦理才能顺畅，才能维持社会的持续稳定发展。悖逆伦理就违反了社会道德的要求，僭越被仁爱所框定的社会秩序就会致使人心日渐狂躁、社会日渐混乱。儒家仁爱的对象不仅仅是

---

① 任平：《呼唤全球正义——与柯布教授的对话》，《国外社会科学》2004年第4期。

针对生活在社会现实中的人，还应包括活动于人之外的其他生命体，即是说儒家这种仁爱是包罗万象的人间大爱，自然人之外的存在物也应享受到仁爱的关照，这就是儒家所提出的"仁民爱物"的思想。孟子曾经说："君子之于物也，爱之而弗仁；于民也，仁之而弗亲。亲亲而仁民，仁民而爱物。"① 实际上表达的就是仁者爱人、仁者爱物的护生思想。儒家认为仁是由人之善意的本性生发出来的，要将仁爱之心推及世间万物，也就进一步阐明人本能地具有珍爱他物、呵护自然的道德责任和义务，"天地之大德曰生"。正是由于人之本能的仁爱道德，宇宙秩序被维系在一个恒定的状态化育万物，人道融合于天道，宇宙呈现一个生生不息的生命生成过程，人与自然万物构成互动互生的共同体。

除了"仁民爱物"的护生思想，儒家在生态方面还提出了"天人合一"的至高境界。儒家文化所提出的天就是天道，实际上是指我们所说的自然规律，而人自然就指现实中生活的人，天人之间沟通的桥梁就是伦理秩序，违反伦理秩序就悖逆了天道人与天道之间的规约，触动天道的尊严就会引起天道的惩戒。汉代董仲舒提出的"天人感应"的思想就是对这种天人互动的完整表达。儒家提出的"天人合一"实际上将人与人之间的伦理尊卑关系映射到上天的意志，人的伦理习惯和行为逻辑要受到上天的监视，并接受其惩罚。天人之间靠伦理互动的心灵感应昭示人与自然是密不可分的共生关系，人的行为意志是否得当直接关系到自然生态系统是否持续稳定，人与自然能否融合为一个有机和谐的整体。由此看来，儒家虽然重视人伦道德，但其并没有将自然搁置为人的对立面，相反，把人际伦理与自然的和谐稳定密切地联系起来，号召人以慈爱之心善待自然，表征了人的和谐与自然的和谐高度统一的美好图景。"儒家并没有把人与自然界割裂开来，并没有把人与自然界看成是对立的，并没有去征服和掠夺自然；相反，儒家把人与天地万物看作是一个有机的整体，自然万物是人的四肢百体，人必须像爱护自己的手足一样爱护自然万物，追求天人合一的理想境界，达到人与自然和谐发展的目的。"②

---

① 万丽华、蓝旭译注：《孟子·尽心上》，中华书局 2006 年版，第 315 页。
② 罗顺元：《中国传统生态思想史略》，中国社会科学出版社 2015 年版，第 288 页。

2. 道教的生态思想

道教作为中国土生土长的宗教，其在长期发展演绎的过程中形成了自己特有的思想，涉及生态方面的思想主要包括"道通为一""物无贵贱""克欲节俭"等。"道通为一"就是道家所认同和追求的"天人合一"的思想，在道教的基本教义中，将"道"作为宇宙万物生成的本根，即"道生一，一生二，二生三，三生万物"。也就是说，自然界的存在物都是由"道"派生出来的，也是在"道"的原力和法则催动下发展的，"道"就成为万物的本宗，而宇宙万物也围绕"道"形成一个相互依存、交织并生的统一体。"天所覆盖的，地所承载的，六合所包容的，阴阳所吐纳的，雨露所滋润的，道德所扶持的，都产生于一个天地父母之内，一起有机地联系在一个和谐的统一体中。"① 既然"道"是自然万物的本原，那么人究竟在何种程度上与自然融为一体呢？儒家所提出的"天人合一"的至高境界是依靠仁爱伦理来维系人与自然的整体性，是将人道融入自然之中，把人的伦理道德赋予自然界以达成人与自然本然一体的和谐。与儒家不同的是，道教的"道通为一"则是将自然的天道放在了首要位置，人应遵循自然规定性，清净无为，顺从自然秩序而达成人与自然整体的和谐。可见，儒家是将人道融入了自然界，而道教讲究人道顺从自然界，人与自然融合的机理存在差异，但毋庸置疑的是儒家和道教都关注人与自然的本质生成，而且将人与自然视为一个有机统一的整体，和谐共生是两者的共性。

在道教看来，宇宙世界都是由"道"产生的，自然万物虽然在数量、种别、颜色特征等方面存在差异，但本质上都是"道"的衍生物，这也就意味着在"道"的宏阔视域内万物地位是平等的，均具有内在的价值。《庄子·秋水》中"以道观之，物无贵贱"表达的就是这个意思。"物无贵贱"说明在宇宙生态系统中，自然存在物依照固有的运行逻辑来展现特有的内在价值。尽管可能存在价值是否实现的问题，但它们在生态系统中均有自己的价值定位，不可能发生价值缺位的怪象，每一个生命体价值的实现都要依存于生态系统的总体价值。"宇宙中的任何事物都具有自己独立的、不可替代的内在价值，它们都在按照道的运行法则去实现

---

① 余正荣：《中国生态伦理传统的诠释与重建》，人民出版社 2002 年版，第 59 页。

它。因此，从万物自身所依据的价值本源的绝对意义上看，任何事物的价值都是平等的，而没有大小贵贱之别。"①

道教提出了一个"道通为一"的命题，强调人要顺从于自然的规定性，按照自然的本质属性实现人与自然的融合。但人是一种有思想、有活动的高级动物，他们对待自然的态度和行为强度势必会同自然的本性相抵触，如何调节与自然的关系就对人提出了格外的要求，即人要克制自己的欲望，积极做到清净无为。无为并不是说无所作为，而是一种有限制、有约束的作为，把人的欲望克制在合理范围之内的作为。英国著名的生态经济学家舒马赫曾言："所谓自我克制，是知足。"② 也就是说，自知知足，在知足的限度内开展活动。我国著名哲学家冯友兰也表达了相同的看法："无为的意义，实际上并不是完全无所作为，它只是要为得少一些，不要违反自然地任意地为。"③ 道教提出的"道通为一""物无贵贱"以及清净无为，本质上反映了人与自然和谐统一的关系。一方面，人与自然都是由"道"产生的，遵循"道"的法则和秩序，表征人与自然在道的生命循环系统中地位是平等的，都具有各自独特的价值，各不相属但互相交织；另一方面，人要顺应自然的法度才能融入自然界，达成物我为一的境界。顺应自然就是要抑制人的欲念，清心寡欲，控制不合理的行为，知足为乐。道教的生态思想将自然的本质与人的心性调控有机地结合在一起，创造一种人与自然浑然天成的和谐图式。这种物我为一的意境和清净无为的境界对创建和谐共生的生态共同体有着重要的启迪作用。

3. 佛教的生态思想

与中国本土的道教不同，佛教是一种外来宗教。然而正是这种外来宗教，它自汉代传入中国之后就不断与中国本土文化资源交融生发，形成了独具特色的佛教教义并迅速被广大民众接受或认可，成为中国颇具影响力的宗教之一。佛教之所以有如此强大的号召力，原因在于其教义中所阐发的平等说、因果说、轮回说等思想极大程度上迎合了民众寻求

---

① 余正荣：《中国生态伦理传统的诠释与重建》，人民出版社 2002 年版，第 60 页。
② ［英］舒马赫：《小的是美好的》，虞鸿钧等译，商务印书馆 1984 年版，第 210 页。
③ 冯友兰：《中国哲学史》，北京大学出版社 1998 年版，第 89 页。

消极避世的心理诉求。借助佛教教义，人们可以将对现实社会的愤懑或不满表达寄托于来世的心理期许当中，通过虔敬的信仰来慰藉焦灼的心灵，寻求精神自我安逸的庇佑或寄托。

佛教教义重在强调对个体的教化或精神引领达成境界的提升，其教义的精髓也适用于调和人与自然之间的关系。佛教教义当中的"因果说""平等说""无情有性"等基本思想蕴含了丰富的生态意蕴。"因果说"是说事物之所以产生这样的结果必定是由特定的原因而引起的，事物在性质、数量和发展方向上的改变必定会产生一定的结果，原因和结果的关系并非固化的，而是可以相互转化的。佛教的"来世说"认为今生和来世彼此有特定的因果循环关系，通过因果报应实现轮回转世，今生行为举止是否正义直接关系到来世命运的转化，善因必得善果，恶因必招恶果，所以佛教强调的因果报应论旨在警示众生应该检视自己的行为，将慈善之心内化为行动自觉。"佛教因果报应的精神就是强调主体的自觉性，特色就是建立在因果律上的道德自我约束力。"[1] 因果报应论在人与自然关系的考量中表现为人类应该善待和尊重自然、包容自然、合理利用自然，否则必然带来恶缘，遭到大自然的无情报复。

佛教主张众生是平等的，世间的一切存在物没有高低贵贱之分，也没有种别上的差异，均是平等的。佛教中的"众生"是一个广义的概念，既包括人和动物等有情众生，又包括日月、山河、草木等无情众生。众生皆平等指的是自然界存在物之间地位是平等的，所以有情众生和无情众生都能感悟到佛性的真谛，这也就是佛教教义中的"无情有性说"。无情有性说承认了人之外的其他自然物在佛面前的平等地位，实际上认可了自然存在物与人类一样具有对等的生存权利和平等地位，进而也就承认自然并不是人的对立物，而是与人类休戚与共的生命体，与人类互利互存。

佛教教义中蕴含的因果报应论、众生平等说、无情有性说、禁止杀生等生态思想，它们的共性就是通过人的内省顿悟来自觉达到佛性的至善境界。佛性生成的过程就是历练人性的过程，这个过程需要人将人性的善意内化为行动自觉，以仁爱之心善待万物，以慈悲的胸襟包容万物，

---

① 俞田荣：《中国古代生态哲学的逻辑演进》，中国社会科学出版社2014年版，第181页。

行善举积厚德。这些思想对于反思人类发展史上的盲从、规范当下人类的不合理行为、重置人与自然之间的共生关系都是大有裨益的。

诚如以上所述，中国传统文化中的三种文化系统意蕴深刻，各自蕴含着丰富的生态思想。儒家提出的仁民爱物、天人合一等生态思想将儒家核心的"仁"融入天道，靠人道主义的尊卑伦理秩序架构起与天道沟通的桥梁，试图构建人与自然和谐统一的生命共同体，依赖人与自然的通达实现共同体的真善美。道教和佛教作为一种宗教，其本身就是在强调教化的重要作用，通过教化吸纳教义的基本精髓，而后内化为教众的自觉意识，并转化为实际的行动自觉：道教的生态教化在于无为自足，在清心寡欲中顺从自然，使人性的真挚融入自然借以实现"道通为一"；佛教的生态教化是通过众生广施仁慈之心、行善举来实现人与自然的平等。无论是道教还是佛教，都非常重视人性的养成来规约人的行动。正如有的学者指出的，"人们对环境采取什么样的行动依赖于他们的文化如何看待人与自然的关系。因为人在面对自然、社会和超自然时，文化的积淀和传承已经先在地赋予了他对世界和人生的某些基本预设。这些预设和想象一般来说是由文明的重要源头——宗教提供的，人们在进行价值判断、行为抉择时会有意无意地受到这些预设的影响。宗教一般要解答人从哪里来、要到哪里去的问题，给人以终极关怀，为生命赋予意义，并最终让人们采取相应的行动"①。

中国传统文化在历史的沉淀中积累了博大精深的包容性和厚重感，不仅对当代中国解决现实的生态问题提供了有益的借鉴，而且对缓解全球性生态危机发挥了重要的思想启迪作用。美国著名环境伦理学家罗尔斯顿就明确指出："吸收东方的尤其是中国的传统文化，可以部分地提高西方人的伦理水平，改变直到现在西方还存在的那种仅仅把动植物当成固定地球宇宙飞船上的铆钉，而不是当成地球生命共同体的平等成员的错误观点。"② 如今，面对日益严重的生态危机，人类应该积极行动起来，共同呵护这个绿色家园。"胸怀理想的生态主义者将在一言一行中全力表明，人类的伦理、人类的理智、人类的情感及由此而来的人类社会都可

---

① 陈霞主编：《道教生态思想研究》，巴蜀书社 2010 年版，前言第 4 页。
② 余正荣：《中国生态伦理传统的诠释与重建》，人民出版社 2002 年版，第 189 页。

用新的方式与自然世界重新沟通起来。这种天人合一的方式能为每一个
体带来满足感，为社会提供丰富的养分，也能使作为我们家园的地球永
续而不败。"①　就像科尔曼所说的一样，在人类面临重要抉择的十字路口，
人类作为生态系统的重要成员之一，更要以审慎的态度检视自己的行为，
拥有胸怀全球的气魄、行于当下的决心和勇气，为人与自然共同的福祉
贡献智慧和力量。

___

① 　［美］丹尼尔·A. 科尔曼：《生态政治：建设一个绿色社会》，梅俊杰译，上海译文出版
社 2002 年版，第 232 页。

第 二 章

生态共同体的生成价值和实践指向

　　生态共同体是以当前全球性的生态危机为出场背景，旨在重塑人与自然的互动关系，进而达成美美与共的至美图景。在生态共同体中，人与自然是相互交织、和谐共生的有机整体，这种互生共荣的和谐关系有益于修复断裂的人地关系，重塑人地和谐的共生之境。在人与自然运演的历史上，生态共同体先后经历了自然共同体、社会共同体和生态共同体的逻辑演进，每一种共同体形态都展现了别具风格的人地关系，镌刻着人类文明奋进的生态足迹。生态共同体的出场是将人与自然当作一个有机整体来认同，是以有机整体的宏阔视域审视二者的互动关系。尊重人与自然共生的互动关系，意味着在生态共同体中，人与自然是独立发展的价值实体，相互交往并存，共同实现生态共同体的整体价值。生态共同体出场旨在呵护人与自然的根本利益，以实现人与自然的共同福祉为价值取向。在实践中，生态共同体自始至终都是将人与自然的共生利益置于一个对等的发展平台上，拒斥被工业文明推崇备至的经济理性，以够了就行的生态理性取代越多越好的经济理性，践履人与自然和谐共生的绿色发展理念，积极建设体现人类前进方向的生态文明，实现人与自然的根本和解。

一　生态共同体的生成逻辑

　　和谐表征了人与自然融洽相处的共生关系，这种共生关系历经人地共生、征服与改造、绿色发展的理念演进，编织了迥然不同的共同体形态，进而呈现了不尽相同的人地关系。自然共同体在人地共生的发展理念中将敬畏和尊重自然的情愫注入了自然人化的过程，开辟了农业文明人地相通的和谐之境。以理性为轴的现代性资本逻辑将满足物欲和实现凡人的幸福作为工业文明社会恪守的信条，理性使人与自然倒置。在技术理性的驱动下，人类盲目地征服和疯狂地改造致使自然惨遭蹂躏，自然在理性的践踏中失去了灵性，在社会共同体中异化了。生态共同体则以绿色发展理念作为出场逻辑，从而净化了人性的污垢，重塑了人与自然之间的和谐关系，把生态文明视为实践指向，谋求人与自然的永续发展和共同福祉。它超越了工业文明，也暗含了人类文明繁荣的发展方向和美好期许。

人类只有一个绿色家园，而今弥漫于全球的生态危机使人类深深感受到地球窒息的气息，绿色发展的理念是人类发自内心的呼唤。曾几何时，人类与自然和睦共荣，遵循人地共生的发展理念，人性与自然浑然一体，本能地描绘出了人地相通的壮美与真挚，可这一切在人类理性之维的影响下销声匿迹。理性使人类奔波于自身利益，并且日渐趋向疯狂，受理性支配的现代性操纵着整个时代的节奏，永无止境地占有、征服、改造自然，使万象共生、美美与共的景象化为乌有，人与自然产生了难以弥合的鸿沟。自人类诞生之后，人与自然之间的关系就仿若跳动的音符，伴随发展的节拍而演奏不同的时代旋律。德国哲学家汉斯·萨克塞将这种人与自然之间的波动状态说成"从敌人到榜样，从榜样到对象，从对象到伙伴"① 的历史性动态发展关系，进一步凸显了人与自然所主导的社会呈现的迷离状态和动态离奇。绿色发展是生态文明的本质要求，表征了人与自然共生共荣的生态意蕴。这种意蕴乃是人与自然在历史的动态关系中显现出来，经历了自然共同体、社会共同体、生态共同体的动态演进过程。

（一）和谐共存的自然共同体

对于人与自然相处的第一个阶段，我们称为自然共同体。在这个共同体中，无论是自然界还是人类，都以一种雏形的面貌呈现出来。自然界尚未受到人类的过多干扰而保持着固有的灵性与神秘，而人类则刚刚

---

① ［德］汉斯·萨克塞：《生态哲学》，文韬等译，东方出版社 1991 年版，第 33 页。

触及文明的曙光，在一种荒野的状态中蹒跚而行。人类对自然界的兴趣是以一种极其原始的形式向自然界表达自己的物质需求，更多的是感受到了自然界的神奇和强大，所以人类对自然持有一颗敬畏之心。在这种原初的状态中，人与自然都是小心翼翼地向对方表达彼此的意愿和要求，维系各自原始的本真状态，是真正意义上的自然之境。

1. 自然秩序之下的蒙昧与本真

自然共同体中的"自然"可以理解为顺其自然的本义，是指在社会生产力尚未发达之时人与自然结合的最初形态。在这种形态中，人与自然保持着与生俱来的本性和率真，相互之间似乎形成一种本能的默契，共同构成有机的生态系统。有的学者指出："自然共同体指的是包括人在内的宇宙中所在的一切生命、有机物与无机物，以及由人类所制造的物件。"① 这种看法指出，在一个蒙昧的自然共同体中人与自然界生命存在的一种共相，是直接以物质化的形式表现出来，并非一种简单的物件堆砌，而是以一种靠自然灵性维系的共存秩序。在这种秩序中，人与自然不离不弃，相互依存，彰显了生命的释然与纯洁，人与自然勾勒出蕴含无限情怀与本真的生存之境。日本著名学者池田大作和德国学者狄尔鲍拉夫指出："优美的山野令人心旷神怡，它使我们的精神从人生的忧愁中解脱出来，赋予我们以勇气和希望。奔流不息的大河，使僵化的思维活跃起来，得以扩展死板的思维范围。郁郁葱葱的大森林还诱发出对万象之源——生命的神秘感谢，唤起对生命的尊重意识。"② 这是一种人与自然和谐共生的圣境，正是这种人地相合的本真状态才是自然共同体真谛的最好诠释。

在自然共同体阶段，人类刚刚步入文明的门槛，社会经济尚不发达，此时人与自然还保持着一种较原始的蒙昧状态，靠自然的神力维系井然的生态秩序。人类刚刚脱离动物的野蛮无知，具有了人之为人的种种特征。马克思在《1844 年经济学哲学手稿》中明确指出："动物不把自己同自己的生命活动区别开来。它就是这种生命活动。人则使自己的生命

---

① 周国文：《自然权与人权的融合》，中央编译出版社 2011 年版，第 61 页。

② ［日］池田大作、［德］狄尔鲍拉夫：《走向 21 世纪的人与哲学》，宋成有等译，北京大学出版社 1992 年版，第 49—50 页。

活动本身变成自己意志的和自己意识的对象。他具有意识的生命活动。"①
这就是说，人有别于动物的最大特点就是人具有意识性，在劳动的催动
下通过进化具有了意识本能的特质。正是得益于这种意识活动，人类真
正完成了从动物到现代人的彻底转化。

在意识的作用下，人类开始对大自然施加影响，人类的主体作用日
渐凸显出来。但人类在进化过程中并未将动物的特性在劳动的历练中消
释得一干二净，不可避免地带有动物的某些习性或信仰。他们认为是大
自然赋予了人类生命的意义，是自然赐予人类无限生机和力量，使人类
在自然界中找到自己的归宿，繁衍生息，因此作为自然之子的人类理应
对自然怀有感恩之心和感激之情，人地共生的发展理念就在这种蒙昧中
萌生了。此外，在生产力落后的情况下，人们对自然界的认识是迷茫的，
对自然界的各种现象本能地产生了神秘感而对其充满敬畏和崇拜之心，
进而产生了原始的宗教信仰和敬畏之神。"在原始人看来，自然力是某种
异己的、神秘的、压倒一切的东西。在所有文明民族所经历的一定阶段
上，他们用人格化的方法来同化自然力。正是这种人格化的欲望，到处
创造了许多神。"②

正是忌惮大自然的神奇和无穷的奥秘，再加上原始宗教的虔诚信仰
和教义禁忌，人类对其望而生畏，丝毫没有对自然界产生邪恶的欲念和
过分的要求，只是在蒙昧的共生本能中思考前行，与自然界维系着和谐
的生存之境。人类对大自然持有敬畏之心，作为善意的回报，大自然对
人类也表现出了最大的热忱，无所保留地将滋养的万物无偿奉献给人类。
"自然界一方面在这样的意义上给劳动提供生活资料，即没有劳动加工的
对象，劳动就不能存在，另一方面，也在更狭隘的意义上提供生活资料，
即维持工人本身的肉体生存的手段。"③ 由此可以确证，大自然不仅为人
类社会提供基本的物质生活资料，是人类社会繁衍生息的物质载体，而
且人类的生产实践活动直接是以大自然为对象或基础的，这正好说明在
人类面前大自然毫无私心可言，她总是以仁慈之心将胸怀之物施恩于世

① 《马克思恩格斯全集》第3卷，人民出版社2002年版，第273页。
② 《马克思恩格斯文集》第9卷，人民出版社2009年版，第356页。
③ 《马克思恩格斯文集》第1卷，人民出版社2009年版，第158页。

界的每一个角落。"自然在总体上是以一种最严格的中立和客观的方式运行的：大自然在各种事物之间没有任何偏好，它以一种完全不偏不倚的方式摧毁着一切事物，又孕育着一切事物，它似乎对自己的任何作品都没有表现出特别的'尊敬'。"① 这就意味着大自然总是以公平正义的宽广胸怀施之以恩德，确保人类在每一个地方都尽享自然之美，而人类也因在自然的回馈中感受到了自然的善良和魅力而敬畏自然，这样人与自然在人地共生的朦胧中建立了彼此的信任，表现出原始生命的率真，在蒙昧的生存之境中维持和谐的秩序。

2. 农业文明包裹下的共生之境

在生产力水平比较低的原始社会，人与自然在蒙昧的境域中彰显了生命的灵性与本真，维系了生态系统的公正秩序。当人类文明的脚步踏入农业时代时，人与自然日渐脱离了蒙昧时期的迷茫与彷徨，开始新的征程，人类的主体作用表现得更为明显，对人与自然的关系提出了新的挑战。幸运的是，在农业文明包裹的环境里，人类虽然在物质和技术上有了重大突破，对自然本真面貌的认识越来越透彻，但人类尊重自然、敬畏自然的心智并没有黯然，对自然依然保持着感恩之心，人地共生的发展理念仍在农业文明时期发挥着重要作用。大自然在这种发展理念中并没有改变奉献的初衷，依然在滋育万物中表现出宽广与大度。人与自然在农业文明的包裹下依然释放着善意的光芒，维系生态系统的安宁、祥和。

农业文明在诸多领域发生了巨大变化，其中明显的就是人类对自然的认识日渐明晰，直接关乎人类对自然界的态度和行为方式。如果说在原始文明中人们对自然的神力茫然不解而对其心存敬畏的话，那么到了农业文明时期自然并不是人类唯一信奉的宠儿，对自然的迷惑与困顿随着自然知识的进步逐渐消解了，人类不再盲目地崇拜自然，轻易相信自然的神性。正由如此，"认识你自己""人是万物的尺度"等承认和尊重人类价值的观念动摇了神性神圣不可侵犯的绝对权威地位，人类开始着眼于为自身价值考虑，在整个生态系统中的主体性作用表现得日益显著，人类的智慧不断地施加于自然，自然界深深打上了人类活动的烙印，真

---

① ［西］费尔南多·萨瓦特尔：《哲学的邀请——人生的追问》，林经纬译，北京大学出版社2007年版，第131页。

正实现了人化。尽管人类开始向自然界施加影响，但人类的行为并没有违背尊重自然的本质。早期朴素的哲学伦理观及宗教禁忌在一定程度上限制了人类肆意掠取自然、盲目开采利用自然的疯狂举动，如中国儒家的"天人合一"思想及道家的"道法自然"理念主张人与自然和谐相处，建立公平正义的生态秩序。宗教禁忌及早期生态伦理反映了在农业文明时代人地共生的另一种面向，人类总是在有限的尺度内对自然界施加影响，尊重自然界的生命价值和实现与人类的永续发展的理念贯穿人化自然的全过程，确保了在整个农业文明时代人与自然的良性互动及和谐有序。

由于人类秉持人地共生的发展理念，人类对自然的开发利用依然在大自然的承载范围内，特别是人类的技术发明和应用还尚未对自然造成严重的破坏。原始农业生产力落后，人类的一切活动都要依赖大自然，过着简单的采集、渔猎的生活，生产工具原始而简单，人类还没有能力创造、使用高级别的工具，一般是根据自己的劳动所需完全靠自然力打造而成的原始工具。步入农业时代，人类日益了解了自然的秉性，熟知了自然界的规律。随着生产和生活的需要，人类制造了铁器、青铜器等各种生产工具，这些工具对大自然的作用强度明显增强，势必对自然造成较大影响。幸运的是，这些工具都是以人力作为支撑，无论在精准度还是使用寿命上，都无法与现代技术比拟。而且，人类在利用自然的过程中遵循着人地共生的发展理念，加上农业时代本身人口稀少，往往采取生产规模小、技术简单的经营模式，故而对自然的破坏力远未达到整个生态难以忍受的程度。

人类在文明奋进的步伐中发现人之存在的实在价值，开始凸显人在自然界中的主体地位。在农业文明中，人地共生的发展观念使人的主体作用并没有将人与自然的关系倒置，人与自然依然保持着彼此之间的友善与信任。"自然成为内在于人之本质的存在，人对自己的善，也就意味着对自然存在物的善；对自然存在物的善，也就意味着对自己的善。善待自己与善待自然物具有高度的内在一致。"① 正是基于这种纯洁而真诚

---

① 曹孟勤：《人性与自然：生态伦理哲学基础反思》，南京师范大学出版社 2004 年版，第14 页。

的友善，人类超越自然的理念并没有因自身价值的实现而失去尊重自然的本真，技术的进步丝毫没有影响自然的安宁，人与自然被恰如其分地固守在苍茫大地上，恪守土地的伦理道德。"土地伦理是要把人类在共同体中以征服者的面目出现的角色，变成这个共同体中平等的一员和公民。它暗含着对每个成员的尊敬，也包括对这个共同体本身的尊敬。"① 这就意味着人与自然在自然共同体中彼此信任、尊敬，相互之间传递生命的力量，感悟生命的真谛，从而使整个自然生态系统呈现安宁、和谐之境。

（二）貌合神离的社会共同体

在自然共同体中，人与自然处在人类文明的雏形阶段，遵循人地共生的发展理念，彼此表达着生命的本真与纯洁，在蒙昧的圣境中共享彼此生存的愉悦。可当人类进入以工业文明为标志的社会共同体时，人与自然之间在理性为轴的现代性的刺激下产生了隔阂。受理性魔力的引诱，人性逐渐与自然的本质相冲突，丧失了沟通的基础，以致发生难以弥合的伤痕。受理性催动的自然，使人与自然在追求物质化的过程中异化了，自然完全成为人类占有、奴役的对象，人类在自然的躯体上留下了难以泯灭的斑斑劣迹，人性危机和生态危机接踵而至。

1. 启蒙理性的隐痛

在自然共同体中，人类对自然的认识是朦胧的，自然界的一切都受神的意志支配，所以万象都被贴上神性的标签；而在社会共同体中，神性自然的绝对权威被启蒙理性取代了，理性使人趋向功利，疯狂地征服和改造自然的观念成为整个工业文明时代的主旋律。启蒙就是开启智慧，是人类利用自己的思维意识思考和解决现实问题，发掘人的潜能，追求凡人的幸福。康德说："启蒙运动就是人类脱离自己所加之于自己的不成熟状态。"② 这种不成熟状态是指在神性的束缚下盲目服从权威，人被蒙蔽了双眼，无法发现人存在的实在价值，根本不懂得为自己谋福祉。启蒙则意味着人类开始开启自觉意识，"我是凡人，我只追求凡人的幸福"

---

① ［美］奥尔多·利奥波德：《沙乡年鉴》，侯文蕙译，吉林人民出版社1997年版，第194页。

② ［德］康德：《历史理性批判文集》，何兆武译，商务印书馆1990年版，第23页。

成为启蒙时代响亮的口号。这意味着人开始注重自身价值的实现和对幸福、自由的追求，人的理性思维日渐取代神性思维，其最终目的是让理性之光发出耀眼的光芒，追寻人实在的自由和幸福。

西方文艺复兴是启蒙理性的滥觞，开启了复归人性之道的先河，启蒙运动则直接将理性推向高潮，让理性发出了耀眼的光彩。在理性的号召下，人类执着地探究真理与科学，疯狂地张扬自己的个性，似乎要将压制已久的激情和愤懑在一瞬间尽情释怀。培根提出的"知识就是力量"一直是工业文明时期人类恪守的信条，笛卡尔主张"借助实践哲学使自己成为自然的主人和统治者"①，康德则直接提出"人是目的"②。这些理性之思激发了人的潜力，肯定人存在的实在价值和无穷智慧，推动人类不断地为自身利益而不懈奋斗。在他们看来，理性使原本神秘无常的自然变得清晰可见，人类完全可以依靠理性知识征服自然和改造自然，使其成为人类追求凡人幸福的对象和工具，故而技术理性被推向异常荣耀的地位，各种技术发明层出不穷。尤其是工业革命革新了生产技术，极大程度上推动资本主义社会经济发生了翻天覆地的变化。马克思在惊叹资本主义取得的巨大成就后指出："资产阶级在它的不到一百年的阶级统治中所创造的生产力，比过去一切世代创造的全部生产力还要大，还要多。"③

启蒙理性的确将人的潜质发掘到了极致，它的崛起改变了人类命运，使人类进入了工业文明时代，享受着现代化的福利。但在启蒙理性的刺激下，资本主义的现代性资本逻辑操控了社会前行的节奏，使人类本性在理性之光的照耀下出现了污点，善意的本性被物质化的魔力遮蔽了。"几乎人类的一切活动都是围绕着一个共同的甚至可以说是唯一的目标进行，这就是：追求更多的物质财富。"④ 韦伯在《新教伦理与资本主义精神》中也描述过资本主义世界里人们进行经济活动的狂热："人们完全被

---

① 林娅：《环境哲学概论》，中国政法大学出版社 2000 年版，第 94 页。

② ［德］康德：《道德形而上学探本》，唐钺重译，商务印书馆 1957 年版，第 43 页。

③ 马克思、恩格斯：《共产党宣言》，人民出版社 2018 年版，第 32 页。

④ ［美］弗·卡普拉：《转折点——科学·社会·兴起中的新文化》，冯禹等译，中国人民大学出版社 1989 年版，第 77 页。

赚钱和获利所掌控，并将其作为人生的终极目标。"① 资本主义这种追求物欲至上的价值观彻底冲淡了理性对人类有益的光泽，使理性的阴霾赤裸裸地暴露出来，只有在物欲中才能获得满足感和归属感，刺激着人性征服和占有自然的欲望，发疯似的追求物质财富的增长。"我所占有的和所消费的东西即是我的生存"②，只有占有更多的财富才能获得自由和幸福，证明自己存在的价值和荣耀地位。人类都是借以财富的占有来慰藉日益空虚的心灵，人性的真善美在积累财富的过程中被玷污了。

2. 人与自然关系的根本倒置

理性的阴霾使人的恶性本质在欲望的唆使下无限膨胀，刺激人类不断地征服和改造自然。韦伯指出："直接支配人类行为的是物质上及精神上的利益，而不是理念。但是，由'理念'所创造出来的'世界图像'，常如铁道上的转辙器，决定了轨道的方向，在这轨道上，利益的动力推动着人类的行为。"③ 利益至上的价值观刺激了人类的占有欲，遮蔽了人类的心智，使资本主义的制度与文化无形中蒙上了阴影。美国环境政治学的标志性人物、全美绿色政治的倡导者和推动者丹尼尔·A. 科尔曼就曾指出："技术的选择不是在孤立状态中进行的，它们受制于形成主导世界观的文化与社会制度。"④ 进而言之，资本主义的技术也是为追求经济的无限增长服务的，技术完全变成满足人类私欲的工具，随着欲望的膨胀，工具理性不断扩张，日益丧失了其最初的价值理性，使人陷入了被物质包裹的铁笼中。这恰恰反映了在工业文明时期理性刺激人类征服和改造自然满足私利的病态，技术的无上推崇使其自身和自然被异化，最终扭曲了人与自然的关系。"正是智慧的工具理性化与机器化，改变了人与自然的关系，人造物成了自然物的替代物，人对大自然的态度由依赖、利用变化为滥用，人类从地球的守护者变为自以为是的'主人'和自然

---

① ［德］韦伯：《新教伦理与资本主义精神》，马奇炎、陈婧译，北京大学出版社 2012 年版，第 48 页。

② ［美］弗罗姆：《占有还是生存》，关山译，生活·读书·新知三联书店 1989 年版，第 32 页。

③ ［德］马克斯·韦伯：《中国的宗教·宗教与世界》，康乐、简惠美译，广西师范大学出版社 2004 年版，第 477 页。

④ ［美］丹尼尔·A. 科尔曼：《生态政治：设一个绿色社会》，梅俊杰译，上海译文出版社 2002 年版，第 31 页。

的'终结者'。"①

征服自然和改造自然的理念催动技术理性，使人与自然的关系发生了严重错位，人类不再是匍匐于自然之下的荒野动物，而是以标榜文明主人的身份与自然对话，自然完全受人类支配或奴役，变成满足人类私欲的对象或工具。人与自然之间在理性之光的照耀下产生了无形的沟壑，生命的本真已在欲望中销蚀，人与人、人与自然完全异化为互不相识的孤立个体，相互之间缺乏信任与沟通。在社会共同体中，征服和改造自然使人与自然完全异化为矛盾的双方，人以自然的主人自居，把自然压制于自己脚下任其奴役，最大限度地满足无度的欲望，自然的价值被无限制地拔高利用。人类漠视自然的内在价值，完全把其作为人类谋生的手段或工具，人与自然的关系发生了根本性的倒置。不论是人还是自然，其价值理性已臣服于工具理性，工具理性使人变得世俗、虚妄，人性的真善美在伤痕累累的自然界没有留下一丝印记。正如有学者指出的，"社会共同体是人有意识和有计划地不断地把自然纳入其中，进而征服和奴役自然的场所。此时，人与自然的地位发生了根本倒置，即人由在自然共同体中的从属自然的存在状态，转变为在社会共同体中自然的主宰；而自然则由在自然共同体中人的主宰，转变成了社会共同体中人的奴仆和工具"②。

征服自然和改造自然的理念促使人与自然的根本倒置，使得人与自然无法存在于一个稳定持续的生态系统，社会共同体不断变异，人的价值观发生了错位，失去了道德的良知，感悟不到人性中善意的灵性，人类在充满功利化地实现自己的目标，坚守那一抹虚荣。自然受尽人类的折磨，咬紧牙关忍受着人类可耻的行为，即便这样，也难以满足人类奢侈的欲望。大自然发出了最后的狂呼，严重的生态危机已经向人类郑重警示：人类再也不能这样肆意妄为下去了。工业文明追求经济和资本无限增长的逻辑刺激征服和改造自然的理念不断飙升，进而使社会共同体中的人与自然在异化中呈现颓废之象。鉴于此，在工业文明持续繁荣的今天，迫切需要树立一种新的发展理念，规避征服自然和改造自然观的

---

① 严耕、杨志华：《生态文明的理论与系统构建》，中央编译出版社 2009 年版，第 51 页。
② 郑慧子：《遵循自然》，人民出版社 2014 年版，第 54 页。

陋习，建立一种新的共同体，重塑信任，重获和谐秩序。

（三）天人合一的生态共同体

以理性为内核的启蒙精神在西方资本主义世界里被视为智慧之源和精神支柱，耀眼生辉。"启蒙精神便是理性主义与个人主义的结合。理性主义促使人们对传统的教条进行大胆的怀疑，促使人们从迷信和盲从中走出来；个人主义使人们挣脱了传统等级秩序的束缚，使人们作为自由独立的个人去公开地运用自己的理性。有了理性主义与个人主义这两股精神扭结起来的人格，人们便摆脱了自己所驾之于自己的不成熟状态。"[1]理性的初衷是发掘个人潜质和内在价值，使人类摆脱蒙昧和无知，追求个人幸福和自由，日渐走向成熟。人类对理性的狂热，最终目的是释放出人性的光彩，可是在资本的逻辑及物欲的引诱下，人性偏离了正确的方向，逐渐走向了没有归程的魔道。为了实现物欲的最大满足，人类对征服自然和改造自然近乎痴迷，最大限度地攫取财富和掠夺自然。人心从自然的抽离致使人性丧失了起码的道德底线，反而表征了人类的不成熟，给工业文明留下永远的伤痛。在社会共同体中，理性并没有使人类走向成熟，人类的心智已经严重腐蚀，美德与善良成为一种施舍。诚如有的学者所说："在社会共同体中，自然在人的观念中早已滑落到一个本质上与道德无任何关联的，进而可以任意处置的地步了。"[2] 如今，工业文明依然在推动人类继续前行，可是社会共同体的弊病已经显露，生态危机成为一个世界性的难题。在这种情况下，我们渴望发展理念上的革命，根除征服自然和改造自然的诟病，重塑一种新的共同体形态。生态共同体是以绿色发展为出场逻辑的，它在肯定工业文明成果的同时使理性再现善意之光，减轻现代性惯性给人类造成的异化压力，尽可能消除资本逻辑对人类心灵的冲击，使人与自然复归和谐。

1. 重塑人与自然的共生与和谐

马克思说："所谓人的肉体生活和精神生活同自然界联系，不外说是

---

① 卢风：《启蒙之后——近代以来西方人价值追求的得与失》，湖南大学出版社 2003 年版，第 80 页。

② 郑慧子：《走向自然的伦理》，人民出版社 2006 年版，第 144 页。

自然界同自身联系，因为人是自然界的一部分。"① 就是说人类来自自然，是自然界的重要组成部分，自然为人类提供物质资料，是推动社会进步的根本保障，人类与自然是不可分割的统一体。原始文明时期，人类不了解自然，敬畏自然；农业文明时期，人类熟知自然，利用自然；工业文明时期，人类研究自然，征服自然。这一过程反映了人与自然的历史生成逻辑，见证了人性在文明进步中的伤痛。美国著名环境伦理学家罗尔斯顿说："人性深深地扎根于自然。"② 这深刻地道出了人性的自然本源。人类来自自然，又复归于自然，其本性与自然的灵性有共同的根脉，这样就使人与自然和谐共荣具有了内在合理性。人类之所以背离人性与自然相悖，就在于欲望的魔咒隐藏于人的内心深处，唤醒了人性不光彩的一面。人性在物质的利诱下失去了友善与美德，牵引着可耻的行为，实现贪婪的虚荣。趋利避害是人之本能的一种反应。法国启蒙思想家霍尔巴赫说："人从本质上就是自己爱自己，愿意保存自己，设法使自己的生存幸福。所以，利益对于幸福的欲求就是人的一切行动的唯一动力。"③ 但是人类在追逐利益的时候却使人性的阴暗面无限放大，失去了基本的道德和伦理的约束；主体价值理性的扩张使人类超越了自然，以自然的主人自居，打破了人与自然共生的平衡。

人类仅仅是生命系统中不可缺少的重要部分，没有权利占据中心地位去主宰整个生态系统的命运。在这个共同体中，应该有生命体之间的制约机制和伦理规范。"在任何一个共同体中，不受伦理限制的力量都是粗鄙的，破坏性的。"④ 缺乏伦理基础和道德关怀的共同体是极其不稳定的，人类不合理的欲望在毫无约束的机体里就会肆意膨胀而使人性日益走向堕落，疯狂地向自然界攫取财富进而发生严重的生态危机。进而言之，"生态危机的实质是人性危机，人的异化是生态危机的深层原因。人性陷入危机的原因则是现代性将人的欲望合理化为人的本质，使人沦落

① 《马克思恩格斯选集》第 1 卷，人民出版社 2012 年版，第 56 页。

② ［美］罗尔斯顿：《哲学走向荒野》，刘耳、叶平译，吉林人民出版社 1999 年版，第 92 页。

③ ［法］霍尔巴赫：《自然的体系》上卷，管士滨译，商务印书馆 1964 年版，第 273 页。

④ ［美］罗尔斯顿：《环境伦理学》，杨通进译，中国社会科学出版社 2000 年版，序言第 3 页。

为欲望的奴隶"①。故而限制人类的过激行为，将人类的欲望控制在合理范围内就显得尤为重要。在生态共同体中，人与自然是遵守公平正义的和谐秩序建立彼此的信任关系，在和平友善的伦理规范中维系共生共荣的安宁。人与自然之间的信任约束了人类的鲁莽行为，人与自然之间的关怀抵制了人类无度的欲望，从而使人与自然共置于对等的生态系统，平等对话，重塑"天人合一"的共生之境。这种美美与共的境域实际上就是绿色发展理念在实践层面的最终归宿，所以，重塑人与自然的共生与和谐是绿色发展的本质要求。

日本著名的生态哲学家岩佐茂曾指出，如今全球性的生态危机与工业革命以来人类不合理的行为有密不可分的关系。"这里所要研究的自然环境破坏，并不是自然本身变迁中发生的生态系破坏，而是由人的活动所引起的地球生态系破坏。作为自然环境破坏的地球生态系破坏，是由于作为生态系一员的人类具备了足以破坏其他物种的巨大能力而产生的后果。"② 生态危机与人类滥用自然、不尊重自然有很大关系，这已成为不争的事实。然而，在检讨人类不合理行为的同时，更重要的是剖析人类行为失德的原因，从中吸取经验教训，这样才更富有理论和实践意义。从根源上讲，生态危机就是人性危机。人类把物质至上的价值观奉为无上的尊荣推崇，蒙蔽了人性的真善美，人性的销蚀直接导致人类漠视自然的内在价值，使自然彻底臣服于人类。美国学者佩里认为："任何客体，无论它是什么，只有当它满足了人们的某种兴趣（不管这种兴趣是什么）时，才获得了价值。"③ 他认为自然界没有价值，当它满足人的需要时才体现它们的价值，这是典型的人类中心主义，而工业文明以来，人类一直把其视为信仰推崇备至。人类中心论将人的理性价值凌驾于自然之上，把自然当作工具理性宰割的对象，无限放大人类的价值主体性，实际上与人与自然的本质是相悖的。

---

① 曹孟勤：《人性与自然：生态伦理哲学基础反思》，南京师范大学出版社2004年版，第17页。

② ［日］岩佐茂：《环境的思想》（修订版），韩立新等译，中央编译出版社2006年版，第77页。

③ ［美］罗尔斯顿：《环境伦理学》，杨通进译，中国社会科学出版社2000年版，第151页。

正是由于价值观上存在偏向，人类奉行征服与改造的实践逻辑，过度依赖科学理性和技术理性，把技术的发明、利用当作谋取财富的手段。殊不知先进的科学技术所获得的利益是建立在对自然界高强度地榨取之上的，这样就使技术具有了反自然的诟病，成为人类罪恶的帮凶。诚如美国学者弗·卡普拉所言："然而，有一点可以肯定，这就是，科学技术严重地打乱了，甚至可以说正在毁灭我们赖以生存的生态体系。"① 自然界为人类提供基本的物质需要，它也有内在价值。美国环境伦理学家罗尔斯顿明确指出自然界存在固有价值："大自然的所有创造物，就他们是自然创造性的实现而言，都是有价值的。"② 还有的学者指出，"人是目的，人应该受尊重，自然界中其他自然存在物也是目的，它们也应该受尊重；人拥有神圣不可侵犯的天赋权利和内在价值，自然存在物同样也拥有这种权利和价值，它们也有权利要求人类为其尽道德义务"③。鉴于此，在构建生态共同体的过程中，人类应彻底改变人凌驾于自然的短见，消除人以自然主人自居的狭隘和短视，承认并尊重自然界的内在价值，尊重人与大自然的生存权利，切实把绿色发展的理念贯穿生态文明建设中，合理控制和利用技术，遵循人与自然和谐共生的生态原则，谋取人与自然永续发展的共同福祉。

2. 绿色发展是生态共同体的实践逻辑

所谓绿色发展，实质上指一种生态化的发展理念或模式。绿色本身代表大自然的底色，是大自然本真面目的呈现，它不需要人类刻意着色从而冲淡它的魅力。同时，绿色意味着自然万物所固有的旺盛的生命力，是自然界充满生机和活力的象征，暗含着自然界永续发展的无限潜力。绿色发展喻示人类的活动以维护整个生态的生命力及可持续性为原则，以维护人与自然的长远利益和共同福祉为最终目标，它是一种新的发展理念，超越了工业文明竭泽而渔的黑色发展观，有益于走出工业文明中

① ［美］弗·卡普拉：《转折点——科学·社会·兴起中的新文化》，冯禹等译，中国人民大学出版社 1989 年版，第 17 页。

② ［美］罗尔斯顿：《环境伦理学》，杨通进译，中国社会科学出版社 2000 年版，第 270 页。

③ 曹孟勤：《人性与自然：生态伦理哲学基础反思》，南京师范大学出版社 2004 年版，第 58 页。

盲目征服自然和改造利用自然而致地球被毁的文明阴沟，故而代表了人类文明繁荣的发展方式。工业文明将理性为核心理念的资本主义现代性表现得淋漓尽致，它把经济财富的无限增长和物欲的无度满足视为追求的目标。人类在征服自然和改造自然中享受着物欲满足后的快感，完全坠入了物质主义的深渊。"当我们一门心思踏上消费主义和物质主义的单行道的时候，我们便已然成为物欲症的奴隶，这必然导致我们无论在肉体上还是精神上都将处于一种不自由的奴役状态。"①

正是这种不自由使得人类在社会共同体中潜心钻研如何使自己的利益得到最大满足，自然卷入了人类利益竞争的角斗场，处处镌刻着代表财富的符号，失去了应有的本性，越来越不自由。人类在欲望的角逐中早已异化为财富的奴隶，物质上的充裕带来精神上的空虚和更加不自由，而且受利欲的驱使迷了心智，丧失了基本的道德良知，在自然面前丧心病狂。"在社会共同体中，我们只是对这个社会中的其他人负有道德上的责任和义务，而不是对本质上从属于和依附于人的自然负有道德上的责任和义务。"② 与社会共同体中以牺牲生态资源换取经济利益的价值偏好不同，在生态共同体中倡导绿色的发展理念恰能矫正人性，净化人的心灵，使之向善。绿色本身标示生命的纯洁，昭明生命体旺盛的生命力和健康发展的持续潜力，而绿色发展是以维持生命力的可持续性为前提，表征了人与自然永续发展的不竭动力。绿色能够打破物欲笼罩的魔咒，抵制资本逻辑对人性的侵蚀，净化玷污的心灵，重新唤起人类尊重生命的意识，还原生命的本真与生命力，共建和谐共生的人地关系。

绿色发展的理念有利于重塑人与自然的共生关系，是一种新的发展理路，以建立生态文明为实践旨归。有学者指出："生态文明就是人类在改造自然以造福自身的过程中为实现人与自然之间的和谐所做的全部努力和所取得的全部成果，它表征着人与自然相互关系的进步状态。"③ 显然，生态文明倡导人与自然的共生与和谐，注重人与自然的互利互惠。从此种意义上讲，生态文明彻底消解了工业文明的虚妄和功

---

① 王治河、樊美筠：《第二次启蒙》，北京大学出版社 2011 年版，第 433 页。
② 郑慧子：《遵循自然》，人民出版社 2014 年版，第 55 页。
③ 俞可平：《科学发展观与生态文明》，《马克思主义与现实》2005 年第 4 期。

利，规避了在资本主义现代性浪潮下对人性的冲击，是对农业文明和工业文明的超越。在绿色发展视域内，人类的心理暗示和思考模式完全被赋予了生态的内涵，使人类的行为取向完全生态化。工业文明的短板使人类饱尝了生态危机的痛苦，大自然已经向人类发出了最后的警告，人类要想在这个地球上继续生存就必须跳出欲望的牢笼，克制盲目而率性的行为，使自己的心灵在绿色之光的沐浴下得到净化，再现生命的友善与本真。自然不再是人类攫取和征服的对象，它与人类共同构建了一个有机整体的生命共同体，搭建对等的交流平台，这样"人就是自然，自然就是人；有人就有自然，有自然就有人。人与自然合一，就彻底消解了中心意识"①。

"一种行为是否正确，一种品质在道德上是否善良，将取决于它们是否展现或体现了尊重大自然这一终极性的道德态度。"② 的确，在遭受工业文明的洗礼之后，人类在道德上已经出现了裂痕。在今天，资本主义现代性仍然在主宰着这个世界，面对大自然，道德对人类行为的约束力黯然失色。倡导绿色发展，建设生态文明，就是要架构人类的道德体系与大自然的沟通桥梁，消除人与大自然的隔膜，转变人类漠视大自然的态度，尊重自然。这对于目前的中国而言不仅是需要的，而且是迫切的。中国在改革开放以后经济迅速发展，改变了落后的面貌，国家实力在稳步提升，可毋庸置疑的是中国的发展是以生态环境的破坏为代价的，严重的生态问题已经威胁到社会的稳定发展和人民的幸福生活，任其发展势必会重蹈工业文明的覆辙，影响中国的长远利益。在今天，发展依然是解决中国问题的关键，但绝对不能盲目地以牺牲生态利益为代价谋求发展，因此，在汲取工业文明优秀成果的同时，必须规避工业文明的陋习，将绿色发展的理念渗透于社会主义生态文明建设中。

习近平总书记站在全人类长远利益的视角高屋建瓴地指出了建设生态文明的重要性："生态兴则文明兴；生态衰则文明衰。"③ 这恰恰昭明在

① 曹孟勤：《人性与自然：生态伦理哲学基础反思》，南京师范大学出版社 2004 年版，第14 页。
② 杨通进：《走向深层的环保》，四川人民出版社 2000 年版，第 127 页。
③ 中共中央宣传部：《习近平总书记系列重要讲话读本》，学习出版社、人民出版社 2016 年版，第 231 页。

工业文明依然持续的今天绿色发展理念举足轻重，它直接关乎中国未来社会的发展和广大人民的长远福祉。党的十七大报告首次提出建设社会主义生态文明，党的十八大报告又将生态文明纳入了推进中国特色社会主义事业"五位一体"的总体布局中。应该说，国家已经把倡导绿色文明的发展方式、建设生态文明置于异常重要的地位。党的十八届五中全会则明确提出了"创新、协调、绿色、开放、共享"的五大发展理念，进一步将绿色发展置于战略高度。五大理念相互依存、相互共生，形成了一个有机统一的整体，其中绿色发展理念的使命在于重塑"天人合一"之境，实现人与自然的永续发展，始终贯穿于其他理念，昭示中国把绿色发展理念为核心的生态文明建设作为推进各项事业发展的持久动力，表征了中国未来社会的发展方向。党的二十大擘画了在实现第二个百年奋斗目标的新征程上全面建成社会主义现代化强国的宏伟蓝图，明确指出要以中国式现代化全面推进中华民族伟大复兴。中国式现代化是中国共产党领导的现代化，是在遵循现代化一般规律的基础上结合中国特色成功推进和不断拓展而形成的，内涵丰富而深刻，而人与自然和谐共生的现代化化昭示了其独特内涵和鲜明特质。人与自然和谐共生的现代化充分统筹人与自然双重向度将人与自然视为生命共同体，在促进人的全面发展的过程中尊重和保护自然，呵护人与自然的根本福祉。习近平总书记指出尊重自然、顺应自然、保护自然，是全面建设社会主义现代化国家的内在要求。因此，在全面建成社会主义现代化强国的康庄大道上需要站在人与自然和谐共生的高度谋划发展，牢固树立和践行绿水青山就是金山银山的理念，坚定不移走生产发展、生活富裕、生态良好的文明发展道路，以绿色发展促进人与自然和谐共生进而实现中华民族永续发展。今天工业文明的号角依然在推动人类前行的步伐，以理性为轴的资本主义现代性充斥于地球的每一个角落，中国如何在工业文明的洪流中避免掉进现代性的旋涡将成为社会主义生态文明建设的最大挑战。在人与自然相和谐的生态共同体中，绿色发展理念起到了净化人的心智、还原人性本真的作用，进一步坚定了尊重自然的伦理情怀和道德信仰，必将成为克制现代性浪潮的有力支撑。绿色发展关系人民福祉，关乎中华民族的永续发展，将绿色发展的理念融入社会经济发展过程中共创人与自然和谐共济的繁荣之境，为实现美丽中国提供不竭动力，从而开创社会主义生态文明新时代，为共谋全球生态文明建设做出应有的贡献。

二 生态共同体的生成价值

长期以来，在人与自然的关系认识上，一直存在人类中心主义和非人类中心主义两种截然对立的观点。人类中心主义是将人作为中心来考量人之外的存在物，突出人在宇宙生态系统中的主体作用，人之外的自然存在物就被视为客体成为人开发、利用的对象或工具，它过于夸大了人类在生态系统中的主体作用而最终陷入了人类霸权主义。非人类中心主义则认为人是自然界的一员，人没有权利凌驾于自然之上，关心和尊重自然的价值是人之本能的展现。非人类中心主义意识到了人与自然的共生性，但其扼杀了人的主动性和创造性，消解了人在自然中的主体性和能动性。生态共同体的出场把人与自然置于一个有机整体的范畴来认同，拓宽了传统人与自然关系的思维视域，超越了人类中心主义和非人类中心主义。人与自然是生态共同体中具有独立发展性的价值实体，但二者又是交互并生的，在价值资源上是共享的，共同服务于生态共同体的整体价值。生态共同体的整体价值体现为人与自然的共同和谐，因此在生态危机日益严峻的时代境域下，生态共同体的出场旨在规避以往人类发展过程中忽视自然的错误观念，正视人与自然的共生价值，实现人与自然的根本和解，最终的价值诉求在于实现人与自然的共同福祉。

（一）拓宽人与自然的认知视域

人与自然的关系是人类发展历史上一个永恒的主题，离开人类孤立发展的自然是不存在的，同样离开自然，人类社会发展是寸步难行的。人与自然就像一个硬币的两面，彼此独立却又融为有机统一的整体。综观人类发展的历史，它先后经历了不同的共同体形态，编织出了异样的人地关系，表征了人与自然关系认识上的分野。人与自然关系的认识大体包含人类中心主义和非人类中心主义两种截然对立的观点。

顾名思义，人类中心主义就是以人类为中心，以人类的意志或利益为衡量标尺，一切以人的利益为出发点和归宿，它在人与自然关系的认识上表现为两个层面：其一，人是主体，自然是客体；其二，在人与自然的伦理关系中，人具有固有价值，占有绝对主体地位，自然则仅具有工具性价值。在人类中心主义看来，人是世界的主宰，在整个自然生态系统中拥有绝对的主动权，而人类之外的其他自然存在物是人类活动的附庸，是人类活动的对象和目标，受人类意志的控制，其他生命形式都是围绕人这个中心而存在，成为人类活动的手段或工具。"所谓人类中心主义，就是要高度评价使我们成为人类的哪些因素，保护并强化这些因素，抵制那些反人类的因素，它们威胁要削弱或毁灭前一种因素。人之外的自然不会采取行动保护人的价值：这只能是我们自己的责任。"① 人类中心主义之所以把人树立为宇宙世界的中心，在于在他们看来，人是生态系统中唯一具有自我能动意识的高级动物，人可以借助生产劳动将脑海中的抽象世界转变为现实世界，这是其他生命所无法想象和完成的，因此人就成了自然生态系统的主宰，人之外的自然存在物都是按照人的意志来安排各自的发展轨迹，服务于人类生存和发展的需要。

人类中心主义肯定了人的主体作用，也肯定了人在自然界中的自觉性和能动性。这在打破人类诞生之初人与自然陌不相识、人类匍匐于自然脚下的尴尬局面的确起到了重要的作用，也推动了人类文明的进程。但现在看来，人类中心主义的问题是过分夸大了人的主体作用，甚至无形中将人的作用拔高，进一步神化为宇宙世界的唯一主宰。这种观念犯下了致命的错误，直接的后果是人主体作用的泛化，一味地向大自然索取，导致人与自然关系的断裂。"人类中心主义，是一种以人为宇宙中心的观点。它的实质是：一切以人类为中心，或一切以人为尺度，为人的利益服务，一切从人的利益出发。它只承认人的利益和价值，不承认自然的利益和价值。因而，实质上它是一种'反自然'的观点。"② 人类中心主义标榜了人的中心地位，肯定了人在自然界的主体地位，但最终将人类推向了自然的反面，割裂了人与自然的整体性，是将人与自然视为主客二元对立的模式来认同，实际上是一种思维方式的错位。"人类中心主义就其本质而言，它强调和试图固化的就是人的一般物种意义上的动

① 郑慧子：《遵循自然》，人民出版社 2014 年版，第 129 页。

② 余谋昌：《生态伦理学——从理论走向实践》，首都师范大学出版社 1999 年版，第 59页。

物的存在方式和思维方式。"① 这种思维方式就是近代西方哲学史上经久不衰的非此即彼的主客二元对立论。主客二元对立思维有着很深的哲学基础。早在古希腊时期，哲学家普罗太戈拉就提出了"人是万物的尺度"，基本上奠定了人类中心主义的论调，后来笛卡尔的"我思故我在"、康德的"人为自然立法"都是在强调主体对客体的支配作用，肯定人在自然面前的主体性，从而使人类中心主义大放异彩。"正是原始地伴随这种以主客二分为特征的表象主义知识论世界图式，以人自视为世界的出发点、中心、归宿为特征的主体性原则、人类学视阈、人类中心主义与人道主义精神才得以出现，由此，主体形而上学才最终确立起来。"②

近代西方哲学的主客二元对立思维强调主体支配客体、客体从属于主体的内在逻辑，表现在人与自然的关系上就是人是主体，自然是客体，自然屈从和依附于人的需要，从而为人类中心主义提供了合理性依据。但是这种主客二元的思维方式并非无懈可击，它自身存在很大的漏洞，把宇宙世界看成一个非此即彼的二元对立式运演逻辑：在芸芸众生中一定要区别主体与客体的差异，强调主体对客体的支配作用；在生态系统中一定要标示出人的绝对主体性。这种思维方式完全扼杀了宇宙世界中事物之间千丝万缕的动态联系，将生态系统看成毫无生机与活力的僵死之物，本质上是一种机械自然观。"因为机械论观点把自然看作死的，把质料看做被动的，所以它所起到的作用就是微妙地认可了对自然及其资源的掠夺、开发和操纵。"③ 机械自然观认为自然的本质规定性就在于为人类利益服务，自然存在的价值就在于为人类谋取更多的物质利益，所以它把自然看成人类活动的附庸，是满足人类需要的工具或手段，也进一步助长了人类中心主义的狂妄，毫无节制地掠取和盘剥自然。"在人类中心主义语境中，物质力量称霸天下、生产力拜物教横行寰宇、经济效益最大化取得话语霸权！终于'人类文明足迹走过，只留下一片荒漠'。"④

<hr>

① 郑慧子：《遵循自然》，人民出版社 2014 年版，第 19 页。

② 陈嘉明等：《现代性与后现代性》，人民出版社 2001 年版，第 176 页。

③ ［美］卡洛琳·麦茜特：《自然之死——妇女、生态和科学革命》，吴国盛译，吉林人民出版社 1999 年版，第 114 页。

④ 孙大伟：《生态危机的第三维反思》，社会科学文献出版社 2016 年版，第 61 页。

　　面对人类中心主义的肆虐和人类足迹留下的满目疮痍的大自然，人类不得不对人类中心主义进行修正，提出了所谓的"弱人类中心主义"。但从本质上讲，它依然没有脱离人类中心主义的藩篱，人的绝对主体性并没有改变。鉴于此，在人与自然的认识上又产生了非人类中心主义，先后经历了动物权利论、生物中心论、生态中心论等几种理论形态。

　　动物权利论的主要代表人物是辛格和美国哲学家雷根。动物权利论认为人类应该把道德关怀的范围从人类拓展到所有的动物，因为动物和人类一样是有感觉的动物，地位同等重要，理所应当地享受平等的道德关怀。动物权利论虽然打破了人是道德主体的传统格局，但其主张却把道德关怀的范畴仅仅局限在动物，显然忽视了生态系统的完整性。

　　与动物权利论不同，生物中心论拓宽了道德关怀的视野，主张生态系统中的所有动植物均具有生存的权利，应该享有与人类一样的道德关怀，主要的代表人物是法国学者施伟泽和美国学者泰勒。施伟泽提出了"敬畏生命"的伦理学命题，认为善是保存和促进生命，恶则是毁坏和伤害生命。泰勒认为自然界的生物物种都有固有的价值，应该维护和保护生物自身的善。"自然界的动植物是固有价值的拥有者，因而值得为它们自身的缘故而维护和保护它们的善。无论代理人是否会夹杂个人利益，动植物都被视为应该受到这种对待，只有当这种对待的目的具有了这样的道德意义时，它才可谓是尊重自然。"① 生物中心论把人与动植物一视同仁地看作对等的生命体无疑具有反人类中心论的意味，但它把人降格为生物界的一员又忽视了人的主动性和自觉性。

　　生态中心论把道德关怀的范围进一步扩展为整个生态系统，把生态系统视为一个道德共同体，注重共同体整体的伦理价值，主要代表人物是大地伦理学的创始人利奥波德和美国环境伦理学家罗尔斯顿。罗尔斯顿认为大自然有其内在的价值，且这种价值是固有的，不需要人类来规定或参照，在人类发现它之前早已存在。"在我们发现价值以前，价值就

---

　　① ［美］保罗·沃伦·泰勒：《尊重自然：一种环境伦理学理论》，雷毅等译，首都师范大学出版社 2010 年版，第 53 页。

存在于大自然中很久了，它们的存在先于我们对它的认识。"① 生态中心论的特征在于将人与自然融入一个整体的系统来审视伦理关系。这种伦理关系不是人类的，也不是其他动植物的，而是整个生态系统的整体伦理，是人与自然这个道德共同体的伦理。从此种意义上说，生态中心论不仅超越了之前的人类中心主义，而且有别于动物权利论和生物中心论，但不可否认的是，生态中心论仍然把人视作生物界的成员来认同，在承认人与自然固有价值的同时无法突出人在生态系统中的能动性，忽视了人与自然发展的统一性。

人类中心主义凸显了人类的主体作用，但将人的主体性放大至毫无上限的程度，实际上又助长了人类霸权主义的泛滥。非人类中心主义修正了人类中心主义过于夸大人类主体性的弊端，把人类降格为与自然界其他生物一样的生命体，对人类与生态系统的其他动植物一视同仁，注重生态系统整体的价值认同。这在一定程度上超越了人类中心主义，但遗憾的是，非人类中心主义诋毁了人类在整个生态系统中的主体作用，把人当成与其他生物体一样按照自然规定性自由发展的动物，依附于生态系统而安于现状，实际上背离了人谋求自由全面发展的本质。人类中心主义与非人类中心主义的实质，"前者认为人类可以通过科技进步而日益穷尽自然的奥秘，从而作为一个类历史地走向或无限逼近绝对主体的地位，而后者认为无论科技进步到何种地步，人类之所知相对于自然所隐匿的无限奥秘都只是沧海一粟，人类知识绝不可能到达什么'欧米茄点'"②。无论是人类中心主义还是非人类中心主义，在人与自然的认识上依然裹上了机械二元论的外衣，要么是刻意放大人类的主体作用，标举出人类的特殊性，要么扼杀人类的主体性，将人类埋没于和其他生物体一样的生态系统中。这种机械二元论的自然观直接造成近代以来人类肆意凌驾于自然、疯狂掠夺自然的狂妄，最终引起自然界的无情报复，生态危机接踵而至。因此，我们可以直言不讳地坦白，如今全球性的生态危机与机械二元论的虚无和短视有密不可分的关系。

---

① ［美］霍尔姆斯·罗尔斯顿：《环境伦理学》，杨通进译，中国社会科学出版社 2000 年版，第 294 页。

② 曹孟勤、卢风主编：《环境哲学 20 年》，南京师范大学出版社 2012 年版，第 79 页。

生态共同体的出场是将人与自然视为一个和谐共生的有机整体，相互依存、交织互动。"在人与自然的这种整体关系中，生态整体本身被认为是宇宙存在的最高目的且拥有最高的价值，生态整体的和谐、美丽与稳定被看作是最高的善，而人作为生态共同体的一个普通成员为实现生态共同体的存在和生态整体本身的善有着不可推卸的道德责任。"① 既然人在呵护生态共同体共同的善上负有不可推卸的责任，那么在审视人与自然的关系时就要打破传统思维方式的牢笼，彻底扭转以往人与自然关系认识上的狭隘，以有机整体主义的视野重塑人与自然的共生关系。有机整体主义的思维方式来源于过程哲学（有机哲学），过程哲学将宇宙看成一个动在的、相互联系、相互交织的网络系统，宇宙中的各种生命体均具有内在的价值，是构成生态系统整体价值体系不可缺少的重要元素，因此在考察宇宙生命系统时就要以有机整体主义的视野全面衡量各种生命现象的共生关系。有机整体主义是以整体而长远的眼光全面审视人与自然的关系，注重人与自然在生态系统中的整体平衡，这就意味着人在生态系统中不能超然于其他物种，人也不仅仅是生物体中无所事事的一员，要在尊重其他生命体生存权利的前提下发挥人的主体能动作用，推进人的全面发展。也就是说，人的主体作用的发挥与自然生态系统的平衡是被放在一个整体的框架内来衡量的，人不能僭越人与自然之间的规约，更不能肆意毁坏生态平衡。因此，有机整体主义也可以说是一种有机生态思维，其注重的是生态系统中人与自然整体的长远利益，而非某一物种的利益，故而我们说有机整体主义拓宽了人与自然的认知视域，协调人与自然整体的和谐发展。"理解人类在地球上的处境意味着要明白这样一个道理：只有人类内部、人类与全球生态系统及共处一个生物圈的其他物种之间，保持和谐与平衡，才会实现人类自身的健康发展。"② 的确如此，在生态危机威胁人类生存家园的危急时刻，人类应审慎检视自己的行为，以高度的责任感和强烈的使命感，将人与自然的共同发展、

① 曹孟勤、卢风主编：《环境哲学：理论与实践》，南京师范大学出版社2010年版，第38页。

② ［美］菲利普·克莱顿、［美］贾斯廷·海因泽克：《有机马克思主义——生态灾难与资本主义的替代选择》，孟献丽等译，人民出版社2015年版，第226页。

绿色发展、和谐发展统摄于经济发展的各个环节，实现人与自然的共同福祉。

（二）重塑人与自然的共生价值

价值本身包含了主体和客体两个重要的元素，是指客体对主体的需要和满足。客体是否有价值、价值潜能的大小是根据主体的需要来决定、来衡量的，主体对客体价值的实现具有决定性作用。在生态系统中，价值关系就表现为人是主体，自然是客体，自然价值的实现是由主体的人来决定的，因为在整个生态系统中唯有人具有思维意识，并且能把思维意识通过劳动转化为实践活动，发掘自然界潜在的价值。离开了人，自然界虽具有固有的内在价值，但不被人发掘和利用以满足人的需要，自然的价值也就失去了存在的意义。同时，客体的自然也需要人，大自然需要人类活动来发现其价值，将自身的资源转化为可供其他生物需要的物质资源。而且，当大自然的生态系统发生紊乱，靠自身的生态系统无法完成生态调节时，就需要人类行为帮助实现生态平衡。由此看来，在自然生态系统的价值体系中，人与自然的主客体之间并不是固化的，自然对人类有价值，人类对自然也有价值，人与自然的价值关系应该是共生的。之所以说是共生的，是因为在生态系统中，人与自然本身就构成了一个相互依存、互生互利的有机整体，它们在价值关系上的共生性是由生态系统的自然规定性所决定的。但是在人类社会发展的过程中，人与自然的价值共生性往往被扭曲了，人的价值主体性被无形中放大，超然于自然客体之上。

人类诞生之初是屈从于自然界的，人只能依靠动物的本能在有限的范围内开展活动，向大自然索取物质所需。但随着人类认知能力的提高，揭开了大自然的真实面貌，自然不再是人类膜拜的神明，而是推动人类社会向前发展的资源库。人类的任何物质需要都取自大自然，而且越是在人类文明高度繁荣的时候，向大自然索取的强度越大，甚至出现了野蛮掠夺大自然的不义之举。人类之所以由先前的敬畏自然到后来的掠夺自然，就在于人类在发展的过程中将自身定格为宇宙唯一的主体，人类之外的其他存在物则成了客体，客体满足主体的需要是顺理成章的。按照这样的逻辑，人类便成为宰制自然的主体，自然则异化为纯粹满足人类需要的工具。正如人类中心主义的代表帕斯莫尔所言："人类以外的存在物，无论是否具有生命，都只具有工具价值，动物如此，植物如此，荒野也如此。"① 刻意放大人类的主体作用，只会使人类肆意凌驾于自然之上，割裂了人与自然价值的共生性，使大自然日渐沉沦为满足人类无限需求的工具，最终造成的结果是不仅毁坏了大自然，而且毁坏了人类赖以生存和发展的自然基础。

纳什指出："非人类存在物与人类一样，在生态系统中占有一个'生态位'，它们拥有自己的目的和目标，因而都拥有主体性和生存下去的权利。"② 自然生态系统中，动植物等其他非人类生命体与人类一样具有内在的价值，有大自然赋予它们生存和发展的权利，人类不能剥夺非人类生命体的固有权利，只能尊重大自然的这种权利，善待与人类具有同等地位和权利的自然存在物，在生态承载力范围内合理利用自然。而今严重的生态危机赫然表明人与自然之间的共生价值遭到破坏，人类的虚妄将大自然的固有价值异化为满足人类财富增长的工具性价值，人类还是在以自然主人的身份剥夺自然，自然还在遭受人类的欺凌，人与自然之间的"主奴关系"并未发生彻底改变。

在生态共同体中，人与自然是一个有机互动的整体，相互依存共生，在价值关系上表现为人与自然的价值共生性，这种共生性表现在自然对人类的价值和人类对自然的价值两个层面。自然对人类的价值首先表现为资源性价值。大自然固有其内在价值，这种内在价值是先于人类而存在的，并不需要人类的任何规定，人类只能感受它或利用它。"自然的内在价值是指某些自然情境中所固有的价值，不需要以人类作为参照。"③大自然的这种内在价值通常是以物质的形态展示给人类的，各种各样的物质形态直接呈现在人类面前，人类也是在大自然所能提供的这些原始物料的基础上通过劳动才能转化为生活或生产所需。所谓自然界为人类社会的发展提供基本的物质资料，实际上是指大自然给人类无偿提供的

① 雷毅：《生态伦理学》，陕西人民教育出版社2000年版，第64页。
② ［美］纳什：《大自然的权利》，杨通进译，青岛出版社1999年版，第185页。
③ ［美］罗尔斯顿：《哲学走向荒野》，刘耳、叶平译，吉林人民出版社2000年版，第189页。

各种物质资源，人类的衣食住行、生产生活只有利用这些物质资源才能得以维系，离开这些资源，人类的基本生活都无法保障，更不用说创造人类的文化系统。因此，大自然对人类的资源性价值对人类来说是较为基础的价值，它不仅提供人类维持生命繁衍生息所需要的物质能量，人类文明的繁荣永续也是以大自然提供的各种资源为依托的，所以我们通常讲大自然是人类生存和发展的原力，是人类的智慧之源，更是推动人类文明走向繁荣的物质载体。正是得益于大自然物质资源的丰富性，人类社会才会出现生机勃勃的多重面向，使人类的生活不至于单调和乏味，生活品质得以提升。

其次，大自然对人来说还有审美价值。在自然界中，审美的主体是人，客体是自然，是人通过自己的思维逻辑感受到自然界所提供的形象之维，激起了人的情感需要，将审美与价值关联起来，表征了人与自然在美学意义上的价值共生性。"在审美价值关系中，人的主观性与对象的客观性实现了某种偶然的契合。美是心灵的一种发现，在人的感性需要和对象的感性中人们发现了一种价值：对象的感性特征满足了人们的情感需要。"① 人与自然的审美价值可以用"真""善""美"来诠释。所谓的"真"，是指自然界是以物的形态真实地呈现在人的面前，人能切实感受到自然提供的物质资源。我们说自然界是客观的，就是指它能提供各种各样的物性特征来表达对人的有用性。人们生活在大自然中，也能感受到河流、山川、空气等具体的物质形态对人的恩赐。自然界的真实性还表现为它所提供的实实在在的物质资源使人真正得到了实惠，不仅满足了人类生理的物质需要，消解人类活动的排泄物，而且通过大自然对物质的塑造又进一步满足了人的审美需要，所谓"自然的就是最美的"表达的就是这个道理。大自然对人的善是通过触碰人类善的本质而实现的。大自然总是默默无闻地为人类无偿地提供物质资源，最大限度上满足人的各种需求，也是在默默地承受着人类在自然躯体上的不合理行为。当人类的活动搅乱了大自然的生态秩序时，大自然还要依靠生态调节功能修复生态秩序，可以说大自然的奉献是巨大的。

人类的本质是善良的，他们能感受到大自然的这种慈爱之心。这份

---

① 胡安水：《生态价值概论》，人民出版社2013年版，第120页。

慈爱之心与人类心灵之美产生了共鸣，触碰到人之本能的善念，进而内化为人的自觉意识，行之于道德实践中。也就是说，大自然的默默奉献使人受到感化，人与自然之间产生了伦理关系，人要将道德的范围拓宽到自然的范围，也就是我们一般所讲的生态伦理。"生态伦理的基本内容是指人类与自然界的伦理关系，即以伦理道德处理人类与自然生态环境的关系，其核心在于祛除人类对自然万物的工具性思维，承认自然万物的伦理地位、内在价值、自在价值和自然权利，将道德扩展到非人的一切物质存在。"① 大自然对人类来说还是美的，这种美主要依托大自然提供给人类的各种物象体现出来，是大自然不能规定性的美学表达。大自然提供给人类的各种物质资源是以千奇百怪的形态呈现出来的，有的通过人类的实践活动实现人的物质需要，还有的是人类情感的自然流露，满足人的审美需求。大自然为人类提供了一望无垠的草原，使人驰骋，感受策马奔腾的愉悦；大自然为人类提供了纵横交错的河流，使人感悟河流川流不息的豪迈；大自然为人类提供了绵延不断的山脉，使人感悟大山的磅礴气势。"明月松间照，清泉石上流"传递的是天人之际的澄澈，彰显的是大自然的静谧，释放的是人空明的心境，人与自然共同绘制了幽静的美学画卷。人类的美学智慧就是来自大自然的这种生态之美，生态美是原始之美，丝毫不掺杂人类的任何印记。也许正因为如此，人与自然之间的审美价值更能表达美的真谛。

最后，大自然对人类而言还有潜在的价值。所谓潜在的价值，实际上是针对大自然为人类提供的物质资源而言的。大自然无偿提供了可供人类消费的物质资源，但问题是自然资源并不是取之不尽、用之不竭的，任何一种资源都有其使用的时限，过度地耗费能源就会让现有的资源面临枯竭。迄今为止，人类已经消耗了大量的自然资源。大自然是公平的，也是毫无保留提供给人类资源的，如今人类竭泽而渔的资源利用方式势必会影响人类未来资源的可持续利用，而人类没有权利剥夺下一代的生存权利，也没有权利以牺牲未来的生态资源来换取当代人类财富的积累。为了实现代际公平，大自然还有潜在性价值，其目的在于最大限度地促进人类社会的可持续发展。

---

① 胡安水：《生态价值概论》，人民出版社 2013 年版，第 95 页。

自然对人类的生存和发展有价值，同理，人类对自然也有价值。人类对自然的价值在于，一是发现和利用自然，体现大自然的自身价值；二是保护自然，呵护生态系统的平衡与稳定。美国生态哲学家罗尔斯顿曾言，"从长远的客观的角度来看，自然系统作为一个创生的万物的系统，是有内在价值的"①。那么，何谓自然的内在价值呢？我国学者余谋昌认为，"所谓自然界的内在价值，是她自身的生存和发展——自然界是活的系统，生命和自然界的目的是生存，为了生存这一目的，她要求在生态反馈系统中，维持或趋向一种特定的稳定状态，以维持系统内部或外部环境的适应、和谐与协调"②。大自然具有内在的价值，这种价值是先于人类而客观存在的，并且以物质的形式呈现出来，人类不能规定它，只能发现和利用它。"自然之物的价值具有内在性。人类不能去规定它，而只能去认识它，利用它。在人类认识它、利用它之前，它的价值对于人类并非无。"③ 大自然具有固有价值，而且这种价值是在人类的活动中不断体现出来的，因此人对自然来说就在于发现和利用自然界的内在价值。这既是人之本能的体现，也是人与自然本质统一的基本要求。

在自然生态系统中，如果没有人的参与和发现，纵使自然有其内在的价值，那也只能意味着自然纯粹是物质堆砌物，它失去了欣赏和需要它的对象，其本身也就失去了存在的意义。人类在认识和利用自然时总是要借助一定的手段。起初在生产力不发达的时候，人类仅仅是用简单的生产工具有限地利用自然。后来，人类不断向自然学习，探索自然界的奥秘产生了科学技术，这在很大程度上改变了人类利用资源的方式。特别是工业革命之后，大机器工业迅速崛起，依靠技术开发自然的进程不断加快，人类不再是利用自然而是毫无限制地掠夺自然。

人类不仅能认识自然，探索自然的价值，还能通过人类的实践活动将自然界的原始价值转化为人类所需的各类价值。人类发掘自然的潜质，自然服务于人类，但对自然来说，人类还具有保护自然的价值。人

---

① ［美］霍尔姆斯·罗尔斯顿：《环境伦理学》，杨通进译，中国社会科学出版社 2000 年版，第 2 页。

② 余谋昌：《生态哲学》，陕西人民教育出版社 2000 年版，第 79 页。

③ 刘湘溶：《生态伦理学》，湖南师范大学出版社 1992 年版，第 80 页。

类之所以要保护自然，是因为人是自然界中唯一具有理性思维的动物，人类能够本能地感觉到自然界瞬息万变的变化，预测变化所带来的生态后果，而且能够感知自然之美的时空差异，并迅速在生产实践中做出调整，这是其他动物所不具备的。另外，在所有的生物体中，人类对自然的活动强度最大，对自然的破坏最深，而且事实已经昭明人类在发展的过程中或者是由于个人采取不合理的资源利用方式，抑或是通过战争或行为组织的破坏造成了而今严重的生态危机，保护自然是人类义不容辞的责任。鉴于此，人类有保护自然的价值。在生态环境日益严峻的危急时刻，人类必须从发展大局着眼对现行的政策做出必要调整，优化自己的制度体系和文化体系，通过制度的规约规范人类的行为，并将其内化为人类的自觉行动，更好地保护自然，主动承担起维持生态系统平衡的重要责任。

总之，自然对人类有价值，人类对自然也有价值，人与自然的这种价值关系具有共生性。在生态共同体中，人与自然是互利并存的共生关系，人即自然，自然即人，人与自然完全契合为一个有机整体，这进一步澄明了人与自然价值的共生关系。在自然生态系统中，人是主体，自然是客体，人与自然的主客关系是可以相互转化的，也就是主体的客体化和客体的主体化。"人对自然的活动虽以人为本，人是价值的核心，但人的作用的发挥是受对物的内在规律的认识程度的制约的。也就是说，主体能动性的发挥是在客体的规范和限制下进行的，人是在被限制中运用物的尺度来为自己服务的。"① 人虽然具备思维意识，在价值衡量体系中占有主动权，但这并不意味着人可以将自己的主体价值意识凌驾于自然之上，践踏大自然固有的价值，而且离开自然，人类就失去了主体需要的对象，当然就无所谓主体与客体之间的价值关系。因此，在生态共同体中承认和尊重人与自然的共生价值，彻底消解了人类动辄以自然主人的身份高扬人类的价值主体性，将人与自然的价值置于一个共享的发展平台上，从而避免了人类滑向盲目征服与掠夺自然的人类霸权主义，有利于实现人与自然的和谐共生。

---

① 陈文珍：《马克思人与自然关系理论的多维审视》，人民出版社2014年版，第197页。

（三）谋取人与自然的共同福祉

人与自然是宇宙生命系统中较为活跃的元素：人的活跃性表现在人能凭借生产劳动将头脑中的抽象世界有计划、有步骤地转化为现实世界；自然的活跃性在于它所提供的物质形态在外力的作用下就会改变性质，变化为与其本身相异的物性特征，以各种物质形态显现出来。人的活跃性要依托自然界，大自然蕴含的生命力靠人类的智慧来激活，如此便使人与自然实现了有机统一。正是得益于人与自然之间的这种互动，人类才能创造出辉煌灿烂的文明。然而，不可否认的是，人与自然之间的互动在实践中往往被曲解。人类的伟大成就建立在单向度地攫取自然资源的基础之上，淡漠了人与自然的有机统一性。尽管对人类来说大自然的无偿付出成就了无与伦比的社会与文明，但却是一种极其不平等的互动，无论是人还是自然都付出了沉重的代价，背弃了人与自然各自的本质属性，脱离了人与自然追求自由的轨道。

人区别于其他动物的本质属性就是人的思维意识，通过思维意识将现实中的各种物象进行重组生成头脑中的抽象概念，而后再通过生产实践将抽象化的东西转化为现实的物质需要，实现人的自由发展。也就是说，人的抽象思维将大自然的物质符号转化为人能需要的文化符号，通过物质需要的满足和精神世界的充实达到一种释怀的境界。这种境界其实就是无所约束，没有限制的自由，这即是人的本质的体现。因此，人的本质就在于追求自由全面的发展。迄今为止，人类一直都在追求自由，但不得不承认人类目前还处在一种不自由的状态。在原始社会，人是自由的，但那是一种充满愚昧的、野蛮的原始自由，是生产力落后的情况下人类思维意识尚未发达的表现。后来，随着人类对自然的认识逐渐清晰，人类开始开发和利用自然，但此时人类的思想还被束缚在神性的牢笼中，身心无法解脱，人类根本无法想象自身能超越神性自主探求实现自由。真正解开精神的枷锁，追寻人性自由，是从西方的文艺复兴和启蒙运动开始的。

文艺复兴的口号是人文主义，人文主义就是肯定人存在的价值和作用。在人文主义的视界中，人不再是屈从于神的玩偶，是有着自主意识或独立人格的高尚的人。人是谋求个性发展和自由幸福的高级别动物，曾经盲从崇拜的神明仅仅是刻画于头脑中的一个幻影而已。这样在人文主义的呼唤下，人就从神性的禁锢中解脱出来了，着力实现人存在的价值。启蒙运动宣传的是理性，理性就是人的意识和思维活动，人通过理性思维跳出神性的框架追求人性的光辉，更加趋于成熟，凸显启蒙的真谛。康德说，"启蒙运动就是人类脱离自己所加之于自己的不成熟状态。不成熟状态就是不经别人引导，就对运用自己的理智无能为力。当其原因不在于缺乏理智，而在于不经别人的引导就缺乏勇气与决心去加以运用时，那么这种不成熟状态就是自己所加之于自己的了"①。因此，人要大胆地应用自己的理性，尽快走向成熟去追求凡人的自由和幸福。启蒙运动之后，理性被奉若神明，人们对其崇拜不已。为了追求个人的幸福和自由，理性被放大至无以复加的程度，所有的一切都被刻上了理性的标记。人们偏执地认为所谓的幸福和自由就是占有物质财富，似乎在财富的集聚中才能证明人类存在的价值。就像弗罗姆所说的，"我所占有的和所消费的东西即是我的生存"②，结果理性的本真被物质遮蔽了。为了索取更多的物质财富，人类疯狂地进行技术发明和创造，技术的本质乃是为实现人类福祉提供强大的动力支撑，促进人类的全面发展，可是在物欲的驱使下，技术异化为财富积累的工具，必然的结果是"正是智慧的工具理性化与机器化，改变了人与自然的关系，人造物成了自然物的替代物，人对大自然的态度由依赖、利用变化为滥用，人类从地球的守护者变为自以为是的'主人'和自然的'终结者'"③。

释放理性是为了实现人的自由，这种自由是人之本能的不约束状态，是一种洒脱的自由。但是理性一旦被永无止境的物欲所充斥时，人的自由便质变为纯粹的物质占有中的自由，实现自由就要攫取更多的物质财富，自由沉沦为物欲的奴隶，结果人异化为只为追求物质享受的纯粹动物式的物质攫取，人性裂变为物性，人蜕变为物欲的奴隶而不自由。"当我们一门心思踏上消费主义和物质主义的单行道的时候，我们便已然成

---

① ［德］康德：《历史理性批判文集》，何兆武译，商务印书馆1990年版，第22页。

② ［美］弗罗姆：《占有还是生存》，关山译，生活·读书·新知三联书店1989年版，第32页。

③ 严耕、杨志华：《生态文明的理论与系统构建》，中央编译出版社2009年版，第51页。

为物欲症的奴隶，这必然导致我们无论在肉体上还是精神上都将处于一种不自由的奴役状态。"① 当人类屈从于物欲、异化为仅为攫取物质利益的动物时，人追求自由的本质也在发生蜕变，自由已不再是人性本真的体现，而是打着自由旗号的物欲的魔咒。自由与人本质的背离深刻影响了自然的自由，因为自然的自由是以人的自由为前提的，人之所谓的物性自由是以不断掠夺自然界的物质资源实现的，自然向人的生成已经昭示了自然的不自由状态。自然的自由是按照自然的本质规定性依据生态法则发展的自由，但是由于人类在物欲的驱使下不断盘剥自然，干扰了自然自由的秩序或环境，自然失去了自由，加之人类对自然的变本加厉，最终自然的自由也被打上了物质的标签。甚至人类中心主义的狂妄完全扼杀了自然的自由，自由的自然异化为被物欲包裹的自然。

人与自然是自然界中的有机统一体，相互依存发展。自然不会讲人类的语言，也没有人类的自觉意识，所以自然的自由以人的自由为先决条件。但人在发展的过程中徜徉于物质的享受中，一味地索取自然积聚财富，意识不到人与自然是密不可分的共同体。"一旦人们不再意识到其本身就是自然，那么，他维持自身生命的所有目的，包括社会进步、一切物质力量和精神力量的增强，一句话，就是其自我意识本身就都变得毫无意义了，手段变成了目的，并达到了登峰造极的地步。"② 物欲的膨胀泯灭了人性的善意本真，使人屈从于物质的奴役，人性中的真善美早已难以寻迹。日益激增的财富又不断刺激着人的欲望，助长了人类的狂妄，将人类凌驾于大自然，标示人类的绝对主体地位，以大自然主人的身份干扰大自然的自由发展，破坏生态秩序，又以自然立法者自居。"当人充当起为自然立法的角色时，实际上就是人实现了对自然的否定；人要追求无限度的物质幸福，就必须全面否定自然；人要实现无限度的物质幸福，就必须绝对地控制自然：全面地否定自然是为了绝对地控制自然。"③

① 王治河、樊美筠：《第二次启蒙》，北京大学出版社 2011 年版，第 433 页。
② ［德］霍克海默、阿多诺：《启蒙辩证法——哲学片断》，渠敬东、曹卫东译，上海人民出版社 2006 年版，第 44 页。
③ 唐代兴：《生态理性哲学导论》，北京大学出版社 2005 年版，第 78 页。

　　在追求物欲无限满足的价值观的作用下，人类执着于控制自然、榨取自然，这就意味着破坏了人与自然之间的和谐统一关系。人与自然不再是彼此倚重、共生互惠的伙伴，而是充满矛盾的敌人，彼此之间的规约已经消失殆尽。人以绝对的优势占据主导地位，肆意毁坏自然，自然则完全异化为满足人类物欲的工具，毫无边际地剥夺最终使人类面对的是触目惊心的大自然。人类的虚妄曾经付出了沉重的代价。"在人与自然的关系上，由于信奉斗争哲学，我们把大自然视为斗争敌人，战天斗地成为一项难得的品质，自然成为我们予取予求的战利品，对其乱砍滥伐，乱排滥牧。其结果就是令人触目惊心的环境噩梦的到来。"①

　　人的本质是追求人的全面发展。所谓全面发展，就是不仅仅表现为物质的丰裕带给人类物质生活的饱满，更重要的是通过充足的物质给养达成精神世界的自由或充实，这样的自由才算是真正的自由。也就是说，人追求的自由兼有物质和精神两个衡量标准，后者更具有指示向度。但现实的困顿在于，人类在物欲之上的价值观的刺激下疯狂地积聚财富，试图在财富的积累与占有中实现自由。无度的物欲驱使人类不懈地追求财富、大肆消费，可是人们并没有在财富的占有中感到任何成就感和幸福感，反而越是积累财富越是感觉到精神世界的空乏。人逐渐蜕化为只为满足欲望的皮囊，彻底沦为欲望的奴隶而失去自由，脱离了人与自然和谐共处的真实世界。"人既不能保持他向世界彻底地开放，又不能从上帝照顾人的眼光来了解人奇妙的成就和对世界所享有的主动权，这项失败已经使现代人脱出了自然的保护力量，被抛进混乱和孤立当中。"② 人在这种空虚与孤立的状态中更加感觉迷茫，他们因失去了信仰而使精神世界面临坍塌，找不到生命的归宿和人生的航向，只是在一味攫取和剥夺中谋取财富和权力，用物质的充裕来缓解精神上的麻痹感，其结果只能是人越来越不自由。人的不自由直接造成自然的不自由，人与自然的自由被物欲剥夺了。

----

① 王治河、樊美筠：《第二次启蒙》，北京大学出版社 2011 年版，第 122 页。
② ［德］孙志文：《现代人的焦虑和希望》，陈永禹译，生活·读书·新知三联书店 1994 年版，第 67 页。

德国学者爱因·兰德指出："人类必须按照适合人类自身的标准来选择行为、价值和目标，以此来达到、保持、实现和感受终极的价值，它存在于自身之中，是其自身的生命。"① 何谓人类自身的标准，又何谓人类终极的价值？其实，这里隐含着一种向度，就是在人类精神被物质掏空的时代，挽救人类日益失落的心灵就意味着一种回归，只有回归到人之本能的元初状态才能立足生命的原点，返璞归真，感受生命的力量，找到人类安身立命的终极所在。人与自然的本质统一，其实就是将生命的实在性作为原点，起源于生命的纯真，又复归于生命的本真。可是人类陷入了欲望的泥潭，在物质的海洋里尽享尊荣，过度奢靡背弃了生命自由的意义，失去了与人类朝夕相伴的自然界。

其实，人与自然原本就是一个生命共同体，只不过人类后来将人之引以为豪的理性错置，工具理性屈从于价值理性，扭曲了人性的善意本真，结果在以理性为内核的现代性中执着于权力的夺取和欲望的满足。"在现代性的宇宙里，意义和价值都已经丧失。经济学和经验科学不仅为科学提供了手段，而且也给生活提供了规范。人类为追求超越现存条件的财富与权力，忽视了对人类共同体的关心。"② 实际上，在现代性的发展轨道上，人类文明的演进史和自然发展的历史是密切相连的。马克思说："历史可以从两个方面来考察，可以把它划分为自然史和人类史。但这两个方面是密切相连的：只要有人存在，自然史和人类史就彼此相互制约。"③ 马克思关于自然史和人类史统一的阐释真实地表达了人与自然是一个彼此相依的有机统一体。但由于人类的虚妄，人们将自然置于人类的对立面毫无限制地索取和掠夺，最终使人与自然纷纷异化。改变这种异化状况，就是要实行全面的变革，也就是社会革命和生态革命的统一。恩格斯指出："我们这个世界面临的两大变革即人类同自然的和解以及人类自身的和解。"④ 人类自身的和解就是要进行社会革命，打破旧制

---

① ［美］爱因·兰德：《新个体主义伦理观——爱因·兰德文选》，秦裕译，上海三联书店1993年版，第20页。

② 李惠斌、薛晓源、王治河主编：《生态文明与马克思主义》，中央编译出版社2008年版，第25页。

③ 《马克思恩格斯文集》第1卷，人民出版社2009年版，第516页。

④ 《马克思恩格斯文集》第1卷，人民出版社2009年版，第63页。

度对人类自由的束缚，改变阶级剥夺或压迫的面貌；人与自然的和解就是要进行生态革命。社会革命和生态革命是统一在一起的，只有社会革命才能变革生态危机的制度性根源。美国学者罗尔斯顿也表达了人与自然和解的观点："一个人如果不研究自然的秩序，就不可能达到最完美的生活；更重要的，一个人如果不能最后与自然达成和解，就说不上有智慧。"① 因此，人与自然的和解就成为缓解人与自然尖锐的对立冲突、实现二者共同福祉的有效途径。

在生态共同体中，人与自然构成相互依存、互惠互利的有机整体，无论是人还是自然，其发展的着眼点在于维护生态共同体的整体利益，本质上是呵护生态共同体整体的善。"生态共同体是由全体个人与自然界成员组成的，这个生态共同体实质上存在于这些自然模式与行为模式相互联系的活动之中，因而不可能有跟自然界整体利益相对立的利益。"② 人与自然共同的福祉需要人与自然共同来呵护，发展的成果由人与自然来共享，人类作为共同体中的重要一员，其社会行为方式和价值观念都会对共同体的整体利益产生影响。况且人类发展的历史业已确证，一旦人类脱离人性善意的本质，人类的不义之举就会带来难以逆转的危机，如今在全球范围内肆虐的生态危机就是明证。有鉴于此，人类更要以共同体成员的名义主动担当维护共同体整体利益的责任，时刻以共同体整体的善为人类行为的衡量标尺，将实现人与自然的共同的福祉视为目标指向和实践归宿。这才是在人类面临抉择的危急时刻，生态共同体出场价值诉求的最终体现。

三 生态共同体的实践指向

生态共同体是以当前全球性的生态危机为出场背景的。在生态共同体中，人与自然是和谐共生的有机整体，人的全面发展和自然的稳定持续是紧密联系在一起的，谋取人与自然的共同福祉是其最终的价值诉求，

---

① ［美］罗尔斯顿：《哲学走向荒野》，刘耳、叶平译，吉林人民出版社2000年版，第78页。

② 周国文：《自然权与人权的融合》，中央编译出版社2011年版，第27页。

由此也就决定了生态共同体在实践中必然要以呵护人与自然的共同利益为行动前提，遵循生态优先的发展原则。因此，生态共同体在实践上首先指向拒斥资本主义崇尚"越多越好"的经济理性原则，主张重建生态理性以超越经济理性。生态理性的核心要旨是"够了就行"，消解了经济理性追求经济无限增长的黑色发展理念，从而将人与自然和谐共生的绿色发展理念视为行动指南，最终将实现生态文明作为根本的实践归宿，追求实现人与自然的和解。生态理性是生态共同体实践的基点和前提，绿色发展是生态共同体具体的实践理念，生态文明则是最终的实践归宿，三者构成了一个环环相扣的有机整体，自始至终将人与自然置于对等的发展平台，真正做到了人与自然的和谐统一。

（一）拒斥经济理性

理性是人之本能的体现，也是人区别于其他动物的本质差别。它是指人自觉运用自己的逻辑思维将头脑中勾勒的抽象世界通过自身的劳动实践转化为现实世界，谋取人的自由和幸福。理性肇端于西方世界的启蒙运动，它是启蒙运动的口号或追寻的目标，而启蒙运动中启蒙的真谛也在于激发人的思维或智慧，使人真正成为现实世界中的能为自己生存的实在的人。古希腊哲学家普罗泰戈拉提出"人是万物的尺度"，将人从神的束缚中解脱出来，以人的意识和行为方式认识和衡量宇宙世界，开始注重人的作用和价值，奠定了后世人文主义的基调。但遗憾的是，普罗泰戈拉提出的人本主义在中世纪神学体系的压制下销声匿迹。整个中世纪之所以被称为黑暗的时代，就在于神性取代了人性，宇宙万物是由神创造的，"神"成为宇宙万物的主宰，所以世间善恶好坏均是由神来裁定。人的生命是神赋予的，人要绝对地听命于神、效忠于神，神凌驾于人之上，人屈从于神的权威。在神学的评价体系中，人丝毫没有自主可言，成为神肆意驱使的奴隶，人性被神性玷污，人的精神和肉体被禁锢在神性的牢笼中。

启蒙运动之前的文艺复兴提出人文主义，以振聋发聩之势将人从神的束缚中解救出来，人开始真正意义上成为为自己而生存的人，启蒙运动则直截了当地鼓励人大胆地运用自己的理性，以更为犀利的方式批驳了神性对人性的压制。自此，人性挑战了神性的权威，神性逐渐失去了在人的精神世界中的绝对主体地位。理性的最终目的是实现人的自由和幸福，这种自由是不受约束的、自在性的、本能的自由，它体现生命的本质属性，是生命体智慧的源泉。实现这种自由则意味着生命体是幸福的，反之则意味着陷入不自由的桎梏。启蒙运动之后，人们对理性信奉不已，理性被推上了一个至高的荣耀地位。为了追求自由，实现幸福，人们在理性的指引下大胆地创造，使人们的物质生活得到了大幅度提高。但问题是，随着物质的积累和财富的增加，人们的心性被物欲遮蔽，扭曲了自由的含义，将物质财富的积累和享受视为自由，自由被贴上了物性的标签。特别是在资本主义社会，理性已经被错置为资本家谋取经济利益的手段，理性的出发点和最终归宿都是为资本主义经济利益服务的，理性和经济的结合便成为资本主义市场运行中越多越好的经济理性原则。

经济理性是法国生态马克思主义学者高兹针对资本主义生产方式引起生态危机而提出的一个概念。在高兹看来，前资本主义社会中，人们的社会生产普遍遵循"够了就行"和"知足常乐"的生产原则，生产的产品与人们的消费水平大体是平衡的，经济理性并没有占据支配地位，但资本主义社会打破了生产与消费的均衡，将经济理性原则贯穿社会生产的全过程。高兹所说的经济理性指的是资本主义精于算计的、以最少的生产成本核算出最大的生产利润的市场运行法则，以尽可能有效的生产方式最大限度上实现财富的积聚，故而越多越好成为经济理性始终恪守的重要原则。高兹认为，"资本主义过去是，现在仍然是这样一种社会的唯一的形式，这一社会带着最大限度地提高生产率的目的，使竞争成为第一信条，不懈地追求把社会、教育、劳动、个人和集体的消费纳入资本无所不包的价格服务体系之中，其结果是把经济理性的统治扩充到生活和劳动的所有领域，这种经济理性借助于市场的逻辑肆无忌惮地显示自己"①。高兹把经济理性原则视为资本主义经济发展的重要原则，深刻地揭示了资本主义经济发展追求资本无限增长的内在逻辑。资本主义本质上是私有制经济，其发展的最终落脚点还是如何利用高效的生产技

① 转引自郑湘萍《生态学马克思主义的生态批判理论研究》，中国书籍出版社2015年版，第92页。

术、广阔的市场空间最大限度地谋取私人利益，由此就决定了资本主义是将不增长就死亡视为发展的铁律。只有经济的无限增长才能积聚更多的财富，所以追求无限增长的资本逻辑刺激资本家不顾一切地追寻经济利益，这也就意味着资本逻辑是经济理性横行的内在动因。经济理性追求的是越多越好的生产利润，"它关注的是每单位产品本身所包含的劳动量，而不顾及那种劳动的活生生的感受，即带给我幸福还是痛苦，不顾及它所要求的成果的性质，不顾及我与所生产的东西之间的感情和美的关系。……我的活动取决于一种核算功能，而无须考虑兴趣和爱好"①。经济理性越多越好的发展导向正好实现了资本逻辑追求利润无限增长的根本目的。

从本质上讲，经济理性就是资本主义精于算计的生产方式，遵循越多越好、效率至上的原则，企业生产的成本是多少，生产多少产品投放于市场之后能够获得最大利益，一切均通过算计和核算进行量化，以此达到资本无限增值的目的。经济理性直接服务于资本家满足财富增值的需要，反过来财富的迅速激增又刺激了资本家的财富欲望，促使资本家不折不扣地贯彻经济理性原则，如此循环的结果是财富增长的过程同时也是人性泯灭、自然遭受摧残的过程。理性的最终目的是实现人的自由，体现人的本质的实在性，可现实的困顿是人类在追求自由的过程中却跌入了物质主义的深渊，人的善意本性在丰裕的物质面前不堪一击，异化为只为攫取利益、满足物欲的奴隶。人与人之间的友爱关系在物性的世界里变成赤裸裸的商品交易关系，造成人质变为游离于社会群体之外的原子化的人。在商品关系浸润下的人际关系是淡薄而虚伪的，人与人之间变得冷酷而陌生，完全淡漠对公共利益的关注，人与人之间的友善关系彻底异化了。

在越多越好的经济理性原则的促逼下，主体的人质变为纯粹沉迷于物欲享受的奴隶，自然客体则变成了"一个完全按照我们的目的加以摆布和操纵的对象，成为人类达到自身目的的工具、手段"②，自然界异化

---

① 转引自陈学明《谁是罪魁祸首——追寻生态危机的根源》，人民出版社 2012 年版，第559 页。

② 肖显静：《后现代生态科技观》，科学出版社 2003 年版，第 87 页。

为被金钱包裹的毫无生命力的工具世界。劳动和技术是沟通人与自然的重要媒介，人与自然的异化直接造成劳动和技术的异化，工人劳动得不到劳动产品的价值，而劳动产品流通于市场之后并不是为了实现自身价值，而是为了换取交换价值，工人在劳动中得不到任何快乐反而是欲罢不能的痛苦。工人们发明了技术，但技术并未体现造福人类的目的，技术在资本的宰制下异化为满足物欲的工具。人不能把控技术，只是在技术的牵引下根据固定的程序操作机器，屈从于机器发出的指令。"人的自主性在技术面前荡然无存，人不仅顺服地成了技术的俘虏，成为它的附属物；而且技术反倒成为压迫每个人的异己力量，这种宰制性的力量反过来剥夺了人的选择自由与行为自由。"① 经济理性使人与人、人与自然纷纷异化为物欲的奴隶，人在宇宙中失去了人之为人的主动性和实在性。人类为了促进社会经济发展进行了不同的设计，但最终的结果是设计本身驾驭了人，人蜕变为按照程序和计算所驱使的隐形人，大自然质变为只为满足物欲的对象或工具，整个世界被物欲所笼罩。在物欲的裹挟之下，人们的生活世界彻底"殖民化"了。

既然经济理性越多越好的发展原则不仅使人与人蜕变为纯粹的金钱关系，而且使原本充满生命力的大自然一片狼藉，这就充分昭明在资本主义追逐资本无限增长的资本逻辑促逼下的经济理性是引起生态危机的制度性根源。那么，遏制生态危机的路径究竟在哪里？实际上最为有效的途径就是拒斥经济理性，重建生态理性。高兹是生态马克思主义的代表人物之一，他提出经济理性的概念就是为了揭露资本主义经济理性引起当前生态危机的制度性根源，因此主张对现行的资本主义进行生态重塑，实行社会主义生态现代化。生态马克思主义反对资本主义制度的生态学，他们在批判资本主义制度反生态时指出资本主义制度的私有本性和追求资本增值的资本逻辑是生态危机的祸根，认为只有进行制度性变革才能遏制生态危机，即用生态社会主义取代资本主义。"事实上，解决生态问题的前提是必须展开对资本主义的制度变革，变革资本的全球权力关系和权力结构。在此基础上，展开对资本主义价值观的批判和对资

---

① 周国文：《自然权与人权的融合》，中央编译出版社 2011 年版，第 188 页。

本主义技术的批判，从而恢复自然的尊严和实现自然的解放。"①

生态马克思主义对资本主义制度的批判实际上就是批判资本主义越多越好的经济理性，对资本主义进行生态重塑就是要消除经济理性的不合理因素，实行生态理性。生态理性是与经济理性相对的一个概念，经济理性的一个重要特征是"越多越好"，而生态理性所遵循的却是"够了就行"的发展原则。所谓生态理性，指的是"人基于对自然环境的认识和自身生产活动所产生的生态效果对比，它意识到人的活动具有生态边界并加以自我约束，从而避免生态崩溃危及人自身的生存和发展。它的目标是建立一个人们在其中生活得更好但劳动和消费更少的社会，其动机是生态保护、追求生态利益的最大化"②。由此看出生态理性并不是以追寻经济利益的最大化为目的，它讲究在经济发展的过程中避免盲目地夸大生产，也注重核算的重要性。但生态理性核算的是如何以更少的劳动和资源消耗创造社会物质财富，尽可能满足社会成员的正常需要，而非无度占有。因此，生态理性"够了就行"的原则渗透于生产和消费等各个领域，试图克制人的欲望，是将人的发展限制在生态承载力范围之内的经济发展原则。同时，"够了就行"的经济运行原则很大程度上规范了人们的行为，将人的欲念控制在合理范围之内，"知足常乐"成为人基本的道德操守，人的心性在有限的欲望中得以回归，人的善意本质得以复原。如此就重塑了人们的信仰体系，使人的精神世界有了充实感，不至于在前行的道路上迷茫，进而挽救了人们失落的心灵。

当前生态危机日益恶化，资本主义经济理性依然在主导着全球经济的运行，而且随着经济全球化经济理性的发展，又出现了所谓生态殖民主义和新奴隶主义的新变化，经济理性的危害性日渐严重。在此种境域下，呵护人与自然的根本利益，实现二者的共同福祉，必须拒斥经济理性，弘扬生态理性，切实把人的全面发展与自然的生态保护密切结合起来，抵制资本主义越多越好的经济理性原则所主宰的以牺牲生态资源为代价的黑色发展模式，自觉践履人与自然和谐共生的绿色发展理念。这

---

① 王雨辰：《生态学马克思主义与生态文明研究》，人民出版社 2015 年版，第 105 页。
② 郑湘萍：《生态学马克思主义的生态批判理论研究》，中国书籍出版社 2015 年版，第 96 页。

就是生态共同体实现人与自然根本和解的主旨所在。

(二) 遵行绿色发展理念

资本主义越多越好的经济理性原则本质上是以牺牲生态资源为代价来换取资本家财富的增长，必然造成人与自然在财富的无度积聚中异化为物质的奴隶，人失去了人之本能的灵性与善良，忘却了基本的道德良知和伦理情怀，自然失去了本然的规定性，屈从于人的野蛮和权威。经济理性助长了人的虚妄，也使我们朝夕相随的大自然面目全非，经济理性的诟病吁求够了就行的生态理性。生态理性是将自然环境的优先性作为人类发展的前提和基础，谋求人与自然的协调发展、共同发展。这就必然要求生态理性打破经济理性黑色发展模式独霸天下的发展格局，实行人与自然和谐共生的绿色发展。绿色发展秉持的是一种全面的、可持续性的、共同的发展，它是将自然的保护利用和人的全面自由统摄于发展的各个领域，发展的最终目的是谋取人与自然的根本福祉。

1. 绿色发展是一种可持续性的发展

绿色发展着眼于人与自然共同的发展，发展是人类社会进步的目标和根本归宿，绿色则是发展的逻辑前提。人是自然生态系统中的重要成员，自从人类诞生之后就一直在发展的轨道上顺利前行。发展是人类生存的本质特征，只有在发展中才能摆脱动物的习性，体现人之为人的优越性；也只有在发展中才能延续人类的整体生命力，推动人类文明繁荣永续；只有发展才是拯救人类文明的唯一途径。但是发展并不是毫无限度地、漫无边际地向前推进，而是一种自然的、循序渐进的、全面的发展。所谓自然的发展，指的是遵循发展的规律和规定性，既不能盲目发展又不能超前发展，否则发展将变成一味地推进，失去了发展的平衡性，反而是一种败退。发展是按照客观规律自然地、循序渐进地向前推进，注重主体与客体之间的平衡与统一，任何一方偏离发展的方向都会带来发展本身的缺位。发展又是全面的发展，它是主体与客体之间协同推进的过程，无论是主体还是客体，在发展的主航道上都发挥着难以替代的作用，主客体之间是彼此依赖的共生关系。因此，发展是主客体共同的进步和提高。

对于生态系统中的人类，自然的发展就是遵循人之本性的规定性，不能僭越人性脱离生命的本质内涵，失去自然赋予人的生命意义，人维持生命机体的运转需要物质资料的持续供应，同时也需要精神需要来充实心灵。人的全面发展乃是物质与精神两个层面的共同进步或提高，单纯的物质追求会蜕变为动物式的需要，精神需要没有物质的依托则宛若浮萍没有附着感。因此，发展是人生命持续的原动力，也是人类生存的最终归宿，没有发展就谈不上人的全面提高。迄今为止，人类发展的历史昭明人类创造了灿烂无比的财富，也留下了难以泯灭的伤痕。"人类文明足迹背后往往留下的是一片荒漠"就表达了这层意思，而且现实的生态问题已经证明人类在追求自由和幸福过程中忽视了与人类共处的大自然，人类的发展呈现出一种畸形的病态。有鉴于此，人类应追寻绿色发展，只有绿色发展才能保证人类发展的持续性，永葆文明延续的根基。

绿色是发展的逻辑前提就在于人类在谋求发展之时讲究尊重自然规律、尊重自然权利的原则，因为脱离自然人类发展寸步难行，大自然是人类生存和发展的物质载体。人类发展的历史业已表明人类不合理的行为方式已经严重毁坏了生态环境，人类要想在这个地球上继续生存下去就必须彻底改变竭泽而渔的资源利用方式，保护人类共有的绿色家园。很长时间人类执着于崇拜物欲至上的价值观，沉浸在物质的享受中，以占有物质资源的多少来衡量个人是否得到了自由，以难以计数的财富占有来标榜自己的幸福。这种错位的价值取向致使人类跌入了物质主义的深渊，而且在物欲的促逼下，人类又盲目地崇拜技术，技术成为操控人的座架，自然成为满足物欲的工具。绿色发展以保护自然为先，注重人与自然的可持续性发展，人的发展不能以毁坏生态环境为代价，由此绿色发展本身意味着在一定程度上限制了人类的生产行为，有益于克制人的欲望，绿色起到了净化人类心智的作用，使人在与大自然的和谐相处中消解物性的侵蚀。同时，绿色发展着眼于人与自然的共同发展，发展体现了人完成生命延续的本质特征，绿色则指示人类发展的样态和方式，旨在保护人类生存的自然基础。绿色发展的方式展现了人与自然和谐统一的价值诉求，是引领或推动实现人与自然和解的有效途径，表征了人类文明发展的正确航向。

2. 绿色发展凸显了人与自然的本质统一

绿色发展是以呵护生态环境为前提的，也就是说，绿色发展维护的是生态正义，自然的和谐有序与人的自由发展有机地统一在一起，突出了人与自然的本质统一。人与自然本质上是统一的，这种统一性表现为人与自然构成一个密不可分的有机整体，人的发展要以自然的物质供应为支撑，而自然的持续稳定也需要人来呵护。大自然原本是自然而然的物质实体，是以各种各样的物质形态表现出其内在的价值和丰富多彩的生命力。人类诞生之后，依赖发现和利用自然界的内在价值维持生命体的延续，凭借他们特有的思维意识和生产实践活动将脑海中的抽象世界转化为人类需要的现实世界，而转化的物质依托恰恰就是自然界。自然界根据人类的活动改造为人类的生活世界，人在改造自然的过程中已经将头脑中的思维意识施加于自然界，自然界被深深打上了人类活动的印记。自然界所呈现的各种物象反映了人的思维意志和文化符号，它是一个负载着人类活动印记的人化的自然界。

同时，人通过认识自然界的本质，再将其内化为人的自我意识；人从自然中汲取充实精神世界的元素，又被自然化。自然的人化和人的自然化是一个过程的两个方面，表现了人与自然的和谐统一。既然人与自然是一个互生共栖的有机整体，人的本质体现于自然界，自然界的本质又内含于人的本质，因此人的发展必然要与自然的和谐统一联系在一起。而今严重的生态环境表征了人与自然关系的断裂，人的发展践踏了自然的自尊，超越了人与自然的规约限定，人与自然的统一性不复存在，二者是被物质利益包裹的工具关系，无论是人还是自然界都背弃了生命的固有本质。绿色发展就是要克制人类的妄自尊大和永无止境的物质欲望，重塑人与自然之间的共生关系，重塑人与自然的本质统一性，使人的全面发展和自然的可持续利用有机结合起来，实现二者共同的福祉。

3. 绿色发展超越了黑色发展

一方面，黑色发展是在资本主义经济理性原则促逼下经济发展的一种模式，它是把经济发展建立在高耗能、高消费、高排放的基础之上，以牺牲环境来换取物质财富增长的经济发展模式。黑色发展直接服务于资本主义以追求私利无限增长的发展逻辑，资本的增殖是其恪守的重要信条。为了增殖，人类凌驾于自然之上，在技术的催动下大肆地攫取自然，盘剥自然，将代谢物排放于自然，让人类赖以生存的绿色家园变成一个存储废物的垃圾场。黑色发展的危害性在于使人堕落为物质的奴隶，使自然沦落为人类满足私欲的工具。黑色发展是在资本增殖的内在逻辑刺激下产生的，必然在发展过程中以资本是否增殖为发展指向，资本的增殖是在越多越好的商品交易中完成的，商品数量越多意味着资本增殖幅度越大，由此加大了对原产品的资源消耗，出现大肆攫取自然资源的状况。因此，可以说黑色发展是以资源的高消费为发展前提的。

另一方面，黑色发展带来了物质财富的丰裕。人们徜徉于物质的享受中欲罢不能，致使人性被蒙蔽在物欲的满足中，人异化为只为争夺财富和权力的机器，脱离了社会群体的召唤。在利益的法则面前，社会道德渺无踪迹，从而淡漠了对公共性的关注，人质变为被欲望唆使的原子化的人。"人们在利益法则的驱动下，为各自的生计奔波游走，无心眷顾他人的需要，习惯于自觉地退出属于大众的公共领域，淡漠于对公共利益的关切与社会福利的投入。"① 黑色发展带来了人的狂妄和不自由，使原本和谐共处的大自然臣服于人类的欲望，毁坏了人类文明的根基，并不是人类文明繁荣永续的明智之举。

绿色发展以人与自然的和谐共生为发展逻辑表征了对黑色发展的超越。这种超越主要体现在：第一，绿色发展的逻辑前提是资源的保护利用，遵循生态优先的发展原则，匡扶生态正义，合理地开发、利用资源，这与黑色发展大肆掠夺、大肆耗费的发展理念根本不同。第二，绿色发展强调人与自然的和谐共生，这种和谐共生立足于对资源的高效能利用上，从资源的开采、利用进入生产环节，又通过市场进入消费环节，最后再经人类的代谢进入大自然，每一个过程都意味着资源能量的耗损。因此，高效利用资源就是尽可能减少在各个环节中的能量消耗，发展循环经济，这就无形中对绿色发展的技术提出了更高的要求。换言之，绿色发展所依赖的技术是生态化的技术。生态化的技术不再服务于满足欲望的目的，它是在绿色发展理念的引领下高效利用资源的技术，技术是人所驾驭的技术，技术的目的是保持大自然的持续稳定。这与黑色发展模式下人被技术奴役、技术异化为满足私欲的工具是不同的。第三，绿色发展在价值取向上是呵护人与自然的共同福祉，实践指向了人与自然协同发展、共生发展的生态文明，而黑色发展是在资本主义工业体系中

———————

① 周国文：《自然权与人权的融合》，中央编译出版社2011年版，第136页。

屈从于资本逻辑的错误发展方式，这种方式刻意拔高了人在自然生态系统中的主体地位，将自然推向人的对立面，造成人与自然关系的断裂。其发展的结果是毁坏人类生存发展的自然基础，瓦解人类文明延续的根脉，最终将人类文明推向难以逆转的魔道。绿色发展为核心的生态文明规避了工业文明的种种弊端，真正意义上将人的自由全面发展与自然的和谐统一在发展的各个环节，实现人与自然的彻底和解和共同福祉，因而代表了人类文明前行的方向。

（三）建设生态文明

美国著名学者大卫·格里芬曾言："作为人类的我们如果想要继续繁荣和发展，甚至想要继续生存的话，就需要走向一种生态文明。只要我们遗忘掉现代世界秩序而赞同一种后现代的世界秩序，即全球民主，那么发展一种生态文明就是很有可能的。"① 格里芬所强调的生态文明反映了当前全球生态危机日益严峻的时刻人们对人类未来走向的深度关注，也真实地表达了人类渴求绿色星球的心声。现实的生态环境日益严峻已经表明资本主义工业文明在高速运转的同时将人类推向了万劫不复的深渊，生态文明则昭示了人类发展的航向，因为生态文明关注的是人与自然、社会的整体文明和共同进步。

生态文明是一个充满了深刻意蕴和丰富内涵的概念，对它的界定也是见仁见智，充满了多姿多彩的意味。姬振海认为生态文明"是指人类遵循人、自然、社会和谐发展这一客观规律而取得的物质与精神成果的总和；是指以人与自然、人与人、人与社会和谐共生、良性循环、全面发展、持续繁荣为基本宗旨的文化伦理形态"②。俞可平认为"生态文明就是人类在改造自然以造福自身的过程中为实现人与自然之间的和谐所做的全部努力和所取得的全部成果，它表征着人与自然相互关系的进步状态"③。盖光认为"生态文明则是全面、合理、有机及永续性的，是集

---

① ［美］大卫·格里芬：《全球民主和生态文明》，弭维译，《马克思主义与现实》2007 年第 6 期。

② 姬振海：《生态文明论》，人民出版社 2007 年版，第 2 页。

③ 俞可平：《科学发展观与生态文明》，《马克思主义与现实》2005 年第 4 期。

合与融聚了人类那种无限创生性机能的，并且能够有机整合人类一切积极的文明成果，通过建设性地合成、融通一切文明形态，而希求人类活动与自然生态、与生物多样性，在共在家园中同体共生、互惠互利的人类文明形态"①。郇庆治等认为"生态文明指的是人们在利用和改造自然的过程中，以高度发展的生产力为物质基础，以遵循人与自然和谐发展规律为核心理念，以积极改善和优化人与自然关系为根本途径，以实现人与自然永续发展为根本目标而进行实践探索所取得的全部成果"②。严耕等则将生态文明分为广义和狭义，广义的生态文明是指人类在生态危机的背景下反思工业文明的结果，它以生态学规律为基础，在生态价值观的指导下对物质、制度和精神进行改善以达成人与自然的和谐共生，是新条件下实现人类社会与自然和谐发展的新文明，狭义的生态文明则专指积极的文明成果。③

从上述概念的界定可以看出生态文明蕴含着丰富的思想，单从某一视角来框定其含义未免有点狭隘，无法体现出生态文明的真谛。值得肯定的是，无论哪一种诠释都毫无疑问地将人与人、人与自然、人与社会作为考量的对象。正是这种一致性的认知赋予生态文明多重的面向，成为挽救人类绿色家园的正确方向。生态文明虽然以生态命名，但其却有着丰富的内涵。如果从人类发展的纵向来审视，生态文明是继原始文明、农业文明、工业文明之后的另一种新的文明形态。尽管有的学者把生态文明纳入了所谓的后工业文明，但无论从哪一个方面来说，生态文明与工业文明有着质的区别。如果从社会这个横向来看，生态文明又囊括了生态的、经济的和精神的三大领域。生态文明之所以是一种新的文明，就在于它把生态摆在了优先的发展战略位置上，真正把自然生态环境保护置于人类发展的前列，是将人与自然整体的和谐发展视为实践目标，谋求人与自然的长远福祉。因此，生态文明应该是一种全面的、整体的文明，即把人的全面发展、社会的稳定持续、自然的有序安康有机地统

① 盖光：《生态境遇中人的生存问题》，人民出版社2013年版，第319页。
② 郇庆治、李宏伟、林震：《生态文明建设十讲》，商务印书馆2014年版，第30页。
③ 严耕、杨志华：《生态文明的理论与系统建构》，中央编译出版社2009年版，第166—167页。

合为一个整体。发展是整体的进步和提高，而非某一领域的超越发展，而且事实已经证明单纯地突出哪一个领域的主体作用，都会付出沉重的代价。一言以蔽之，生态文明是为了人与自然共同的善，是以有机整体的思维范式和实践逻辑来达成人与自然的和谐发展。正是由于此生态共同体出场拒斥经济理性，倡导生态理性，遵行绿色发展，它最终的归宿就是积极建设生态文明，推动实现人与自然的和解。

生态文明呵护人与自然的长远利益，昭示人类生存和发展的正确方向。其主要特征是：首先，生态文明是对人类以往文明成果的继承和发展。任何一种文明都不是凭空出世的，新文明的呈现都是在继承之前文明成果的基础上发展而来，既有对已有成果的沉淀，又有独特的创新，如此方能体现出人类文明的厚重感。生态文明也不例外，它汲取了原始文明、农业文明的智慧，特别是在对工业文明成就积极扬弃的基础上生成的。生态文明并不是从根本上否定工业文明的辉煌成就，而是规避了工业文明的种种弊端，以生态优先的新型文明，注重人与自然的和谐发展。显然，生态文明超越了工业文明。

其次，生态文明和谐的是人与自然的共生关系。在以往的文明体系中，人与自然之间的关系较为复杂。原始文明中，人类匍匐于自然脚下受控于自然；农业文明中，人类认识和利用自然，在自然的承载力范围内改造自然；工业文明中，人类在技术的推动下大肆地盘剥自然，自然又屈从于人的物质需要，人类凌驾于自然之上，人与自然的共生关系荡然无存。生态文明试图重塑人与自然的共生关系，将人的全面发展建基于生态的良性运行上实现绿色发展，绿色发展则是把生态利益放在优先的战略地位，以绿色健康的发展方式合理地利用自然，人在绿色发展的引领下自由发展，人变为自觉呵护自然权利的生态人而非肆意攫取自然的经济人。人寓于自然界中，自然界寓于人中，人与自然的本质重获统一，和谐共生。

再次，生态文明兼顾的是人与自然发展的整体利益。人与自然原本就是一个彼此依赖、相互共生的生命共同体，但人类在发展过程中由于受到物性的利诱走上了一条与自然相悖的不归之路，人与自然的共生关系被人为地撕裂了。在生态共同体中，人与自然是一个密不可分的有机整体，人与自然具有对等的权利和发展机遇，尊重各自的内在价值，必然要求人在生产实践中考虑人与自然的共同发展，维护他们共同的长远利益。这就意味着在建设生态文明的过程中应兼顾人的自由全面发展和自然的持续稳定，修复已经断裂的人地关系，使人与自然重新融入互利互惠的有机体中，进而促进人与自然的整体发展。这既是生态文明有别于工业文明的关键所在，又是生态文明挽救绿色家园的根本路径，彰显了生态文明谋取人与自然共同福祉的核心旨趣。

生态文明虽以生态冠名，但其内容却囊括了生态系统的整个领域，是契合自然系统和人文系统的复合体，蕴藏着丰富的价值潜质。生态文明之所以能够表征人类文明前行的正确方向，恰恰在于其将自然的生态意义放在了社会发展的首要地位，人与自然是和谐统一的整体，从根本上遏制了人类肆意蹂躏自然的狂妄。于是，维持生态系统的完整性就成为人类建设生态文明首要的职责所在，这也就意味着生态文明首先具有生态性价值。生态性价值旨在通过人类的生产活动保护生态系统的完整性，使各个生命体都按照生态系统固有的规定性遵守生态系统的规约，维系生态循环链条的稳定持续，进而促进生态平衡。生态危机就是生态失衡必然招致的恶果，是人类的不义之举毁坏了生态系统的自我调节功能引起生态紊乱的自然反应。修复生态功能就是要限制人类的行为，尊重和善待自然，还自然以自由，唯其如是才能确保自然为人类提供稳定持续的环境和资源，保护人类文明延续的根脉。

人是建设生态文明的主体力量，人生存的最终归宿是实现人的全面发展，经济发展则是人类全面发展的基础和前提，实现经济发展的持续稳定就是要源源不断地向大自然摄取物质资源，因而生态文明就有了经济价值。生态文明的经济价值是生态系统现有资源蕴藏的可供开发利用的价值。由于资源的稀缺性和不可再生性，再加上人类的肆意盘剥，资源枯竭已经成为摆在人类面前的最大困境，故而以审慎的态度和谨慎的行为对待现有的生态资源就成为人类文明延续至关重要的问题。生态系统的经济价值潜能在理论上讲是无限的，是支撑人类文明延续的宝贵资源，但由于人类的不义之举业已耗费了大自然的诸多资源，因此现有资源经济价值的大小完全取决于人类的经济行为是否符合自然规律，是否以人与自然的长远利益来保护和利用自然。因此，我们说生态文明蕴含丰富的经济价值，但并不表示人类可以继续采取竭泽而渔的资源利用方式，以绿色发展取代黑色发展、维护生态正义才是人类生命延续的明智之举。

最后，生态文明还有精神价值。人不仅有物质需求，还有精神需求，物质需求是通过生产实践而实现的，而精神需求是通过人的思维将外界的物象内化于人的内心世界，使人的精神世界得以饱满、心灵得以充实，也就是人有审美的心理需求。这种美的吁求就在于对大自然感情化的表达，所谓触景生情，即是对自然物象与人的心灵产生共鸣，引起人感情的外露，表达的就是这一种境界。人是自然界的产物，毫无疑问，人的审美对象是大自然。大自然为人类提供了各种各样的物质形态，这些形态千姿百态、妙趣横生，为人类提供了美的元素和美的意境，所谓自然的就是最美的。人类审美所要渴求的恰恰是没有人类涉足的原生态的美，而这种美在现实中已难以寻迹。生态文明试图重塑人与自然的共生关系，还自然以自由，就是尽可能还自然以本真，展现自然之美。更为重要的是，对人类而言最美的就是人与自然互不相胜、美美与共的和谐之美，是"天人合一"和"物我为一"的整体之美，标示人与自然和谐共生的至高境界。这正好是人类积极建设生态文明所要追求的价值诉求。因此，建设生态文明有益于充实人类的精神世界，满足人类的审美需要，而人类将自然界的美内化为人类的自觉意识，以美的标准和美的意境来雕琢大自然，实现人与自然的和谐之美。

第 三 章

河西走廊生态治理的现实境域

河西走廊因地处甘肃黄河以西形似走廊而得名。该区域深居中国西北干旱区，干燥少雨成为该区域典型的气候特点。干燥的气候使得本区域的整体生态资源禀赋并不占优势，加之日照强烈、蒸发量大，水资源极度贫乏成为河西走廊面临的主要生态问题。幸运的是，发端于祁连山南麓的三大内陆河依靠山区降水和冰川融水补给，在内陆河中下游地区孕育了大小各异的绿洲。千百年来，河西走廊之所以享有盛誉，成为中西文明交流荟萃的典范，全赖这些绿洲的滋养，故而河西走廊又叫绿洲走廊。特殊的地理位置赋予了河西走廊要承担特殊的使命。因它处在衔接内陆与中亚、西亚乃至欧洲的咽喉地带，它是古代丝绸之路的重要通道，中原文化、西域文化、欧洲文化曾经通过这里交融生辉，在中外文明交流史上留下了浓墨重彩的一笔。如今国家提出实施"一带一路"的倡议，使河西走廊连接东方文明与西方文明互动共荣的纽带作用再次凸显出来。但河西走廊的人地关系在两汉、隋唐、明清时期三次大规模的开发利用中逐步由相对稳定期演化为激烈的冲突与对抗，而当下河西走廊面临植被破坏严重、水资源日渐短缺、沙漠化进程加快等严重的生态问题，确证人地关系已经难以弥合，严重制约河西走廊社会经济的可持续发展，与国家的"一带一路"倡议要求不相称。而且，河西走廊在生态治理实践中存在诸如发展理念滞后、综合治理机制不健全、政府主导生态治理失效等现实问题，吁求规避生态治理的种种陋习，以崭新的视角开辟生态治理的新路径。

一　河西走廊的地理环境及区位

河西走廊地处甘肃省西北部，总面积约 40 万平方千米，东面与著名的黄土高原毗邻，北与蒙古高原接壤，南面又与青藏高原相邻，是北西—南东走向的狭长地带，因形似走廊而得名。河西走廊远离海洋，深居西北腹地，是典型的干旱气候，干燥少雨，蒸发量大。然而，走廊南段的祁连山广布高寒植被，靠冰川、地下水以及山区降水的补给孕育了石羊河、黑河、疏勒河三大内陆河，而在内陆河的中下游镶嵌着大小不同的绿洲。正是这些绿洲滋养了河西走廊的万物生灵，使人类在绿洲之上繁衍生息，故而河西走廊又称绿洲走廊。河西走廊特殊的地理位置决定了其特殊的功能和肩负的使命。历史上汉民族与少数民族在这里以各种方式交流融合。当纳入中原王朝的统治秩序之后，它又得到足够的重视，成为经略西北的战略支撑点，有着极其重要的地缘政治战略地位。河西走廊亦是一条文化走廊，它是连接内陆与西域乃至西亚、欧洲的主要通道，是古丝绸之路重要的路线之一。在历史时期，中原文化与西域文化在这里交流荟萃，形成了河西走廊特有的文化风格，文明交流的成果至今在世界上享有盛誉，成为丝绸之路上的亮丽风景。而今国家提出实施"一带一路"的倡议，就是要复兴古丝绸之路的繁荣景象，使各个民族或国家互通交流、合作共赢，共享人类文明的成果。对于河西走廊来讲，这是一次难得的发展机遇。河西走廊完全可以以此为契机探究适合自身发展的特色之路，再现河西走廊的繁荣盛况，为"一带一路"的顺利推进做出应有贡献。

（一）河西走廊的自然地理概况

河西走廊东部与著名的黄土高原相邻，南部与青藏高原毗邻，北部与蒙古高原接壤，西邻塔里木盆地。特殊的地理位置决定了河西走廊在地缘政治学上有极其重要的地位。统治者利用它既可以割断蒙古高原与青藏高原少数民族之间的关系，防止少数民族之间联合构成对中原王朝的致命威胁，又可以以此为据点控制天山南北的广袤区域，是中原王朝控制西域重要的战略支撑点。明末清初的舆地学家顾祖禹在《读史方舆纪要》中就曾指出河西走廊的战略地位："昔人言，欲保秦陇，必固河西，欲固河西，必斥西域。"正是基于此，河西走廊很早就被赋予了独具特色的历史地位，肩负经略西域的重要使命，成为历代王朝维持西北统治稳定重点关注的区域。河西走廊在国外地理文献中又被称作甘肃走廊，其具体位置西起若羌、阿克塞、敦煌间的甘新交界，东至古浪峡口，东西长约 1000 千米，南北宽 30—120 千米，包括阿拉善高原中西部地区总面积约为 40 万平方千米。

在地质构造上，河西走廊隶属于祁连褶皱系北祁连褶皱带中的一个过渡地带，即北祁连优地槽褶皱带与中朝准地台之阿拉善台隆间的一个陆棚型冒地槽褶皱带。① 河西走廊由三个地质构造单元组成，分别是南部祁连山和阿尔金山断块、中部河西走廊凹陷、北部北山断带，三种地质特征决定了河西走廊的土地资源被划分为三种地貌类型：（1）走廊南部的祁连山地和阿尔金山山地，是由古生代褶皱、中新生代断裂隆起的高山和谷底组成，大部分海拔超过 3000 米。（2）中部为走廊的平原，东西各与河西走廊的东西界点相吻合，即东至古浪峡口，西至甘新交界，海拔为 1000—2200 米。从南北两侧山地冲刷而下的砂砾遍及整个走廊，在重力的作用下，冲积、洪积物呈明显的带状分布，自南向北依次为南山北面的坡积带、洪积扇带、洪积冲积带、冲积带和北山南面的坡积带。在新构造运动时，将走廊内的平原分隔为安西—敦煌盆地、酒泉—张掖盆地和武威—民勤盆地这三个独立的盆地，分别由三大内陆河孕育生发。安西—敦煌盆地南北宽 100—200 千米，是河西走廊较为宽广和辽阔的区域，海拔 900—2500 米，地势自南向北，由东向西倾斜。酒泉—张掖盆地位于走廊中段，主体海拔 1500—1800 米，地势主要向西北倾斜。武威—民勤盆地主体海拔 1500—2000 米，地势自西、南、东向中心倾斜，最后向北缓降到阿拉善高原南部。（3）北部为北山山地和阿拉善高原，分布着长期遭受风蚀的低山和残丘，自东向西有绵延数千里的龙首山、合黎山和马鬃山。从以上地貌类型划分可以看出河西走廊的土地面积辽阔，单从理论上讲是非常适合发展农耕的，但遗憾的是，在如此广袤的土地上，戈壁、沙漠、山地占据了走廊的大部分面积，适宜农耕发展的土地

---

① 　申元村、汪久文、伍光和等：《中国绿洲》，河南大学出版社 2001 年版，第 334 页。

仅限于走廊中部的绿洲平原，加之河西走廊水资源匮乏，限制了河西农业的规模发展。据统计，河西走廊宜农土地仅为13360平方千米，占土地总面积的5%，其中人工绿洲面积11125平方千米，仅占土地总面积的4.12%。①

河西走廊深居西北内陆地区，远离海洋，在气候上属于温带、暖温带大陆性气候，具有干燥少雨、昼夜温差大、光照充足等气候特征，南部祁连山区则属于青藏高原高寒气候。河西走廊光照时间长，热量保持较好，年日照时数可达2600—3250小时，日照年太阳总辐射量可达5700—6400兆焦耳/平方米，这不仅在甘肃省内为最高值，就是在全国也是高值区之一。河西走廊夏季主要受东南暖湿气流影响，西南气流可以把印度洋和孟加拉湾的水汽带入本区，增加了本区的湿度。但由于干燥的气候，它很难成云致雨，只有走廊南部的山区降水量相对比较多，个别地方可以达到300毫米以上，其他广大地区降水量基本上是在200毫米以下，并且越往西降水量呈递降趋势。降水严重不足而蒸发量极强，使河西走廊成为名副其实的干旱区。冬季易受西伯利亚寒潮影响寒冷而漫长，最冷时气温在 -10℃— -20℃之间。河西走廊年平均气温6.6℃—9.5℃，无霜期为140—170天，超过10℃的积温约在2500℃—3500℃，除满足作物一年的热量需求外尚有剩余。河西走廊气候的另一个明显特征就是多风，而且是多大风，在敦煌、酒泉、张掖、武威的风速比较低，一般都在2.0—2.4米/秒，而在西段的玉门镇和安西年平均风速分别为4.2米/秒和3.7米/秒，成为河西地区风速最大的两个地区。每年4、5月是大风肆虐的时候，也是河西走廊沙尘暴较为严重的时候。

河西走廊气候干燥，降雨稀少，所以在整个走廊内无法形成河流。走廊内的大部分河流发源于祁连山地，靠祁连山的山区降水、冰雪融水和地下水作为补给来源。河西走廊内的石羊河、黑河和疏勒河三大内陆河形成独立的水系，把河西走廊分成武威—民勤盆地、酒泉—张掖盆地和安西—敦煌盆地。各个水系孕育了独立发展的绿洲灌溉区。千百年来，河西走廊之所以繁荣发展、绵延不息，三大内陆河厥功至伟。石羊河是由发源于祁连山的大小河流汇聚而成，它的支流包括西大河、东大河、

①　李并成：《河西走廊历史时期沙漠化研究》，科学出版社2003年版，第8页。

黄羊河、古浪河等，河流从祁连山发出，最终流向阿拉善高原南部的民勤盆地。石羊河流域的整个地表水资源为 15.61 亿立方米，主要来自走廊南部的祁连山，产流面积 1.11 万平方千米，较大支流的多年平均天然径流量为 14.55 亿立方米，浅水区水量为 0.58 亿立方米，地下水天然补给量为 0.998 亿立方米，水资源总量为 16.61 亿立方米。[①] 黑河由祁连山发出后由青海祁连县境内接纳八宝河后流入甘肃，再注入河西走廊折向西北进入金塔，在内蒙古额济纳旗注入居延海，全长约 956 千米。黑河水系沿途有讨赖河、洪水河、海潮坝河、丰乐河等作为支流，干流出口径流量为 15.1 亿立方米，最大的支流是讨赖河，年径流量为 6.41 亿立方米，整个水系年径流量为 36.7 亿立方米。黑河流域多年平均水资源总量为 42.08 亿立方米，其中地表水资源量为 37.39 亿立方米，地下水资源量为 33.36 亿立方米，不重复计算的水量仅为 4.69 亿立方米。[②] 疏勒河水系的支流由党河、西水沟、白杨河等组成，干流出山口的径流量为 10 亿立方米，支流的年径流量为 6 亿立方米。

三大内陆河是河西走廊的功臣河。在内陆河的滋养下，人们发展绿洲农业，使河西走廊成为西北地区有名的商品粮基地，赢得了"金张掖""银武威"的美誉。但美中不足的是，在干燥少雨的走廊内发展绿洲农业本身对水资源的要求就比较高，农业的持续增长必然会带来诸多的水资源消耗，由此带来三大内陆河水流量逐年减少。再加上人类对绿洲生态系统的破坏，河西走廊出现了严重的水荒。为此，对河西走廊来讲，既要保证社会经济持续发展的用水需求，又要保障广大居民的生活用水之需，切实采取合理的水资源调配措施，才是河西走廊水资源可持续利用的明智之举。

河西走廊属于温带、暖温带大陆性气候，与这种气候特点相适应的荒漠植被广布于此。主要的植被类型有温带荒漠草原、温带和暖温带荒漠。温带荒漠草原位于走廊东段，主要的植被包括戈壁针茅荒漠草原、

①　石玉林主编：《西北地区土地荒漠化与水土资源利用研究》，科学出版社 2004 年版，第 160 页。

②　杨国宪、侯传河、韩献红：《黑河额济纳绿洲生态与水》，黄河水利出版社 2006 年版，第 20 页。

沙生针茅荒漠草原以及短花针茅草原；荒漠分布在走廊的中西段，主要的植被类型有梭梭、裸果木、蒙古沙拐枣、含头草、红沙、齿叶白刺等，在高海拔地区分布有草原植被，如大黄山东南坡的针茅、冰草草原。走廊内的森林分布比较少，主要有两大类：一是黑河、石羊河下游沿岸的胡杨和沙枣林；二是位于大黄山阴坡的小片青海云杉林。河西走廊主要的土壤类型有灰漠土、灰棕漠土和棕漠土。灰漠土分布于古浪河冲积扇中部、花草滩和民乐洪水河冲积扇下部，灰棕漠土分布于酒泉—张掖盆地的洪积平原中上部、疏勒河大坝冲积扇，棕漠土分布于干燥剥蚀残山及其以南的砂砾洪积倾斜平原、敦煌以西祁连山和阿尔金山的山前平原。

以上对河西走廊自然地理概况进行了简要的梳理。从中不难看出，河西走廊具有良好的土地开发和发展农牧业的潜在优势，这些优越条件是助推河西走廊社会经济发展的环境基础。但不可否认的是，河西走廊深居内陆腹地，属于典型的温带大陆性气候，干燥少雨的气候特点决定了戈壁、荒漠占了广袤土地的大部分，适宜农耕的土地少之又少。发端于祁连山南麓的三大内陆河滋养了河西走廊的绿洲，数千年来人类在这片绿洲上繁衍生息，创建了独具魅力的河西文化。可是水土资源的承载力毕竟是有限的，难以支撑日益激增的人口规模对生态或水资源的需求，其结果只能是生态系统超负荷运转，最终破坏了生态系统的平衡与稳定。时至今日，由于历史时期人类不合理的行为方式产生的生态问题依然在持续，而人们对河西走廊水土资源的渴求有增无减，这无形中进一步强化了人类对脆弱生态系统的作用方式，必将引起更为恶劣的生态环境问题，严重制约河西走廊社会经济的可持续发展。河西走廊生态治理任重而道远。

（二）古代丝绸之路的重要通道

河西走廊南与青藏高原相邻，北与蒙古高原接壤，东连关陇盆地，与黄土高原毗邻，西与塔里木盆地交界，如此优越的地理位置使得河西走廊拥有得天独厚的地缘政治学意义。在冷兵器时代，占据有利的地形不仅对扭转战局起着关键性作用，而且有利于国家对地方的有效管控，维护国家安全和统治稳定。

西汉初年，汉朝政府最初在与匈奴的角逐中之所以连续溃败，一个至关重要的战略因素便是西汉政府无法在西北地区占据有利的战略据点，无法了解匈奴、月氏等少数民族的生活规律和游牧习惯，而匈奴则可以驰骋于西北大漠，联合北、西、南三面的少数民族很容易对中原王庭形成攻击之势，屡战屡胜。在汲取持续挫败的教训之后，汉朝政府决定联合西域诸国的少数民族共同抗击匈奴，所以汉武帝派张骞出使西域，试图探寻通往西域的路径，在匈奴庞大的统治地域上找到突破口。张骞不负众望，几经波折了解到了西域诸国的风土人情。尽管他没有完成联合西域诸国共同夹击匈奴的战略任务，但此后汉武帝正是凭借张骞对西域的探索之路彻底征服了匈奴，解除了匈奴对西北边疆的威胁。自汉武帝设立河西四郡之后，河西走廊正式纳入中原王朝的统治范围。鉴于河西走廊的重要地位，历代政府都异常重视河西走廊的开发利用，通过实施移民屯垦、修筑城墙、戍边等措施巩固河西走廊的地缘政治地位，以便经略西北，维护边疆稳定。

特殊的地理位置除了赋予河西走廊重要的地缘政治地位以外，更使它闻名于世的是，河西走廊承担着连接中原文化与西域文化交流互通的重要使命。特别是张骞通西域之后，河西走廊在沟通中原王朝与西域诸国经济文化往来中的交通地位明显地显现出来，成为丝绸之路上的重要通道。丝绸之路开通之后，河西走廊在衔接华夏文明与西域文明、两河文明中的交通枢纽作用表现得更为重要，不仅成为各种文化交流荟萃的地方，而且通过不同民族和国家的交往互通促进了各民族之间的融合，起到了稳固边疆、维护国家统一的重要作用。特殊的地理位置决定了河西走廊担负特殊的使命，地缘政治地位和丝绸之路桥梁的作用是密切联系在一起的。国家通过实施地缘政治战略保障了丝绸之路的畅通无阻，而丝绸之路的繁荣又进一步巩固了地缘政治地位，二者是相得益彰的共存关系。正由于此，河西走廊才创建了辉煌灿烂的文化，成为遐迩闻名的文化走廊。

在汉代张骞出使西域之前，中原与西域诸国由于受到匈奴的阻隔几乎处于封闭状态，相互之间鲜有来往，更不用说洞悉西域之外的境况了。出于抗击匈奴战略上的考虑，汉武帝派张骞出使西域开创了"张骞凿空"的壮举。张骞出使西域厥功至伟，不仅帮助汉朝彻底征服了匈奴，稳固了国家安全，更为重要的是了解了西域各国的风土人情和生活习性，了解了西域诸国有与汉王朝互通交往的强烈愿望。汉武帝在挫败匈奴之后设立了河西四郡，在政治上和军事上保障了中原王朝与西域诸国的经济文化交流，从而开辟了贯通中西的丝绸之路。汉代主要的是陆上丝绸之路，从汉朝统治中心长安出发，翻越陇山、渡黄河到达河西走廊，经河西走廊进入西域，通过西域最远到达欧洲。每一段历程又含有若干干线，保障丝绸之路畅行无阻。河西走廊因其特殊的地理位置，是较为重要的干线之一。借助河西走廊的枢纽作用，丝绸之路便利了华夏文明与两河文明、欧洲文明之间的交流融通，西域诸国的葡萄、苜蓿、胡豆、郁金香、汗血宝马、琉璃等诸多物品通过河西走廊传入内地，而中原的丝绸、茶叶、瓷器、冶炼技术等又通过河西走廊向外输出至西域诸国，中原与西域之间的经济贸易往来日渐密切，进一步繁荣了中原地区的社会经济，扩大了汉文化圈的影响力。在各大文明交融汇聚的过程中，各种文化也在河西走廊耀眼生辉，使河西地区的文化呈现一派繁荣景象。如两汉时期的佛教及佛教艺术经河西走廊传入内地，诸多僧众随之进入河西地区进行传教授徒，影响比较大，敦煌和凉州就是著名的佛教传播中心。文化的交流汇聚使原本生活于西域的月氏、匈奴、羌等少数民族逐渐被中原汉文化吸引，逐步迁徙到河西地区，不仅学习汉文化，而且实践汉文化，过上了定居的农耕生活。汉文化的辐射力和感召力不断增强，从而促进了各个民族之间的交流融合，既维护了国家的统一与安定，又便利了中华民族多元一体格局的形成。

两汉以后，中原地区出现了所谓"五胡乱华"的混战局面，某种程度上影响了丝绸之路的繁荣。但庆幸的是，当中原战乱纷飞的时候，河西地区却是一片乐土，中原地区的文人墨客纷纷到河西地区躲避战乱。他们与西域来的艺人进行文化交流，遂使河西走廊的文化氛围更为浓厚。如驰名中外的莫高窟、榆林窟、马蹄寺等佛教石窟就是在这个时候开凿的，它们成为丝绸之路古道上一道亮丽的风景，也使河西走廊更加光彩夺目，至今令人惊叹不已。隋唐时期是陆上丝绸之路的鼎盛时期，也是河西走廊作为丝绸之路重要桥梁的繁盛时期。与两汉相比，唐代的丝绸之路深入的地域更广，规模和影响更大，西域的客商沿着丝绸之路经河西走廊进入唐朝的大都会长安，与这里的商贾进行贸易交往。中原的丝绸和茶叶等物品是欧洲社会较受欢迎的物品，通过西域客商从长安源源不断地输向欧洲。伴随经贸规模的扩大，许多艺人和政府官员也随之来到长安，有的定居于长安学习中原的文化和技术。同时，欧洲的香料、药材、音乐、舞蹈等不断传入中原地区，不仅得到政府官员的推崇，而且也是丰富普通百姓生活的娱乐形式。河西地区的文化景象也在丝绸之路的繁荣中亮丽多彩，如史称敦煌地区为"华戎所交一都会也"，武威为"河西都会，襟带西蕃、葱右诸国，商旅往来，无有停绝"，张掖则成为"西域诸国，悉至"的交市之地。

从这些史料的记载中可见当时河西走廊的繁荣盛景。著名学者季羡林先生说，"世界上历史悠久、地域广阔、自成体系、影响深远的文化体系只有四个：中国、印度、希腊、伊斯兰，再没有第五个；而这个文化体系汇流的地方只有一个，就是中国的敦煌和新疆，再没有第二个"。季先生所提及的敦煌并非单指敦煌地区，而是兼及整个河西地区，因为在丝绸之路的助推下，河西走廊在唐代走向了一个异常繁荣的局面，赢得了"天下富庶者，无若陇右"的赞誉。正是在社会经济繁荣的条件下才产生出闻名于世的文化，也只有绚丽多姿的文化才能与这样的美誉相称。河西走廊在汉唐丝绸之路古道上发挥着传递文明硕果的重要枢纽作用。凭借河西走廊的纽带作用，华夏文明与其他文明交融汇聚，耀眼生辉，不仅将中国的四大文明等文明成果远播海外，对推动世界文明做出了应有贡献，而且在文明交汇的过程中创建了象征丝绸之路辉煌的文明遗迹，至今依然成为蜚声中外的宝贵财富。

两宋时期，陆上丝绸之路的盛况大不如以前，主要体现在中西方的经贸来往和文化交往无论是规模还是地域都呈衰退之势，时断时续，有的路段也因战乱被废，还有的由于环境的变化而改道，昔日熙熙攘攘、弄文舞墨的文人墨客很少在这条古道上驻足，曾经盛极一时的陆上丝绸之路逐渐萧条。宋以后的陆上丝绸之路之所以日益萎缩，其原因在于两宋之际中国经济重心已经南移，政府的财政收入很大程度上依赖于江南地区的赋税供给，而盘踞北方的少数民族迅速崛起纷纷建立政权，对中原政权构成威胁。加之西北地区生态环境恶化，难以支撑逐渐庞大的人口规模，中原王朝的都城逐渐东移南迁，陆上丝绸之路随之衰退。另外一个原因是，海上丝绸之路日益取代了陆上丝绸之路成为政府支持的主要对象，陆地丝绸之路自然无法与海上丝绸之路相提并论。陆地丝绸之路的衰退直接影响到河西走廊社会经济的发展，河西走廊在沟通丝绸之路中西文化交流的纽带作用日益式微。北宋与西夏、金、蒙古呈对峙局面，经久不息的战乱严重阻滞了陆上丝绸之路的畅通，欧洲各国的商贾无法通过正常途径进入中原交易，只能改道通过海上丝绸之路与中国贸易。降至元明清时期，陆上丝绸之路濒于断绝，河西走廊在陆上丝绸之路上的交通枢纽作用微乎其微，自此以后再未出现诸如隋唐时期的繁荣盛况。

2013 年 9 月和 10 月，中国国家主席习近平在访问中亚和东南亚国家期间，先后提出了共建"丝绸之路经济带"和"21 世纪海上丝绸之路"的重大倡议，后来被简称为共建"一带一路"倡议。"丝绸之路经济带"是在西汉张骞所开创的丝绸之路的基础上再现昔日丝绸之路的生机与辉煌，而且就"丝绸之路经济带"所涉及的内容和涵盖的领域来看，可以毫不夸张地说，"丝绸之路经济带"是在新形势下对昔日丝绸之路的升级或综合，必将为中国经济的持续繁荣提供新的增长点。国家实施"丝绸之路经济带"，意在再现昔日丝绸之路的辉煌。河西走廊作为古丝绸之路上的重要交通枢纽，自然是国家实施"丝绸之路经济带"重点发展区域之一。这对河西走廊来说既充满了千载难逢的机遇，又充满了严峻而复杂的挑战。

就河西走廊发展的机遇来讲，"丝绸之路经济带"实际上是国家振兴西部社会经济、推进西部边疆稳定和民族团结的重要举措。改革开放之后，国家实施先富带动后富的发展战略。经过几十年的努力，东部沿海地区的社会经济面貌发生了急剧的变化，但也造成东西部之间差距过大的困境，为此 20 世纪 90 年代国家实施了西部大开发战略，初步改变了西部落后的面貌。但是由于西部基础设施薄弱，环境恶劣，缺乏相应的配套措施，东西部之间的差距依然比较大。如今实施"丝绸之路经济带"，就是要盘活西部经济，利用东部地区的产能优势和技术优势通过"丝绸之路经济带"实现中西方社会经济文化等方面的交流，从横向上扩大对外开放水平，使西部地区在对外交往中充分利用国内外资源和发展经验振兴社会经济。河西走廊可以以国家实施"丝绸之路经济带"为良好契机，充分利用走廊内的资源优势，在国家政策的鼎力支持下加快可持续发展，再现昔日的辉煌盛景。

　　在迎来发展机遇的同时，河西走廊的发展也存在较大的挑战，较大的问题是河西走廊的社会经济发展水平与"丝绸之路经济带"建设的要求不相称。建设"丝绸之路经济带"，需要良好的经济基础和基础设施作为依托，更需要与之配套的社会文化系统。但很显然，河西走廊的现状与"丝绸之路经济带"的要求还存在较大落差。更为严峻的是，由于人类不合理的资源利用方式，河西走廊的生态环境急剧恶化，严重制约了河西走廊社会、经济的可持续繁荣。这是河西走廊在贯彻落实"丝绸之路经济带"要求时不得不面对的严峻挑战。因此，河西走廊在国家建设"丝绸之路经济带"的背景下，应充分利用国家提出的相关政策措施来推动本区域社会、经济的全面发展，将生态治理和生态保护作为经济发展的优先考虑因素，促进实现生态治理现代化，改善河西走廊的生态环境，实现社会、经济的可持续发展，为"丝绸之路经济带"建设创造良好的生态环境基础和社会经济基础，再造现代化的新河西，再现河西走廊在丝绸之路东西文明交流汇聚中的桥梁或纽带作用。

（三）滋育生灵的绿洲走廊

　　在河西走廊三大内陆河的中下游分布有大小各异的绿洲，这些绿洲约占中国绿洲总面积的13%，它是继新疆之后绿洲分布面积较多的地区。千百年来，人们就是在这片绿洲上繁荣永续，创建了河西走廊特有的文化系统，成为享誉世界的文明走廊。因此，河西走廊又称绿洲走廊。

　　绿洲通常被人叫作沃洲、沃野、绿岛、泽园等名称，英文的绿洲是"Oasis"，源于希腊文，原意是指非洲利比亚沙漠中居民居住的特别肥沃富裕的地方。《辞海》将绿洲定义为"荒漠中水草丰美，树木滋生，宜于人居住的地方"，并强调绿洲一般分布在河流两岸、泉井附近或冰川融水灌注的低洼地域。《在地理学词典》中，绿洲是指"荒漠中水源丰富可供灌溉，土壤肥沃的地方"。可见绿洲是荒漠中一种特殊的地理景观，水是绿洲形成的主要条件，也是绿洲存在生命力之所在。绿洲应涵盖以下几个重要的特征：（1）绿洲只存在于荒漠之中或被荒漠所包围；（2）有稳定的水源供给；（3）一般具有除水资源外其他资源适应的组合；（4）绿洲有独特的生态系统。① 综合以上绿洲的特征可以将绿洲理解为："绿洲是干旱地区具有稳定水源对土地的滋润或灌溉，适于植物（或作物）良好生长，单位面积生物产量高，土壤肥力具有增强的趋势，适于人类从事各种生产及社会活动的明显区别于周围荒漠环境的独特地域。"② 在中国干旱地区分布的绿洲中，新疆绿洲面积达5.87万平方公里，约占中国绿洲总面积的68%，成为绿洲分布较为广阔的区域。其次是河西走廊，绿洲面积为1.0万平方公里，约占中国绿洲总面积的13%；再次是青海的柴达木盆地；其余的绿洲分布在内蒙古西部和宁夏地区，所占比重比较小。③ 河西走廊的绿洲主要分布在三大内陆河的洪积扇面或冲积平原上。根据三大内陆河的分布特点和水源补给特点，分布有武威—民勤绿洲、酒泉—张掖绿洲和安西—敦煌绿洲；依据绿洲发育的地貌类型，河西走廊的绿洲可以分为洪积扇面绿洲、扇缘绿洲、冲积平原绿洲和盆地—湖积平原绿洲四种类型。④

河西走廊的绿洲开发具有悠久的历史，在新石器时代的马家窑、沙井子、齐家等不同时期的文化遗址中就可以发现人们的活动依靠天然绿洲而展开，通过天然绿洲提供的动植物等自然资源，从事采集、狩猎和捕鱼的原始生活，后来随着社会生产力的发展才逐步过渡到游牧与农耕生活。在西汉之前，先后有月氏、乌孙、羌、匈奴等少数民族在这里逐水草而居，从事游牧生活。他们生活的区域是天然绿洲，主要依靠南麓祁连山的冰雪融水和山区降水补给水源。由于过着恬适的游牧生活，天然绿洲没有受到过多的人工干预，分布的面积还很大。但在西汉张骞凿空之后，汉朝政府鉴于河西走廊在维护西部边疆稳定中的重要作用，设立了河西四郡，并从中原内陆地区大量移民随军屯垦。在政府开荒屯垦政策的推动下，河西走廊的人工绿洲得到大面积开垦利用，少数民族在与汉民族的交往过程中逐渐从事农耕生产。在人为因素的干扰下，天然绿洲面积日渐萎缩。

① 黄盛璋主编：《绿洲研究》，科学出版社2003年版，第14页。
② 申元村、汪久文、伍光和等：《中国绿洲》，河南大学出版社2001年版，第46页。
③ 黄盛璋主编：《绿洲研究》，科学出版社2003年版，第17页。
④ 申元村、汪久文、伍光和等：《中国绿洲》，河南大学出版社2001年版，第342页。

唐代河西走廊的人工绿洲再度得到开发利用，尤其是唐代前期极为重视与西域诸国进行贸易来往的丝绸之路，而河西走廊又处在丝绸之路的孔道上，自然备受政府重视。政府鼓励垦荒，发展绿洲农业。正是在政府的有力支持下，河西走廊的农业产量得到迅速提高。如甘州刺史李汉通开垦农田之后成效显著，史载："数年丰稔，乃至一匹绢粟数十斛，积军粮支数十年。"可见唐政府对河西走廊绿洲农业的开发取得了明显的成效，对丝绸之路的繁荣做出了重要贡献，难怪会获得"天下富庶者无若陇右"的美誉。明清时期，河西走廊绿洲农业开发的强度更盛。明朝初年国力较弱，暂时无力应对前朝残余势力，加之西部边界内缩，故而对西北的经略比较淡漠。而且，随着西北环境逐渐恶化以及中国经济重心已转移至东南地区，明朝政府将主要精力放在经营海上丝绸之路上，西北河西走廊的绿洲农业开发自然就被冷却了。

清朝统一全国之后，一改明朝政府对西北经营的冷漠态度，实行减赋开荒的土地政策，加之人口的激增对粮食的需求量增加，只有通过不断垦荒才能满足人口增长的需要。正是在这种背景下，河西走廊的人工绿洲面积急剧扩大。但由于中上游水源减少，下游绿洲得不到水源供给，人们又盲目地引水溉田，许多绿洲丧失农耕的条件而被废弃，在风蚀的作用下逐渐沙漠化，迫使移民远赴新疆屯垦。清朝以后，迫于人口不断增加的压力，人们又在原有绿洲边缘开发新的绿洲。开垦绿洲一直在各地区以不同的规模延续着，直到现在，河西走廊的现代绿洲农业也是建立在对新绿洲开发利用的基础之上。因此，无论从历史的维度梳理绿洲发展的脉络还是从当下的境况考虑，我们可以毫不夸张地说河西走廊就是滋养生灵的绿洲走廊。

河西走廊的绿洲在古丝绸之路上发挥了重要的作用。丝绸之路是沟通中西方文明互动交融的重要纽带。在丝绸之路古道上，人类留下了绚丽多姿的文化印记和闻名于世的文明遗迹，但这一切形成的基础便是绿洲。可以说，没有河西走廊以及天山南北的大小绿洲滋养就没有丝绸之路文明，故而又将丝绸之路称作绿洲之路。

河西走廊的绿洲对丝绸之路的贡献主要体现在：其一，奠定了丝绸之路辉煌繁荣的物质基础。自汉代以来开通的丝绸之路至今依然散发着耀眼的光芒，特别是在中国提出实施"一带一路"倡议之后，丝绸之路在促进东西方文明交流中将发挥越来越重要的纽带作用，再现昔日丝绸之路的繁华盛景。丝绸之路之所以绵延不息的一个重要原因，是有丰厚的物质基础作为坚实后盾。对于西北干旱区来说，只有绿洲方能提供如此持续、如此规模的物质需求。而且，无论是从绿洲开发的历史经验，还是从现实的绿洲贡献中，都可以确证绿洲是丝绸之路走向繁荣的基础。河西走廊更是如此，汉、唐是河西走廊绿洲农业开发的重要时期，也是丝绸之路由开辟走向繁荣的重要阶段。特别是唐代对河西地区绿洲的开发推动了河西社会经济的繁荣，一跃成为当时全国少有的富庶地区，成为丝绸之路沿线重要的物资供应站，为唐代丝绸之路繁荣做出了卓越贡献。明清时期，河西走廊的绿洲开发也是空前的，但由于人口的膨胀和绿洲生态环境恶化，它无力支撑农业发展，河西走廊的社会、经济远不如唐代。伴随政府政策转移，河西走廊在丝绸之路上失去了昔日的光彩。河西走廊连同新疆的绿洲是丝绸之路繁荣昌盛的物质保障，如今我们提出"一带一路"倡议，再现昔日丝绸之路的辉煌就需要在开发这些绿洲的同时保护绿洲，如此才能为新时期丝绸之路的延续繁荣提供不竭动力。

其二，促进了多民族之间的融合，维护了国家边疆总体安全。在丝绸之路开通之前就有月氏、乌孙、匈奴等少数民族先后在河西走廊南麓的天然绿洲上过着逐水草而居的游牧生活。西汉派张骞出使西域后，中原与西域诸国的联系日渐密切。为加强与西域诸国的深入交流，汉代开通了丝绸之路，少数民族与汉族之间在这条丝路古道上进行了广泛的经济、文化交流，接受了中原汉民族先进的农耕方式，纷纷内迁至汉民族的聚居区，逐渐过上了定居的农耕生活，在长期的交流融合中促进了民族之间的融合。除河西走廊绿洲以外的在其他绿洲上生活的维吾尔族、哈萨克族、蒙古族、回族和藏族等少数民族都是在丝绸之路文化交融的过程中促进了民族融合。正是得益于绿洲的滋育，各个民族相互之间交往融合，凝聚成中华民族多元一体的格局，屹立于世界民族之林。另外，包括河西走廊在内的绿洲普遍分布在祖国西北边陲地域。历届政府不断颁布奖励垦荒的政策，鼓励人们不断发展绿洲农业，从而促进了边疆地区社会、经济的发展，使人们能够各安其所，有利于维护边疆地区的稳定秩序。更重要的是，推进绿洲农业发展促进了边疆各民族之间的交往互动，各民族在交流融合中加强了民族团结，有益于增强国家的边疆防御能力，维护国家整体安全。

其三，促进了东西方文化交流，留下了泽被后世的文化遗产。一部丝绸之路发展的历史就是东西方文化的交流史和经贸史，以河西走廊为纽带的丝绸之路促进了东西方文化的交流，为推动人类文明的发展做出了杰出的贡献，但这一切均是以绿洲为载体的。河西走廊以及天山南北的绿洲犹如镶嵌在戈壁沙漠中的明珠一样照亮了人们生活的方向，也照亮了丝绸之路东西文化交流的方向。没有这些绿洲作为依托，在一个气候干旱、风沙肆虐的广袤土地上，丝绸之路是无法维系的。正是受惠于绿洲，东西方文化交流才取得了丰硕的成果。在丝绸之路古道上，东西方文化的交流是全方位的，从西方传入中国的有音乐、佛教及佛教艺术、饰品、天文数学、药理知识等文化艺术，还有珍奇动植物、蔬菜、香料、苜蓿等物品，而中国的造纸、印刷、桑蚕养殖、丝绸制作、制陶技术等相继传播到西方。东西方之间广泛的经济文化交流在丝绸之路古道上留下了令世人称道的文明遗迹，驰名中外的敦煌莫高石窟、新疆克孜尔千佛洞等佛教洞窟都是当时佛教文化艺术交流的佐证。特别指出的是，唐代玄奘法师历经磨难沿着丝绸之路到达天竺取回了大量经卷，并在长安组织人员翻译佛经，其中包括著名的佛教盛典《大般若经》，在东西佛教交流史上都享有盛名。不仅是佛教，后来的伊斯兰教等其他宗教也是沿着丝绸之路上的绿洲传入中国的。这些文化交流的遗迹有的至今依然矗立在丝绸之路的古道上，见证了东西方文化交流的沧桑变化，同时也为今天复兴丝绸之路文明、再创东西方文化交流辉煌、推动人类文明繁荣永续提供文明传承的方向标。

在河西走廊的绿洲上镌刻着丝绸之路辉煌璀璨的丰碑，指示丝绸之路文明的美好未来。但不得不正视的是，曾经滋育生灵的绿洲由于人类干预和气候干燥的影响，今天却在日益萎缩。如石羊河下游的民勤绿洲在 20 世纪 80 年代的初期调查中绿洲周围的天然柴场总面积为 108.6 万亩，退化和沙化面积已达 71.6 万亩，占 65.9%。[①] 如今人口膨胀，人们又疯狂地超采地下水，民情、绿洲的境况可想而知。再如黑河中游地区的绿洲在 1987—1997 年，人工绿洲面积扩大 1822.23 平方千米，同期有

---

① 黄盛璋主编：《绿洲研究》，科学出版社 2003 年版，第 22 页。

1352.29 平方千米绿洲变为荒漠化土地，其中绿洲边缘荒漠化土地变为耕地的面积为 745.15 平方千米，但同时几乎等量的 765.87 平方千米耕地变为荒漠。[①] 黑河下游的额济纳绿洲存在严重的生态退化。据调查，在 1958—1980 年，额济纳绿洲的胡杨、沙枣和柽柳等面积减少了 86 万亩，年均减少约 3.9 万亩。另据航片和 TM 影响解释，20 世纪 80 年代至 1994 年，植被覆盖度大于 70% 的林地面积减少了 288 万亩，年平均减少 21 万亩。[②] 由这些数据可以看出河西走廊的绿洲面临着严峻的生态问题，气候逐渐干燥和三大内陆河水量缩减势必对绿洲产生致命的威胁，加剧绿洲沙漠化。绿洲逐渐沙漠化，会直接影响人们的生存安全和社会经济持续发展。因此，河西走廊在今后发展现代绿洲农业的过程中须将保护绿洲作为先决条件，着重治理业已凸显的生态环境问题，协调经济发展与环境保护之间的关系。唯其如此才能保护河西走廊的根脉，促进社会经济的可持续发展。

二　河西走廊生态治理的历史逻辑

诚如上述所论，河西走廊地处中西文明交融的咽喉地带，是沟通中国与中亚、西亚乃至欧洲的重要桥梁，亦是中国地缘政治的前哨，有着非常重要的战略地位。在今天提出"一带一路"倡议的背景下，河西走廊的区位优势和地缘意义将表现得更为突出。然而，河西走廊深居内陆腹地、远离海洋的地形特点使本区域属于典型的干旱区，干燥少雨成为河西走廊明显的气候特点，特殊的地理位置决定了该区域生态禀赋并不占优势。人地关系是衡量生态共同体是否稳定持续的重要标示，表征的是人类的社会活动对自然强制的动态关系。通过对河西走廊历史时期人地关系演变的梳理，昭明正是由于人类对河西走廊的不合理开发，本区域的生态环境遭到严重破坏。这种截然对峙的人地关系在今天依

---

① 程国栋等：《黑河流域水—生态—经济系统综合管理研究》，科学出版社 2009 年版，第 442 页。

② 杨国宪、侯传河、韩献红：《黑河额济纳绿洲生态与水》，黄河水利出版社 2006 年版，第 15 页。

然持续着，而且随着人类活动的强度加剧超过了生态环境的承载力，又进一步恶化了人地关系的冲突与对立。河西走廊现有的诸如植被破坏严重、水资源日益短缺、荒漠化进程加快等生态问题足以确证人地相合的生态共同体出现了严重的问题。河西走廊涌现的这些生态问题并非孤立存在的，往往相互叠加在一起，极大程度上威胁着人们的生存安全。而且，由这些问题进一步引发的环境、社会等领域的次生问题又成为影响地区团结稳定的潜在隐患，威胁生态共同体的平衡、稳定发展。质言之，生态环境问题不单纯是一个生态失衡的问题，也是一个关涉社会稳定发展的政治问题。这也是河西走廊生态治理迫在眉睫的原因之一。可以说，解决生态环境问题是推动河西走廊社会经济可持续发展的首要问题。

（一）河西走廊人地关系的历史演变

人地关系刻画的是人与自然互动共存的一种动态演变过程，表征的是人类活动强度和实践能力对大自然施加的影响或产生的生态效应。人地关系反映的是人与自然如何对话的问题，本质上昭示了人类的社会发展水平对大自然的影响力。易言之，有什么样的社会发展水平和实践能力就决定什么样的人地关系，因为人类对大自然的作用方式和强度直接受制于社会经济的发展水平。如今，河西走廊所显现出的诸种生态问题表明该区域的人地关系处于一种紧张的对峙状态。这种激烈的对抗与生态共同体的主旨相悖逆，违背了人与自然关系的本质统一性，不利于河西走廊社会经济的可持续发展。然而，河西走廊的人地关系并非向来如此紧张：当人类活动尚在生态承载力范围之内时，展现的是人地相合的人地关系；当人类活动剧烈，使生态环境超负荷运行时，又呈现出紧张或对峙的人地关系。人地关系总是伴随着历史时期人类活动的影响力而显现出别样的演变过程。

1. 先秦两汉是河西走廊人地关系的相对稳定期

先秦两汉时期，河西走廊中人与自然的关系是相对稳定的。其原因在于，一方面，河西走廊的人口较少，还未大规模地破坏生态资源，生态资源基本上保持一种原生状态；另一方面，在西汉之前，河西走廊主要是有月氏、乌孙等少数民族活跃，他们过着逐水草而居的游牧生活，对生态资源的影响力有限。在河西走廊正式纳入中原王朝版图之后，人们才开始大规模地开发、利用，但此时人口数量少，加之生产工具落后，河西走廊又处在农牧交错地带，走廊内局部地区的生态环境虽有一定程度的破坏，但不影响绿洲生态系统的自我平衡功能，生态环境总体上还是平衡的。汉代之前先后有西戎、乌孙、月氏、匈奴等少数民族繁衍于此，他们逐水草而居，过着群聚的游牧生活。此时人类对河西走廊的森林植被资源干预较少，加之游牧民族重视草场保护，本区域的自然生态环境基本上保持着一种原生状态，森林植被资源相对丰富，这从考古材料和历史文献中就可以确证。嘉峪关市文物清理小组在清理嘉峪关黑山岩画时就发现上面刻画有大量野马、虎、豹、野牦牛等野生动物，《创修民乐县志》也记载："祁连山多出洪水，气候高寒潮湿，雨量多，且众峰叠峦突起，森林茂密。在高山纵深地带，松林葱郁，洪水径其下，微风飘拂，水声与松声相应，天籁自然，引人入胜。"少数民族聚居于此，过着一种游牧生活，对森林草场有一种本能的依赖性，不会盲目地破坏植被资源。而且，他们的活动范围和活动强度有限，尚在生态系统的承受范围之内，生态系统自然保持良好的状态。据《史记·匈奴列传》所载，祁连山"在张掖、酒泉二界上，东西二百余里，南北百里，有松柏五木，美水草，冬暖夏凉，宜畜牧"，又载"焉支山，东西百余里，南北二十里，亦有松柏五木，其水草美茂，宜畜牧，与祁连山同"。可见在人类尚未对该区域进行大规模的活动之前，河西走廊的植被资源还是相对丰富的，能够满足人畜生活的需要。但是随着人类活动的加剧，特别是政府为了稳固边疆而采取移民实边的政策，鼓励屯田开发，而大肆地垦荒势必耗尽原本脆弱的植被资源，对该区域的生态资源造成严重的破坏，以致造成如今河西走廊森林植被资源严重匮乏的现实困境。

真正对河西走廊生态环境进行大规模开发、利用是从汉代开始的。特别是汉武帝派张骞凿空之后，打通了内地通往西域的交通要道，从而为汉代政府匈奴占领河西提供了便利。在彻底降服匈奴之后，西汉先后在这里设置了有名的河西四郡，即武威、酒泉、张掖、敦煌四郡，此后河西走廊被纳入了中原王朝的行政管理体系之中。为了稳固河西，威慑西域，朝廷在河西地区采取了大规模的屯田开发措施，开始大规模移民充边，由政府提供农具、耕牛、粮食等生产物资鼓励发展农业。在政府屯垦政策的引导下，大量的内地居民和军属迁徙至此。他们在这里筑长城、修烽燧，开发农田，并不断传播农耕知识。少数民族在与中原汉族的交往过程中逐渐接受了汉文化，开始汉化，过上了定居的农耕生活。少数民族生产方式的改变说明在政府政策的实施过程中少数民族逐渐实现了经济经营方式的转变，以游牧为主的畜牧业变革为以固定生产为主的农业反映了社会生产方式的提高，代表着一种先进文化的进步，但生产方式的转变同时也意味着对生态资源的利用方式发生改变。游牧为代表的畜牧业施行的轮休放牧制，在一定程度上有利于植被的恢复再生，而发展农业则意味着在固定的生产区域按照四季规律和作物生产规律并借助生产工具进行生产，整个过程中生产工具起着决定性作用。生产工具的不断改进便利了人们对生态资源的索取，强化了对土地资源的作用强度，势必造成土地资源潜质的耗损。如西汉时期在河西地区屯田重要的据点之一居延地区位于黑河下游，曾经是肥沃的良田，弃耕之后就逐渐沙化，现已消失在巴丹吉林沙漠之中。但由于此时期活跃于河西走廊的人口数量相对较少，据《汉书·地理志》所载，西汉末年的人口约为28.01万，其中武威郡7.64万人，张掖郡8.87万人，酒泉郡7.67万人，敦煌郡3.83万人，人口增长的幅度和规模尚未达到生态承载力上限。而且，游牧民族虽然被纳入了中原王朝的统治秩序，接受了汉文化，但并没彻底放弃游牧的耕作方式，河西走廊还处于游牧农耕的交错地带。所以，两汉时期河西走廊的人地关系总体上是和睦的，人们的活动强度在大自然的承载范围之内，河西走廊的生态环境基本上是平稳的。

2. 隋唐时期是河西走廊人地关系的缓冲期

所谓缓冲期，是指河西地区的生态环境历经两汉的开发利用之后人地矛盾已经凸显出来，但尚未形成对生态环境的完全破坏，自然还在靠自身的修复功能尽可能还原生态系统，而人则在经济发展过程中不断改变政策以适应环境的变化。但遗憾的是，由于隋唐时期再次对河西走廊进行大规模开发、利用，且超过了生态限度，人地关系的这种缓冲期是极其不稳定的，一旦人类的超强干预使大自然超负荷运转，人地冲突就一触即发。两汉时期是河西走廊第一次大规模开发、利用的时期。在中原先进文化和耕作方式的影响下，河西走廊的生态环境改变了原初面貌。但由于人口数量相对较少，加上战争、气候变化等因素，人类活动还未对河西走廊的生态环境造成恶劣的影响，生态环境总体上还保持相对较好的状态，人地关系处于相对和睦的稳定期。但在隋唐时期，河西走廊又一次得到大规模的开发、利用，其开发的范围和强度都远胜于两汉，人口数量的激增和活动强度的剧烈自然对生态环境造成严重的破坏。隋唐时期是河西走廊得到开发的重要阶段，特别是唐代鉴于河西地区在沟通中原与西域诸国经贸往来的重要地位，非常重视河西走廊的经营开发，在唐武德二年（619 年）特命能征善战的李世民担任凉州总管。在此后很长的一段时间里，河西走廊政治清明。在政府的鼎力支持下，通过移民实边、屯垦开荒、开发水利等措施，河西走廊的社会经济得到快速发展。据史料记载："唐之盛时，河西陇右三十三州，凉州最大，土沃物繁，人富其地。"又载："唐垂拱时，甘州积谷四千万斗。"凉州即今河西走廊的武威市，甘州是今张掖市，还有位于走廊西段的敦煌（唐时称沙州），是唐朝政府开发河西地区的重点区域。

在政府的有力支持下，人们利用走廊内发达的绿洲灌溉系统发展绿洲农业，着力把河西走廊打造成重要的产粮区，而武威、张掖、敦煌则在政府的助推下日渐富足，成为河西走廊政治、经济、军事和文化重镇，成为唐政府经略西域的重要基地。通过史料的旁证可以看出，河西地区的社会经济在政府的经营之下确实取得了明显的成效，难怪当时有"天下富庶者，无若陇右"的赞誉。政治稳定、军事强盛、社会经济富庶表征了河西地区在全国的地位得到提升，而这又进一步为唐朝政府打造丝绸之路中西方文化交往创造了条件。事实证明，河西走廊独特的地理区位成为连接东西方政治与经济文化交往的交通命脉，遂成为丝绸之路重要的组成部分，对促进东西方文明的传播和交流、推动人类文明的交融做出了重要贡献。必须澄明的是，唐代河西走廊社会经济的繁荣发展建立于对走廊内绿洲的无休止开发之上，而绿洲的生态系统本身比较脆弱，难以继续支撑人口激增的各项需求，人地矛盾日渐凸显。加之唐中后期民族间的战乱与冲突时有发生，导致有的耕地荒芜，土地在开垦—荒废、荒废—开垦中交替进行，植被资源彻底失去了修复能力。如在唐代河西走廊水利开发的过程中，需用大批木材来修复灌溉水渠堤堰，修建佛寺、开凿石窟也需要大量的木材，这些木料均伐于南面的祁连山区，对南麓祁连山的森林植被造成严重的破坏。① 再如在走廊中部三大内陆河中下游的古居延绿洲、古阳关绿洲、黑水国古城等古城遗址曾经是人们栖息生存的绝佳之地，但由于人类活动加剧，绿洲腹地得到大量开垦，河流水源被大量截流注入人工绿洲，河流下游尾闾的土地得不到水源补给。加之风沙侵蚀，流沙活动加剧，遂使尾闾的这些地段首先出现沙漠化过程，逐渐向荒漠演变。② 森林植被资源的破坏和内陆河尾闾土地沙漠化足以说明唐代对河西走廊的开发与利用产生了极其严重的生态后果，河西走廊经济富庶的荣耀地位是以牺牲该区域生态资源为代价的，而生态环境面貌的彻底改观进一步确证在隋唐时期人地关系已由先前的相对稳定发展进入缓冲期，人地冲突尖锐对峙态势已经非常明显，标示人与自然和谐共生的美好状态被人类活动的超强干预打破。

　　3. 明清时期是河西走廊人地关系的激烈对抗期

　　明清时期，河西走廊又一次得到大规模的开发、利用，政府通过实施移民、屯垦的政策鼓励军民在河西地区屯垦开发，特别是清代把河西走廊作为经略新疆的后勤保障基地，非常重视对河西地区的开发与利用。在明清时期，河西走廊的开发与利用无论在规模还是强度上都超过了以往任何时期，对河西走廊生态环境的破坏也更为严重，人地之间的缓冲期早已过去，显现出激烈的对抗与冲突。为了促进农业的发展，解决人口激增的物质需求，政府加大了对水资源的开发力度，不断修缮河流渠道，但问题是人们在修缮河道的过程中往往会采伐周边的柴草和木材，导致植被大量采伐，而植被采伐直接造成农田受损和土地沙化，进而产生了一些生态环境问题。③ 尽管政府在水资源开发、利用过程中绞尽脑汁，但改变不了河西走廊资源性缺水的缺陷。伴随人口规模的不断飙升，人与水资源的矛盾凸显出来，因争水而引起的水案和水利纠纷在清至民国时期的开发过程中屡见不鲜，如清代道光年间的校尉渠案、羊下坝案、洪水河案，光绪九年（1883 年）的南沙河案等水案④。民国时期河西地

---

　　① 李并成：《历史上祁连山区森林的破坏与变迁考》，《中国历史地理论丛》2000 年第 1 期。

　　② 李并成：《河西走廊汉唐古绿洲沙漠化的调查研究》，《地理学报》1998 年第 2 期。

　　③ 潘春晖：《清代河西走廊水利开发与环境变迁》，《中国农史》2009 年第 4 期。

　　④ 李并成：《河西走廊历史时期沙漠化研究》，科学出版社 2003 年版，第 230—236 页。

区的骆驼巷冯家湾争水案、张掖与临泽沙河渠水案、安西玉门黄渠水案等纠纷①，这些水案有力地旁证了河西走廊人类活动加剧对生态资源的严重破坏而引起人与自然的激烈对抗或冲突。

此外，政府的政策性移民本身对河西地区的生态资源就是一种致命的威胁。加之河西地区人口膨胀，早已使本区域的生态环境不堪重负，由森林植被惨遭破坏所带来的水源枯竭、土地荒漠化等生态问题就在所难免。譬如，河西走廊中段的大黄山位于今张掖市山丹县境内，古名为焉支山，曾经这里水草肥美，生长着茂密的乔灌林木，古诗中有"近观林木千行，远望郁郁葱葱"的叙述，可见这里是绝佳的畜牧之所，因此匈奴等少数民族在这里长期聚居，畜牧生息。匈奴归附汉朝以后，汉武帝设立了河西四郡，开始把这里作为皇家马场，迁移民、修亭障，不断破坏此地的原始森林。明朝初年，直接将包括河西在内的广袤地区作为草场，并"听诸王驸马以至近边军民樵采、放牧"。这一政策便利了对河西绿洲边缘植被的破坏，更严重的是每逢夏秋时节草木茂盛之时，为防蒙古骑兵南下侵扰边疆便派兵烧毁草木，谓之曰"烧荒"。这些政策的推行严重破坏了河西走廊的绿洲生态系统，加剧了人地关系的紧张。清朝以后，虽然政府在屯垦政策的实行过程中暂时缓和了人口增长对生态环境的压力，使农民的生活得到了改善，政府的财政收入有所增加，但大肆毁林开荒使大黄山成片的原始林木和植被遭到空前的破坏。

不仅人的超强活动破坏了植被资源，而且战争和其他因素也破坏了森林植被。如《甘肃新通志》记载，雍正二年（1724年）五月，岳钟琪在征讨位于祁连山东部的谢尔苏部时就"纵火林木，大破番兵"。八宝山森林对黑河水量有重要的调节作用，但据《张掖县志》所载，嘉庆时八宝山森林"被奸商借采铅名义，大肆砍伐"。如此恶劣的行径必然会使河西走廊的天然林木遭到毁灭性的破坏。又如1909年的《甘肃通志稿》中记载："甘肃多山，山多产林。自昔省山启辟，采山耕山者人岁增多，林日减少。"明清时期是人口急剧膨胀的时期，随着人口数量的激增，人类活动强度加大，必然会导致森林植被资源遭受灭顶之灾。事实业已表明，

① 张蕊兰主编：《甘肃生态环境珍档录：清代至民国》，甘肃文化出版社2013年版，第246—265页。

在明清两代"放荒屯垦"政策的积极推行之下，河西走廊的社会经济虽然得到了复苏和发展，满足了不断激增的人口之需，但人们在开发、利用河西生态资源的过程中却没有对自己的过度行为有所节制，致使大量森林植被惨遭破坏，森林面积逐步萎缩，草场逐步退化。森林、草场等植被资源被毁则直接威胁河西走廊的水源稳定，更会影响土地资源的可持续利用。

面对森林植被被毁的惨状，政府不是无动于衷。如清初颁布了禁止砍伐林木的禁令，左宗棠在就任陕甘总督时针对林木被毁、生态恶化的严峻形势先后采取了植树造林、改善农业环境、开渠凿井等生态治理措施并取得了明显的成效。[①] 又如，国民政府在 1943 年成立了国有林区管理处。但这些措施在执行的过程中往往是有令不行，缺乏有效的执行力。在人口膨胀的非常时期，首先考虑的是如何满足人的物质需求，毁林开荒自然就成为满足人们生活所需的自然选择。更为严重的是，受利欲驱使，有的人不惜毁林挖草为自己谋取私利，严重破坏了森林植被资源的完整性和生态平衡力。如今，对河西走廊森林植被资源的疯狂攫取虽然在政府的严厉管控下得到了一定程度的遏制，但由于人类不合理的行为已经对植被资源造成致命的破坏，它在短时期内是无法恢复如初的。况且社会经济的发展还是以占有和消耗资源为基础的粗放方式，河西走廊的森林植被前景不容乐观。如位于祁连山北坡的汉阳大草滩自古以来就是西北重要的牧场，在唐代最盛时期曾在这里养马达七万匹以上，新中国成立以后在这里建立了山丹军马场。除了养马之外，人们还利用这里广袤的土地和独特的气候资源生产大量的粮油。但近年来随着开发强度增加以及鼠害猖獗，草场逐步退化，荒漠化趋势日渐明显。"现在整个军马场退化草场达到 658461 亩，占整个可利用草场的 38.5%。其中轻度退化 503125 亩，中度退化 109323 亩，严重退化 46013 亩。"[②] 在"甘肃河西地区金昌市原有 3000 公顷天然梭林、8000 公顷白刺灌木林，植被极为

---

① 马啸：《左宗棠与西北近代生态环境的治理》，《新疆大学学报》（社会科学版）2004 年第 2 期。

② 吴晓军、董汉河：《西北生态启示录》，甘肃人民出版社 2001 年版，第 79 页。

茂盛，但由于过度放牧、打柴、挖掘植物地下根茎，现已损失殆尽"①。

如上所述，历史时期河西走廊经历了两汉、隋唐、明清三次大规模的开发与利用，规模和强度一次比一次强，特别是明清时期河西走廊的开发程度盛况空前，对生态资源造成了致命性的破坏。河西走廊的人地关系随着人类社会经济发展的历史演变先后经历了相对稳定期、缓冲期和对峙期。透过人地关系的显现形态可以得出，"从历史发展过程来看，河西走廊生态与人居环境系统受到了很大干扰或破坏，局地改善付出了整体退化的代价，整个河西走廊人居环境演变整体上呈严重恶化态势"②。河西走廊的每一次开发、利用固然能推动社会经济的繁荣，但问题是伴随着人口数量激增，对资源的需求量也随之增多，而生态资源是有限的，在政府移民屯垦政策的推动下，人们对生态资源的破坏也是史无前例的，必然的结果是生态环境在人类大规模的开发与利用中惨遭破坏。生态环境破坏意味着人与自然的共生关系难以维系，人不再是大自然的伙伴，而是质变为被物欲所控的强盗，肆无忌惮地踩躏自然，致使大自然沉沦为人类私欲的奴仆。人与自然激烈的冲突与对抗表征共同体中的不和谐状态，迫切需要人类检视自己的行为。但现实的境域是，人地关系伴随人类历史运演的过程已经呈现出激烈的对抗状态。面对惨遭破坏的生态环境，人类还是难以从控制自然的偏执中超拔出来，依然奉行竭泽而渔的发展方式以推动社会经济发展和物质增长的需要，必然的结果是进一步恶化破裂的人地关系。

（二）河西走廊人地关系的现实境况

通过对河西走廊人地关系历史演变的梳理可以得出，河西走廊的生态环境之所以呈不断恶化之势，就在于人类活动加剧破坏了原本脆弱的绿洲生态系统，透射出的本质问题是人类的超强活动超过了大自然的生态承载力，使人与自然的共生关系发生了断裂。这种断裂的人地关系表征了生态共同体中人类主体性的膨胀对大自然尊严和权益的挑衅。如今

---

① 傅德印等主编：《再造一个山川秀美的西北》，兰州大学出版社2001年版，第91页。

② 李志刚：《河西走廊人居环境保护与发展模式研究》，中国建筑工业出版社2010年版，第91页。

河西走廊日益恶化的生态环境问题表明人并未超然于自然存在物的迷途中幡然醒悟，在推动社会经济发展的时代境域中，人类还是在我行我素地盘剥自然，必然招致河西走廊的人地关系进一步恶化，生态治理任重而道远。生态环境的变化能够明显地指示人地关系的优劣，良好的生态环境必然喻示的是人地相合的和睦关系，反之则昭示的是人地关系的不和谐。河西走廊历史时期的大规模开发与利用对生态环境造成严重破坏足以说明人地关系已经破裂，而今河西走廊的人地关系并没有得到彻底改观，从河西走廊水资源日益短缺和沙漠化进程加剧就可以明显看出这一点。兹列举河西走廊三大内陆河水资源的时空变化和沙漠化进程加快两个较为突出的环境问题来明示河西走廊人地关系恶化的现实境况，其目的是正视河西走廊的生态环境问题及其所昭示的人地关系断裂的窘态，从而最大限度地修复人地关系，探寻符合河西走廊生态特点的生态治理路径。

1. 河西走廊水资源的时空变化

河西走廊内分布着三条极其重要的内陆河，自西向东分别是石羊河、黑河和疏勒河。三条河流均发端于祁连山，靠祁连山的冰川融水和季节性降水进行河流补给，而在河流的中下游则广布大小各异的绿洲，犹如镶嵌在走廊上的明珠光彩耀人。千百年来，人们就是在这片绿洲上栖居繁衍，创造独具魅力的河西文化，让其成为沟通中西方文化交流融通的黄金地带。但现实的境况是，人类在生态资源的开发与利用过程中使涵养水源的森林植被资源不断遭到破坏，必然的结果是三大内陆河的水源日渐枯竭，影响了中下游地区植被的水源补给，进一步加剧了土地的荒漠化。可以说，水源短缺是河西走廊生态环境恶化的一个至关重要的因素，也是制约河西走廊社会经济可持续发展的最大障碍。

第一，石羊河流域的水资源变化。石羊河发端于祁连山的冷龙岭，石羊河水系由东大河、西大河、黄羊河、古浪河等数十条河流组成，滋养着位于水系中游的武威、永昌和下游的民勤绿洲。特别是自20世纪70年代以来，"石羊河水系养育了河西48%的人口，负担了占河西走廊灌溉面积43%的农业用水，提供了占河西36%的商品粮"[①]。石羊河对河西走

---

①　吴晓军、董汉河：《西北生态启示录》，甘肃人民出版社2001年版，第31页。

廊的开发与利用有着非常重要的贡献，成为实至名归的功勋河。但由于石羊河流域平均年降水量普遍偏低，用水需求量又逐年增大，该区域依然属于典型的资源性缺水地区。据统计，石羊河流域的平均降水量多年为 222 毫米，多年平均自产水资源量为 15.6 亿立方米，与地表水不重复的净地下水量为 1.0 亿立方米，全流域自产水资源量为 16.6 亿立方米，加上外调的用水，整个流域可利用水资源为 17.6 亿立方米，按照现有的人口和耕地计算人均 775 立方米，耕地亩均仅为 280 立方米，远低于全省人均 1150 立方米和耕地亩均 378 立方米的水量。[①] 石羊河早在战国时期就出现在中国历史地理的典籍上。《尚书·禹贡》记载 "原隰底绩，至于猪野"，《汉书·地理志》记载 "休屠泽在东北，古文以为猪野泽"。猪野是指石羊河中下游形成的自然湖泊猪野泽。石羊河能够形成湖泊说明当时人口稀少，生产生活用水有限，石羊河水系还保持着非常完整的状态。汉代时，人们对河西走廊进行了第一次大规模开发、利用，石羊河下游的民勤绿洲也得到了开发。人们使用灌溉农业技术开垦荒地、引水开渠，把一些荒滩开辟为农田。如此的开发与利用提高了社会经济发展水平，但也导致绿洲边缘的植被受到严重破坏，影响了水源的稳定。郦道元《水经注》记载："谷水出姑臧（今武威市）南山，北至武威（今民勤县）入海，届此水流两分，一水北入休屠泽，俗谓之西海。一水又东经百五十里，入猪野，世谓之东海。"谷水即指石羊河，东、西二海是指东、西两大湖，石羊河在下游分为东、西两大湖，说明原本完整的石羊河水系到北魏时已经分割为互不相属的两个湖区，在发展绿洲农业的过程中遭到破坏。

隋唐时期，人们再次对河西走廊进行大规模开发。为了引水灌溉，人们在石羊河中游大量修筑人工渠，如此使得石羊河中上游能够大面积引水灌溉，而下游的绿洲因得不到水源补给日渐萎缩，绿洲边缘的植被逐渐枯萎失去防风固沙的能力，曾经水量充沛的猪野泽面临水源枯竭的危机。明清时期，石羊河的水量急剧减少，但为了满足人口膨胀的生产生活需要，人们还是在大规模引水灌溉，导致石羊河下游的湖泊濒于干

---

① 隋富民、吴太昌、武力：《甘肃武威黄羊镇城乡一体化发展之路》，中国社会科学出版社2010 年版，第 7 页。

涸，变成沼泽性草原了。从晚清到新中国成立前夕，石羊河的水量持续减少，而人们对石羊河的开发与利用却从未停止，位于下游的湖泊基本上得不到水源补给而干涸，变成无人问津的荒地，猪野泽也在开发与利用中逐渐干枯，勉强维持到 1953 年就彻底消失了。实际上，不仅是猪野泽，石羊河下游的其他湖泊也在不断开发与利用中失去了水源而干涸。如位于下游的柳林湖、武始泽、野马泉、昌宁湖等湖泊曾经是惠及百姓的自然湖，但是在大规模的开发过程中一味地开垦耕地、引水灌溉，加之石羊河上游水量日渐减少，这些自然湖泊很早就干涸了。[1]

新中国成立后，石羊河流域的人口数量激增，对石羊河的开发与利用规模不断扩大。由于上游武威绿洲工农业用水量较大，下游水量急剧减少。"20 世纪 50 年代石羊河进入民勤的河水量在 5.4 亿立方米—6 亿立方米，60 年代下降到 4.43 亿立方米，70 年代则减少到 3.49 亿立方米，1979 年只有 2.3 亿立方米，80 年代再减少到 1.2 亿立方米，造成下游民勤绿洲景观迅速恶化。"[2] 为了弥补地表水量不足，人们只能开采地下水，民勤县从 1965 年就开始大规模打井开采地下水。开采地下水有效缓解了水源不足带来的生产生活问题，农业产粮得到大幅度提升，社会经济取得了明显进步。但问题是严重地超采地下水造成地表径流循环发生断裂，地下水无法得到补充，从而造成地下水位严重下降，加速了土壤的盐碱化。如"自 70 年代以来 15 年中，民勤盆地超采地下水 36.28 亿立方米；至 90 年代，超采地下水 45 亿立方米—50 亿立方米。仅 1990 年，就超采地下水 2.227 亿立方米，地下水位普遍下降了 4 米—17 米"[3]。地表水断流，地下水枯竭，使得民勤县存在十分严重的水荒危机。更为严峻的是，大面积的引水灌溉造成绿洲边缘的植被日渐枯萎干死，失去了防风固沙的作用，从而加速了土地的沙漠化进程。每逢大风天气，这些荒漠化土地，就地起沙很容易形成恶劣的沙尘天气，所以整个民勤面临被沙漠吞噬的危机。除民勤绿洲面临沙化危机以外，整个石羊河流域都存在不同程度的荒漠化问题。由于得不到水源补给，原本生长在绿洲边缘的植物

---

① 李并成：《河西走廊历史时期沙漠化研究》，科学出版社 2003 年版，第 195—197 页。

② 吴晓军、董汉河：《西北生态启示录》，甘肃人民出版社 2001 年版，第 33 页。

③ 吴晓军、董汉河：《西北生态启示录》，甘肃人民出版社 2001 年版，第 34 页。

干枯而死，原本肥沃的土地遭废弃，如今石羊河的水量已经大不如前，由土地沙化或盐碱化带来的生态问题时刻威胁着人类的生存安全。拯救石羊河，恢复绿洲生态系统刻不容缓。

第二，黑河流域的水资源变化。黑河是河西走廊最大的一条内陆河，发端于青海祁连县境内的祁连山中，经过甘肃张掖、酒泉和嘉峪关至内蒙古额济纳旗。黑河从祁连山倾泻而出，沿途有山丹河、洪水河、大都麻河、讨赖河、红沙河等支流进行季节性补给，增加了黑河水量。正是基于此，黑河流域自汉代以来就备受历代政府重视，成为经营西北的重点区域，在政府的推动下孕育了黑河流域非常发达的绿洲农业。特别是张掖绿洲农业堪称典范，很早获得了"金张掖"的美誉，成为丝绸之路古道上耀眼的明珠。黑河故称弱水，《尚书·禹贡》中记载："导弱水，至于合黎，余波入流沙。"其中弱水就是指黑河，合黎即指位于走廊北部的合黎山，流沙是指现在甘肃西北面的巴丹吉林沙漠。

与河西走廊其他地区一样，黑河流域在早期生态环境较好，先后有月氏、乌孙、匈奴等少数民族在这里逐水草而居，过着恬适的游牧生活。在黑河上游沿河沿山分布着大小不一的天然草场，特别是位于祁连山冷龙岭和大黄山之间的大草原，古时称为汉阳大草滩，是绝佳的牧场，成为历代王朝颇受重视的官方马场，如今依然是中国比较著名的马场之一。匈奴在归降西汉之前就曾栖居在这里。为了消除匈奴对汉朝经略西域的威胁，汉武帝派霍去病收复河西。匈奴挫败后发出了悲悯的哀叹：失去了祁连山就失去了六畜生息的地方，失去了世代生存的焉支山，就连妇女出嫁也无粉饰的颜色，足见此地对匈奴生活栖息的重要性。汉武帝收复河西之后设立了河西四郡，在黑河下游还设立了隶属张掖郡的居延县，说明当时的黑河下游水量还是十分充沛的，能够满足军民生活生产所需，并在政府屯垦政策的推动下开展绿洲农耕。唐朝初期时，河西地区的屯田开发远胜于前。由于人口的不断增长，屯田开发已从下游向上游转移、正是得益于黑河的灌溉，甘州（张掖）的社会经济空前繁荣并迅速成为唐朝政府重要的商品粮基地，为丝绸之路文明交流做出了卓越的贡献。唐代诗人陈子昂在看到甘州仓库充实的盛况后发出了"河西之命系于甘州"的感叹，从中不难洞悉黑河在推动张掖社会经济繁荣中发挥的重要作用。

唐中期以后，河西地区一度被吐蕃占领。少数民族不懂得农耕，致使大量耕地被遗弃或荒废，许多水利灌溉设施年久失修早已失去作用，而中上游水量减少直接造成绿洲植被干枯，许多耕地因没有水的滋润而开始荒漠化。清人马端临在《文献通考》中就悲叹道："河西之地，自唐中叶以后，一沦异域，顿化为龙荒沙漠之区，无复昔之殷富繁华矣。"明清时期，河西地区再度掀起屯田开荒的高潮，特别是清代，一度把河西地区视为收复新疆的后勤保障基地，所以鼓励军民开荒种地。但此时黑河流域的水量已经大不如前，黑河流域的生态环境持续恶化不利于农耕，政府不得不考虑将屯垦的中心从河西地区转移到新疆。新中国成立后，黑河流域进入一个新的发展时期，但本区域的生态环境已经不堪重负，即便如此，还要承受人口激增给环境造成的压力。"据不完全统计，50 年代初期黑河中游张掖、酒泉地区人口不足 70 万，灌溉面积约 160 万亩，现在人口增加到 140 万，灌溉面积发展到 370 万亩，分别增加了 1.0 倍和 1.29 倍。"① 不断膨胀的人口规模和不断扩展的灌溉面积本身就反映了人与土地、水源之间产生了难以化解的矛盾，人只有依靠先进的生产工具引水溉田。其结果是土地规模的扩大和水利灌溉设施的普及纵然能满足人们生产和发展之需，但从较长的时间尺度看，疯狂地进行土地开垦和水利开发利用最终不利于生态环境的持续稳定。

黑河流域由于人类的不合理行为出现了严重的生态后果，其中之一便表现在中上游水流量减少而引起下游水量锐减。长期以来，内蒙古的额济纳旗都是靠黑河作为补给来源，但是由于中上游用水量激增，上游往往开挖水渠引水灌溉，流入下游的水量不足。额济纳旗原有的湖泊得不到水源趋于干涸，如居延地区在西汉时还依靠居延海进行农耕，但随着人们不断地掠取资源，居延海日渐萎缩，并最终在 1992 年左右彻底干涸。正因为中下游之间水资源分配不合理，他们常常因争水而发生矛盾引发水案。其实，黑河流域发生的水案从来就没有停息过，如黑河西六渠案，山丹河东、西泉水案，洪水河上游耕种番地妨碍水源案等。② 如今，黑河中游的张掖与下游的额济纳旗之间依然存在因用水分配不均而

---

① 吴晓军、董汉河：《西北生态启示录》，甘肃人民出版社 2001 年版，第 40 页。
② 李并成：《河西走廊历史时期沙漠化研究》，科学出版社 2003 年版，第 234 页。

引发的纠纷。

另外，黑河中上游用水无度直接造成中下游植被无法获得水源供给，影响了地区生态平衡。由于黑河中上游工农业用水量急剧增加，所以就出现了在中游不断修建水库大坝拦截用水的情况。可如此一来就阻断了下游的用水供给，排放于下游的水量逐年减少，难以满足农业植被的正常供给。这不仅影响农业的发展，而且植被得不到水的滋养干枯致死，使生物多样性锐减，破坏了区域生态平衡，加剧了本区域的沙漠化。据统计，近些年黑河流域下游的生物物种发生了明显改变，其中"草本植物从五十年代的200多种减少到80余种，原有130多种牧草仅存20多种。植被退化使区内珍稀动物失去栖息地，种类和数量显著减少，原有26种国家1—3类保护动物已有9种消失，10余种迁移他乡"①。

第三，疏勒河流域的水资源变化。河西走廊最西段的内陆河是疏勒河，发端于祁连山最高峰——团结峰所在地的疏勒南山与陶勒南的大峡谷，从西北经昌马盆地出山后分成数条支流形成大坝冲积扇，扇面东面的支流汇入古居延盆地，西面的支流则汇入了神秘的罗布泊，因而疏勒河分属于黑河和塔里木河两大水系，是真正意义上的奇河。

《汉书·地理志》记载："冥安，南籍端水出南羌中，西北入其泽，溉民田。"这里的南籍端水即是指疏勒河，也称为冥水，入其泽就是指冥泽，从中不难看出早期疏勒河的流量还是相当充盈的。汉朝时将疏勒河称为冥水，把疏勒河下游形成的湖泊称为冥泽。唐代时疏勒河的流量依然充沛。据李吉甫的《元和郡县图志》所载："冥水，自吐谷浑界流入大泽，东西二百六十里，南北六十里，丰水草，宜畜牧。"足见在经历汉、唐的大规模开发利用之后，疏勒河尚能保持丰水畜牧的能力。也许正由于此，在整个疏勒河流域留下了诸多风景名胜，在疏勒河、党河水系的孕育之下产生了许多自然绿洲。在这些绿洲之上，历代政府建立了戍边的城镇，如锁阳城、玉门关、阳关等关隘据点。在党河的冲积绿洲上有著名的敦煌，在汉代时就设立了敦煌郡，在其境内开凿的佛教石窟艺术遐迩闻名，至今莫高石窟都是中华文化无比亮丽的瑰宝。与莫高窟一起

---

① 傅德印、于泽俊主编：《再造一个山川秀美的西北》，兰州大学出版社2001年版，第74页。

闻名于世的是党河古道上的月牙泉。《敦煌县志》记载，月牙泉"其水澄彻，环以流沙，虽遇烈风而泉不为沙掩，名迹也"。正由于此，敦煌月牙泉成为丝绸之路上的一道亮丽风景，但遗憾的是党河上游用水量激增，1975 年修建了党河水库截留了党河水，导致党河下游水源短缺。敦煌地下水严重超采造成地下水位持续下降，加之敦煌地区降雨稀少，月牙泉水源供给受到威胁，面积日渐萎缩。"1960 年月牙泉水域面积为 14880 平方米，最大水深为 7.5 米，1980 年分别降至 6540 平方米和 2.5 米，1982年再降至 5830 平方米和 2.3 米，1997 年仅有 5379.5 平方米和 2 米。"①如今，月牙泉的水域面积仍在下降。尽管政府采取了一系列的补救措施，但依然无法从根本上改变月牙泉生态恶化的困境，月牙泉的前景不容乐观。

疏勒河下游形成的天然湖泊曾经孕育了发达的绿洲农业，进而形成古丝绸之路上的重镇。这些丝路古镇不仅帮助政府维护了西北边疆的稳定，而且还兼有传播丝路文化的重要使命，为推动丝绸之路繁荣做出了难以泯灭的历史贡献。但在明清时期，随着人口规模的不断飙升，对水资源的要求异常迫切，政府鼓励垦荒耕地，疏勒河下游的湖泊在明清之后就濒于干涸。因此，明清时期人类活动的超前干预是疏勒河流域耕地迅速走向沙化的主要原因。"清代前期于疏勒河洪积冲积扇扇缘东部和北部，新置靖逆卫（今玉门镇）、柳沟危（今安西四道沟）、安西厅（今布隆吉古城）及所属安西卫，大举拓垦，遂使有限的疏勒河水在扇缘东部和北部被大量引灌，扇缘西部的锁阳城周围一带绿洲遂断流干涸，并在当地强劲风力的吹蚀、搬运下，最终演变成了风蚀弃耕地与吹扬灌丛沙堆相间分布的沙漠化土地。冥水古道断流的同时，冥泽亦断绝了地表水源补给，以致逐渐趋于干涸，演变成了今天这样的景观。"②

通过对河西走廊三大内陆河时空变化的简单梳理，可以看出河西走廊的水环境在人类超强干预之前一直保持着完整的状态，形成了大小不等的天然绿洲。正是这些绿洲使河西走廊生机盎然，某种程度上弥补了区域差异带来的生态缺陷。人类对绿洲生态系统进行不同程度的开发与

---

① 吴晓军、董汉河：《西北生态启示录》，甘肃人民出版社 2001 年版，第 49 页。

② 李并成：《河西走廊历史时期沙漠化研究》，科学出版社 2003 年版，第 221—222 页。

利用，虽然促进了社会经济发展，但由于人口的不断膨胀，人们对水资源的利用往往是竭泽而渔的粗放方式，一味地对河流中上游引水灌溉而不知保护利用，势必造成中下游断流，而中下游断流意味着河流下游得不到水源供给而日渐干涸。如今，随着南麓祁连山雪线升高、冰川退缩消融，河西走廊的水资源总量正在呈缩减之势。据中科院寒区旱区环境与工程研究检测，1972—2007 年，祁连山东段的冷龙岭冰川面积减少了26%，已有 27 条消失，局部地区的雪线以年均 2—6.5 米的速度上升，冰川融水比 20 世纪 70 年代减少了大约 10 亿立方米。[①] 从这些详明的数据即可看出，由于人类活动强度加剧以及全球气温升高，河西走廊的水资源严重缺乏。水是万物滋长的重要元素，没有了水的滋养，生命就无法生存。河西走廊的三大内陆河在长期的开发与利用中忽视了对水资源的保护，对降雨稀少、生态资源匮乏的区域来说，这一点是致命的，因为所有的生命都是靠内陆河的给养才得以生存。人类无视内陆河水循环的规律，在中上游大肆截流用水，致使下游绿洲失去了水源供给。再加上人们超采地下水，内陆河流域的水资源日益短缺，而水资源逐渐萎缩短缺必然招致植被面积缩小，从而加速了土地的荒漠化，河西走廊的生态全面恶化在所难免。

2. 荒漠化进程加快

荒漠化一词的英文名为"desertification"。最初学者们将其译为沙漠化，认为沙漠化是在干旱或半干旱地区（包括部分湿润地区）脆弱的生态环境背景下，由于人类过度的经济行为破坏了自然生态平衡，原来没有沙漠的地区出现了以风沙活动为主要特征的环境的退化。此种定义指出了在干旱与半干旱地区人为因素导致了环境退化的倾向，侧重对荒漠化结果的考量。可问题是荒漠化并不完全是由人为因素造成的，有的区域在地质时期就已经出现了荒漠化，所以对荒漠化的理解应打破过于强化人为色彩的认识偏差，人为地框定荒漠化的内涵。后来，在与国际社会交流的规程中，人们才逐渐意识到单纯地把荒漠化理解为沙漠化是狭隘的，荒漠化具有更为宽泛的含义。根据《联合国防止荒漠化公约》的

① 纳日碧力戈主编：《河西走廊人居环境与各民族和谐发展研究》，复旦大学出版社 2014 年版，第 44 页。

定义，荒漠化是指"包括气候变异和人类活动在内的种种因素造成的干旱、半干旱和亚湿润区的土地退化"①。显然，这种对荒漠化的界定，其内涵和外延范围要更广。荒漠化本质上讲是一种土地退化，土地退化的原因既有气候变异等自然因素，也有人类活动的超强干预，而且荒漠化发生在干旱、半干旱以及亚湿润区，是在干旱、半干旱地区自然地理特点和独特的气候条件等多种因素共同作用的结果。这就意味着荒漠化是干旱地区特有的产物。

按照荒漠化形成的主导因素，国际上把荒漠化分为风蚀荒漠化、水蚀荒漠化、冻融荒漠化和土壤盐渍化四种类型。② 依据这四种类型分区，河西走廊应属于典型的风蚀荒漠化。前已论及河西走廊地处西北腹地，远离海洋，干燥少雨是其显著的气候特点。河西走廊之所以绵延不息，呈现勃勃生机的繁荣景象，全赖走廊南麓的冰川融水和季节性降水孕育了三条内陆河，在内陆河的中下游广布大小不一的绿洲。得益于这些绿洲，河西走廊才能在几千年的文明演进中生生不息。但由于人类不合理的资源利用方式破坏了内陆河上游祁连山的水源涵养林，内陆河的水量在人类的干预下迅速下降，而水量下降必然会影响到中下游绿洲的水源供给，绿洲面积的萎缩势必会造成一部分耕地被荒废形成荒漠化。因此，河西走廊就形成了人类不合理的资源利用方式—森林植被破坏—水资源短缺—土地荒漠化的恶性循环。直到今天，这种恶性循环依然在持续，河西走廊的生态环境前景不容乐观，生态治理任重而道远。

长期以来，人们总是围绕河西走廊三大内陆河孕育的绿洲而开展活动，自然对绿洲的破坏性较为强烈。因此，三大内陆河中下游广袤的绿洲成为河西走廊主要的沙漠化区域。据统计，河西走廊现在的沙漠化面积已达 537 万公顷，占走廊内盆地面积的 23%，其中轻度沙漠化面积占 28%，中度沙漠化面积占 20%，重度沙漠化面积占 52%。③ 现以黑河与

---

① 石玉林主编：《西北地区土地荒漠化与水土资源利用研究》，科学出版社 2004 年版，第 78 页。

② 石玉林主编：《西北地区土地荒漠化与水土资源利用研究》，科学出版社 2004 年版，第 79 页。

③ 李志刚：《河西走廊人居环境保护与发展模式研究》，中国建筑工业出版社 2010 年版，第 92 页。

石羊河流域为例加以重点说明。黑河利于上游地区的荒漠化面积相对比较小，主要集中在张掖肃南县境内。据调查，2003 年该县的土地沙化面积为 23.09 平方千米，比 1987 年增加了 14.88 平方千米，沙漠化发展速度达到年平均 15.1%，可见该区土地沙化面积虽小但发展速度比较迅速。中游地区以张掖临泽、甘州两地的土地沙漠化发展进程比较快，与 1987 年相比在十余年间临泽县沙化土地面积增加了 68.93 平方千米，甘州区增加了 27.69 平方千米，分别增加了 20.26% 和 11.68%。[①] 黑河流域土地荒漠化或沙漠化较为严重的是下游的额济纳旗，目前土地荒漠化已经遍布全旗。据统计，和 20 世纪 60 年代相比，80 年代额济纳旗的植被覆盖率小于 10%，戈壁、沙漠的面积增加了 462 平方千米，平均每年增加 23 平方千米。在全旗 70712 平方千米的土地面积上，绿洲面积从 20 世纪 80 年代中期的 3655 平方千米锐减到现在的 3328 平方千米，减少 9%，但沙化土地面积却从 25834 平方千米上升至 34038 平方千米，增加了 32%。[②]

　　石羊河流域的土地荒漠化主要集中在武威市的东北面。金昌市北面，以及民勤县的东面、北面和西面，荒漠面积为 1.65 万平方千米，占全流域面积的 39.7%。在石羊河下游的民勤绿洲是荒漠化较为严重的地区。民勤县三面均是沙漠，由于中上游水量日益减少，无法给下游正常供水，为了维持生产，唯有开采地下水，而地下水超采又造成地下水位逐年下降，加速了土地荒漠化。目前，该县土地荒漠化面积已达到 1533.33 公顷，占全县土地面积的 94.5%。[③] 一些耕地和林地因为没有水源供给正在退化为荒漠，整个民勤县正在面临被沙漠吞噬的生存危机。

　　由以上所举黑河流域和石羊河流域土地荒漠化或沙漠化的具体数据可以明显看出整个河西走廊的土地荒漠化进程在逐年加快。更为严重的是，全球气温升高将会加速河西走廊的干旱化程度，这对河西走廊的生态环境来说无疑是雪上加霜。如不采取有效的措施遏制土地荒漠化进程

　　① 程国栋等：《黑河流域水—生态—经济系统综合管理研究》，科学出版社 2009 年版，第 137 页。

　　② 石玉林主编：《西北地区土地荒漠化与水土资源利用研究》，科学出版社 2004 年版，第 181 页。

　　③ 石玉林主编：《西北地区土地荒漠化与水土资源利用研究》，科学出版社 2004 年版，第 430 页。

中不合理的人类行为，河西走廊的土地荒漠化最终会严重破坏人类生存的绿色家园。土地荒漠化意味着地表土壤无法获得水源的供给而日渐失去水分，土壤的组成要素之间缺乏重要的黏合剂而逐渐分离，土壤组成因子的分离加剧了地表土地的疏松感，渐渐脱离了与深层土地的附着关系，每逢大风就会随风起沙进而形成漫无边际的沙尘暴，河西走廊的沙尘天气就是在这样的机制作用下生成的。有关研究表明，自20世纪以来，河西地区的沙尘暴发生的频率越来越高，强度越来越大，如50年代发生4次，60年代发生7次，70年代发生13次，80年代发生11次，1990—1995年就发生了11次，近半个世纪以来共发生沙尘暴46次，平均每年发生一次较大的沙尘暴。① 沙尘暴实际上是土地荒漠化的一个重要标示，它表明原本可以耕作的土地已经退化为不为人所驾驭的灾难。土地荒漠化是水源短缺、植被破坏后的必然结果，而土地荒漠化又进一步加剧了水源和植被恶化的程度。这些生态问题往往是密切交织在一起的，某一方面出现问题就会引起连锁反应，形成恶性循环的生态链条，进而使河西走廊的生态环境呈持续恶化的态势。

　　河西走廊土地荒漠化情势异常严峻，但面对如此窘迫的形势，我们不得不审思为什么土地荒漠化的发展速度如此之快，其实前已提及土地荒漠化实质上反映了土地的退化，这种退化既有自然的因素也有人为的因素。河西走廊地处西北干旱区，干燥少雨的气候条件是土地荒漠化形成的一个重要条件，但是促成并加速土地荒漠化的一个主要原因是人们对资源的不合理利用。从历史时期河西走廊土地利用产生的环境效应就可以鲜明地确证这一点。

　　曾经河西走廊气候湿润、水草丰美，月氏、乌孙、匈奴等少数民族先后在这里逐水草而息，过着一种风吹草低见牛羊的游牧生活，简单而恬适，自然而安逸。自汉武帝彻底降服匈奴设立河西四郡之后，河西走廊正式被纳入中原王朝的统治版图，开始出现新的社会经济运行方式，以游牧为主的畜牧业转化为农耕为主的农业。这种新的资源利用方式是按照作物的生长规律在固定的土地上依靠生产工具进行生产，这就决定

---

① 任继周主编：《河西走廊山地—绿洲—荒漠复合系统及其耦合》，科学出版社2007年版，第246页。

了农业是以消耗固定的土地和水利资源来促进发展的。而对于河西走廊
来说，发展农业具备得天独厚的条件，那就是发端于祁连山的三大内陆
河孕育了大小不一的天然绿洲。千百年来，人们正是依靠这些绿洲发展
绿洲农业，创建了河西走廊独具魅力的文化底蕴。在绿洲农业发展的早
期，由于人口规模小、活动范围有限，人类对绿洲的开发尚在生态承载
力之内，人与自然的矛盾还未全然显现出来，所以河西走廊在西北乃至
全国都具有非常重要的地位。特别是汉唐丝绸之路更是将河西走廊推向
了一个荣耀的地位，而河西走廊也因为社会经济繁荣赢得了"天下富庶
者，莫若陇右"的美誉。但美好的胜境往往是短暂的，甚至在享受美好
生活的同时伴随着无名的苍凉和悲悯，把这一点比附在河西走廊的生态
环境上是再恰当不过了。河西走廊经过汉、唐两次大规模的开发之后，
生态环境已经大不如前，三大内陆河水量减少，位于内陆河中下游绿洲
边缘的植被退化，内陆河尾闾的天然湖泊干涸等生态迹象即是明证。即
便如此，河西走廊还是在明清时期迎来了更大规模的开发，此时河西走
廊的人口膨胀，政府又推行开荒屯垦的政策，对绿洲土地的破坏是不言
而喻的。也许正缘于此，曾经叱咤风云的玉门关、阳关等关隘据点难以
寻迹，张掖"黑水国"古城、锁阳城尘封在荒漠中，古居延绿洲和民勤
绿洲面临沙漠吞噬的危机。这些历史遗迹充分说明历史时期人类对绿洲
资源只利用不保护的错误行径致使本区域土地荒漠化，人类干预是河西
走廊土地荒漠化的主要原因。

　　如今，河西走廊干旱化程度日渐明显，河西走廊的人均水资源只有
1766 立方米，是全国人均水资源量的 80%，土地分摊水资源为 51900 立
方米/平方百米，为全国均值的 1/3。[①] 人类对土地资源的作用强度明显增
强，土地荒漠化的进程依然呈逐年加快之势，由土地荒漠化带来的生态
环境问题越来越成为推动社会经济持续发展及复兴"丝绸之路经济带"
的核心问题。由于河西走廊特殊的地理位置和区位优势决定了"河西走
廊是'丝绸之路经济带'新亚欧大陆桥的中部通道枢纽，比起北部戈壁
沙漠和南部青藏高原，河西走廊战略大通道具有不可替代的绝对优势，

---

　　① 纳日碧力戈主编：《河西走廊人居环境与各民族和谐发展研究》，复旦大学出版社 2014
年版，第 44 页。

在我国国防安全、对外开放和区域协调发展中占据不可替代的战略地位"①。鉴于河西走廊这种得天独厚的区位优势，有的学者建议以"河西走廊生态建设示范区"为名义争取将河西走廊地区升格为国家战略区，建立生态与自然资源条件约束下的河西走廊经济区，借助亚欧大陆桥头堡的地位复兴丝绸之路的辉煌，借以加快河西走廊的新型城镇化进程。②今天，"一带一路"倡议的提出给河西走廊发展带来了新的机遇，对河西走廊经济发展水平和发展方式提出了更高的要求。因此，河西走廊的生态治理就显得尤为迫切和必要。生态治理的成效不仅关系到当前生态问题能否得到妥善解决，缓解人与自然尖锐的冲突与对峙，而且关涉河西走廊生态文明建设的顺利推进等根本性问题。加快推动实现河西走廊生态治理现代化是谋取人与自然共同福祉的必然选择。

三　河西走廊生态治理的现实缺陷

诚如以上所述，河西走廊在资源环境禀赋方面并不占优势，走廊内的生态环境是相当脆弱的。由于历史时期人口规模的不断膨胀增加了对走廊内绿洲作用强度，绿洲面积萎缩，破坏了绿洲系统的生态环境，而今人们依然在走廊的绿洲上活跃，进一步恶化了生态环境，最终造成日益严峻的生态问题。河西走廊的生态环境在历史时期就遭到了破坏，也引起了地方政府的重视，采取限制资源索取的得力措施。但人口的激增和利益的驱动使得这些政策执行乏力，起不到应有的效果。政府对此又置若罔闻，生态保护的政策法令形同虚设。如今，无论从中央到地方都在三令五申地强调保护河西走廊生态环境的重要性，而且政府也在着力进行生态治理。但问题是，一方面河西走廊的生态环境问题积重难返，在短时期内无法取得明显的成效；另一方面，在加大生态治理力度的同时，生态环境破坏的病根尚未祛除，生态恶化与生态治理并存，生态治

---

① 甘肃省住房和城乡建设厅等：《丝绸之路经济带甘肃河西走廊新型城镇化战略研究》，科学出版社 2017 年版，第 25 页。

② 纳日碧力戈主编：《河西走廊人居环境与各民族和谐发展研究》，复旦大学出版社 2014 年版，第 48 页。

理必然越治越差。在河西走廊的生态治理中，政府一直都承担着生态治理的重任，治理成本过高影响了治理的效果，生态治理主体势单力薄，生态治理的综合治理机制不健全以及发展理念滞后等现实缺陷与河西走廊生态治理的总体目标和实践旨归相脱节，滞缓了河西走廊生态治理的实践进程，无益于实现生态治理现代化。为此，河西走廊的生态治理不能一如既往地陷入治理与破坏共存的怪圈，需要探寻别样的生态治理路径，特别是要以崭新的视角和宏阔的视野统合社会经济的发展与生态保护与治理之间的关系，以呵护生态共同体福祉的价值导向指导生态治理实践推进，实现河西走廊生态治理现代化，使河西走廊的环境面貌焕然一新。

（一）政府主导生态治理失效

前已述及河西走廊正在面临植被资源破坏、水源日益短缺、荒漠化进程加快等严重的生态问题，而且这些生态问题往往是交织并生的，某一方面的恶化必将招致其他生态问题的连锁反应，这对河西走廊的生态治理提出了更高的要求，就是对业已凸显的生态问题进行全面而综合的治理。全面是针对生态治理的主体而言的，综合是针对生态治理的对象和方法而言的。全面治理是讲究全员共同参与的治理，而非某一集体或组织单方面的实践参与。其缘由在于人类要不断从大自然中摄取所需物质来维持生命体的运转，自然无偿地给人类提供物料，人与自然是彼此交织在一起的，互利互惠。之所以产生生态问题，是因为人类对大自然的超强活动引起的。更重要的是生态环境问题关涉每一个人的生活质量和生命健康的大计，所以每一个人都对生态环境负有不可推卸的责任，每一个人都是生态治理过程中不可或缺的重要成员。可现实的困顿在于，人们一直对生态环境问题缺乏准确的认识，偏执地认为生态问题是由政府的决策失误引起的，政府应该为生态问题买单，也应该自觉承担治理主体的责任，这是政府使命所在。所以，政府是唯一的生态治理主体，普通民众是心有余而力不足，仅仅充当旁观者的角色，对生态治理便持以漠不关心的冷淡态度。

政府是生态治理的主体这无可厚非，但把生态治理的责任和职责统统推给政府，而把普通民众置身生态治理事外却是一种极其荒谬的逻辑。

抛开人是自然生态系统中不可或缺的重要成员不说,把生态治理的重任推卸于政府完全是藐视自然尊严的一种不负责任的态度和表现。更何况把政府树立为主导生态治理的唯一主体在实践中会产生一系列问题,这些问题主要表现在:其一,政府主导的生态治理定格了政府是一元主体的思维定式,进一步滋长了民众的消极懈怠意识。生态治理原本是一个人人参与、自觉践履的生态保护行动,它需要政府的宣传和督导,但是把政府定格为生态治理的唯一主体,实际上推卸了作为一般民众在生态环境问题上的职责,背离了人与自然之间的通约。人与自然之间本质上是统一的,这种统一性表现在人与自然互生共栖、和谐共生:人需要自然来满足人的物质、精神与审美的需要,同样自然需要人激发内心的道德良知,呵护自然系统的持续完整性。但人却在生态治理的问题上逃避责任,把自身置于与生态问题无涉的边缘地带,不仅违逆了人与自然的统一性,而且把生态治理的职责尽数推给政府,让政府来承担自己劣迹的生态恶果,很容易使一部分人产生麻痹心理,滋长消极懈怠的意识,把自己高悬于生态治理事务之外,充当旁观者或隐形人的角色,悖逆了人与自然的本质统一性和共生性。

其二,政府主导生态治理,致使政府在生态治理实践中付出的成本过高。由于人们先入为主地把政府认定为生态治理的一元主体,把所有的生态治理任务都推给政府来实施,结果便是政府生态治理的成本过高,影响了生态治理的效果。政府掌握着资源与权力,靠政府的权威和执行力的确能解决棘手的问题,但生态问题本身是一个长期演化的过程,相应地,生态治理也应该建立长效机制常抓不懈。实际上,生态治理仅仅是政府众多职能中的一种,而且需要投入大量的人力、物力和财力,长期持续进行。生态治理的成效也不可能在短时期内显现出来,这与一些政府追求短期的政绩目标有一定差距。所以,生态治理在政府财力不力的情况下往往被搁置,这种现象在河西走廊生态治理中屡见不鲜。另外,人们把生态治理的所有期望都寄托于政府而自己对生态治理视而不见、充耳不闻,这就导致尽管在生态治理过程中耗费了大量精力,颁布了切实可行的政策,但在实践操作中往往由于得不到人的支持而缩水,生态治理仿若成为无底洞,吸附了政府的资源和财力却难以达到预期的效果,政府单线式的生态治理成本过高无力支撑生态治理政策的延续性,生态治理的成效往往事与愿违。

其三，政府主导治理导致生态治理缺乏有效的监督机制，使生态治理政策时断时续，影响了生态治理的效果。生态问题的持久性和顽固性决定了生态治理是一项需要长期不懈狠抓落实的浩大工程，需要生态治理主体的通力合作、积极配合才能有望在一定的时期内解决生态问题，逐步改善人居环境。这就对生态治理主体有了相应的制度性和规范性要求。可一旦将政府认定为生态治理唯一的主体就会使政府产生对生态治理的麻痹感或疏离感，因为政府是生态治理的一维主体，表征生态治理的制度和法规均是由政府颁布制定、负责实施，生态治理的时效性和评判标准也是由政府来厘定。这就意味着生态治理政策的贯彻落实是根据政府的综合治理能力来确定和推进，当政府财政状况比较好、人员充足，生态治理政策就会持续稳定地贯彻执行，反之生态治理则被搁置，时断时续。生态治理效果的滞后性又使政府对生态治理缺乏紧迫感，没有任何个人或机构质疑或监督政府的生态治理实施，生态治理缺乏长期有效的监督机制，自然无法取得实质性的进展。另外，政府与环保部门之间存在掣肘和推诿现象。在行政级别上，地方环保部门比较低，当发现企业存在危害生态环境的行为时可以采取罚款或关闭企业等措施，但实际上这些举措只有得到地方政府同意方可执行，而地方政府行政级别高，却对环保部门的请示置若罔闻。因此，即便地方环保部门发现了企业违纪违法的事件，也没有对其实施惩罚的权力。① 从中就可看出政府主导的生态治理实际上缺乏对政府实施生态治理措施的有效监督，往往是政府有生态治理的政策和举措而不关注生态治理的结果，生态治理只是流于形式，没有达到预期的治理效果。

鉴于将政府确定为唯一的治理主体存在诸多漏洞或弊端，必须重置生态治理的主体以凸显生态治理的多元性和时效性。生态环境问题本身是一个人与自然失和长期演化的问题，每一个人生活于自然界中必然要与大自然产生千丝万缕的联系，而人类的不合理行为一旦超过自然承载范围就会引起大自然的本能反应，进而产生生态问题。也就是说，每一

———

① ［美］易明：《一江黑水：中国未来的环境挑战》，姜智芹译，江苏人民出版社 2012 年版，第 109 页。

个人的不义之举都有可能引起生态问题，所以生态问题与每一个人的行为直接相关。而且就生态问题的影响力来讲，可以毫不夸张地说，生态问题是关系每一个人生存安全的首要问题。因此，生态治理绝非一个与个人无涉的无关紧要的问题，也不能将生态治理的责任全然推给政府，它应该是个人、企业、社会等组织多元全程参与的过程，故而生态治理的主体应该是多元的，只有在多元的治理主体框架内才会汇聚各方智慧、凝聚各方力量，有效地治理生态问题。

生态治理讲究多元协同推进的治理主体格局。在这个多元的治理体系中，政府和个人、企业和社会组织都是生态治理的主体，共同参与生态治理的伟大工程，彼此之间地位是平等的，只不过在生态治理的过程中履行的职责或分工不同而已。政府在生态治理过程中起引领作用，这种引领作用体现在政府确定生态治理的方向和目标，制定生态治理的政策，并通过宣传手段让更多的人了解生态治理的重大意义，调动个体生态治理的积极性，主动参与生态治理。企业和个人则是按照政府的目标要求积极配合贯彻政府的生态治理政策，自觉践履生态治理的理念，同时通过合理合法的途径监督政府是否依照既定的政策目标有效推进生态治理。可见，多元的生态治理主体是将政府的部分职能转移给企业和社会组织来执行，表面上看是弱化了政府的权力，实际上是减轻了政府生态治理的负担，进一步提高了政府在生态治理中的要求，这就有效避免了在单一治理主体状态中政府对生态治理麻痹大意、消极懈怠的弊端。与此同时，企业和个人在多元的治理体系中有了更多的自主权，减少了生态治理的制度性约束，从而调动他们进行生态治理的积极性和创造性。例如，企业完全可以根据市场的运行规律自主安排生产，通过科技创新推动实现绿色生产，完成生态治理的目标。多元的生态治理主体减轻了政府的生态治理成本，激活了企业和个人的活力，使其能够自觉参与到生态治理的实践中，如此便使生态治理的政策得以有效落实。而且，政府和企业、个人在生态治理中既可以通力合作，又可以相互监督，从而确保生态治理政策的长效推行，有利于推动实现生态治理的现代化。

（二）生态综合治理机制不健全

所谓综合治理，主要是从生态问题生成的复杂性和生态问题分布界域的不确定性两个维度来说的。生态治理是将已经凸显的生态问题作为治理对象，生态系统的复杂性和有机互动性决定了生态问题从来就不是一个针对具体生态问题的单项治理，它是一个复杂的酝酿过程，许多生态问题通常是联系在一起并生发的，此意味着生态治理是一项整体的综合治理工程。河西走廊的生态问题是由长期以来人类不合理的资源利用方式持续作用的产物，而且这些生态问题并非单线条式地孤立生成、独自发展，生态问题往往是彼此交织、同步运演的。这在河西走廊生态脆弱区表现得尤为明显。

河西走廊之所以绵延生息，得益于三大内陆河中下游的绿洲滋养。历史时期曾对绿洲进行三次大规模的开发与利用，每一次开发对绿洲的破坏强度就更深一层，如此便使原本脆弱的绿洲生态系统惨遭破坏。例如，石羊河下游的武威—民勤绿洲曾经是面积广阔的肥沃之地，人们在绿洲上生活栖息，其乐融融。在魏晋时期，中原发生内乱，不少文人商客迁徙到武威，使武威成为当时河西地区经济富庶、文化昌盛的繁荣之地，赢得了"银武威"的赞誉。可是明清时期的大规模开垦荒地破坏了绿洲边缘的植被资源，使地表土壤的附着力下降，失去了防风固沙的能力，每临大风时节就会就地起沙，形成恶劣的沙尘天气，而风沙肆虐则会进一步强化土地荒漠化，土地荒漠化又使地表植被面临再次退化的严峻问题，所以明清之后的武威—民勤盆地土地荒漠化情势已经非常严峻。如今的民勤县城三面被沙漠包围，但是石羊河上游修建水库拦水灌溉致使下游绿洲无法得到水源补给，严重超采地下水又使地下水位下降使地表植被或土壤彻底失去了水源给养，加剧了地表土壤的沙漠化，如不采取有效的治理荒漠化的措施，武威—民勤的绿洲盆地前景堪忧。

再如黑河下游的额济纳绿洲曾经也是人们安居乐业的理想之地，汉代在这里还设置过郡县，著名的居延海分布在绿洲上。额济纳绿洲全赖黑河进行水源供给，但位于黑河中游的张掖盆地截水灌溉切断了额济纳绿洲的水源，致使绿洲植被资源面积萎缩，荒漠化加剧，额济纳绿洲陷于一片荒芜境地。如今黑河水系依然存在中下游之间争水的矛盾和纠纷。可见，植被破坏就会引起水源逐渐短缺，而植被破坏和水源萎缩又会进一步加快土地荒漠化进程。这些生态问题之间是一个紧密相连的复杂过程，彼此并存演进，而今这些问题依然交织在一起并成为制约河西走廊社会经济持续发展的首要问题。

　　生态问题生成的复杂性决定了河西走廊的生态治理讲究整体的综合治理，对生态问题产生原因和发展态势进行总体把控，以整体而长远的视野把诸多生态问题纳入综合治理的实践过程，由此就避免了生态治理过程中头痛医头、脚痛医脚、首尾不相顾的偏执倾向，全面而有效地治理生态环境。但现实的困境在于，河西走廊的生态治理往往是针对某一个具体的生态问题出台相应的对策，缺乏一种整体的、长远的，能够统筹治理各类生态问题的长效机制，有计划、有步骤地协调经济发展与生态保护之间的关系，总是在某一类问题爆发后再集中整治，综合治理意识和综合治理机制跟不上生态治理现代化的需求。

　　生态问题生成的复杂性决定了生态治理需要将诸多生态问题置于一个整体的视野来综合整治，同样生态问题分布界域的广袤性也决定了生态治理需要讲究综合治理原则。河西走廊业已凸显的生态问题分布地域广袤，涉及三大内陆河流域的各个区域，有的生态问题还是跨区域性的，生态问题的界域很难辨识，这就造成有的地方政府在生态治理的过程中存在生态治理责任不明的漏洞，由此产生了生态治理的盲区，而这些盲区往往又是生态问题严重、生态治理较为薄弱的缓冲地带。一旦有了生态治理的缓冲地带，就意味着区际政府之间在生态治理上缺乏有机的耦合机制，生态治理就会明显暴露出缺乏综合治理机制而出现的分工不明和任务不清的致命缺陷。区际政府间缺乏统一的治理步调，甚至会出现相互推诿、彼此逃避生态责任的恶劣行径，生态治理的成效是不言而喻的。因此，生态治理要求健全综合治理机制，除了要从整体上对生态问题进行统筹治理以外，还需要从宏观的整体视域对治理生态问题所涉及的地方政府明确任务和分工，逐一落实责任，积极综合协调区际政府之间的关系，使其按照统一的目标和要求同步治理生态问题，如此方能有效地进行生态治理。

　　河西走廊三大水系分布的广袤区域存在不同程度的生态治理界域不明的问题，由此导致个别区域地方政府之间推卸责任，出现生态治理缩水的政策漏洞。比如，黑河下游的额济纳绿洲之所以存在，全仰仗黑河为其提供水源，但是由于中游工农业发展用水量不断扩大，他们拦截用水，如此使流入额济纳旗的水量逐年减少，绿洲得不到水源供给而逐渐萎缩，绿洲内的植被资源干枯而死，额济纳的绿洲生态系统遭到严重破坏。为了挽救绿洲生命系统，维持社会稳定，就发生了与中上游之间不断争水的矛盾与纠纷。下游认为中游无节制地拦截用水对额济纳旗绿洲生态系统破坏负有不可推卸的责任，而黑河中游张掖市则认为他们开发与利用水资源是合理的，对黑河下游的额济纳旗的生态环境治理不承担任何责任。这是由争夺水资源而引发的区际政府之间的冲突。实际上，因权责不明而导致生态治理出现盲区在河西走廊地区是相当普遍的，特别是将生态治理成效纳入政府的绩效考核以后，区际政府都害怕因生态治理不力而承担责任，更不愿意在生态治理的缓冲地带投入过多的精力。毫无疑问，这种狭隘意识不利于生态综合治理，但它切实反映出河西走廊在生态治理上缺乏协调区际政府之间的生态综合治理机制。正是这种制度设计上的纰漏，使河西走廊生态治理大打折扣。因此，综合治理生态问题需要综合的治理理论作为指导，在明确的目标方向和责任划分的基础上统筹规划，积极协调区际政府之间的合作关系，打消区际政府的顾虑，发挥区际地方政府在生态治理中的积极作用，通过不断完善生态治理制度和规范来健全生态综合治理机制，推进生态治理政策同步顺利实施，保障经济发展和生态保护的协同统一，改善河西走廊的生态环境。

（三）生态治理中的发展理念滞后

发展理念滞后就是引领社会经济发展的导向出现了偏差，不利于人与自然、社会的可持续发展。河西走廊的生态治理之所以日渐式微，与该区域发展理念滞后有密切关系。这种发展理念就是以物性为标尺的传统发展观，单纯地强调经济的增长，特别是将 GDP 的持续增长和人们物质生活水平作为发展成效的根本标志。这种以物性为衡量标准的单向式发展理念固然能在短时期内实现社会经济的快速发展，但从根本上来讲，它无益于人与自然的永续发展。传统发展观之所以存在并被作为一种发展共识认可，有着深刻的历史根源和现实依据。近代中国一直是在资本主义现代性逻辑的宰制之下蹒跚而行的。西方资本主义国家之所以肆无忌惮地藐视中国、践踏中国，其原因在于资本主义国家的强盛，这种强盛实际上表征的是工业文明对农业文明的超越。新中国成立后，我们着力改变近代中国落后的面貌，将发展社会主义经济作为第一要务。在中国共产党的坚强领导下，经过几代人艰苦卓绝的奋斗，中国落后的境况初步得到改观。改革开放之后，中国进入经济发展的快车道，综合国力的稳步提升和物质生活水平的提高充分说明发展对于解决中国问题的重要性。但毋庸置疑的是，这种一味强调经济高速增长的传统发展观并非尽善尽美，现已出现的生态问题即是对这种单向发展观弊病的必然反应。如今中国已是世界第二大经济实体，但发展依然是解决中国所有问题的关键环节，而且在新时代的背景下，社会主要矛盾已经变为人民日益增长的美好生活需要与不平衡不充分的发展之间的矛盾。我们既要创造更多的物质财富和精神财富以满足人民日益增长的个性化需求，而且要提供更多的生态产品满足人民日益增长的对优美生态环境的需要。在这种情况下，规避传统发展观，践履新发展理念，实现人与自然、社会的可持续发展，就成为社会主义生态文明建设的应然要求。

改革开放以后，河西走廊的社会经济进入了一个高速发展的辉煌时期，无论是经济发展水平还是社会面貌都发生了翻天覆地的变化，说明传统发展观在推动社会经济繁荣方面确实厥功至伟。但必须澄明的是，传统发展观追求的是单向经济增长的粗放的发展方式，在实践中直接以物性作为衡量标尺，这就意味着尽管在这种发展观的推动下改变了河西走廊的社会环境，但毫无讳言地讲，这种发展观还是以牺牲生态利益来换取经济增长的，尤其是对于资源禀赋不占优势的河西走廊来说，这一点是至关重要的，如今河西走廊业已凸显的生态问题即是明证。生态治理的最终目的是实现人与自然的和谐共生，呵护生态共同体的根本福祉，而以物性为标尺的传统发展观显然有悖于生态共同体的价值导向和实践旨归。河西走廊的生态治理无法达成预期的治理效果与这种粗放式的发展观不无关系。生态治理是为了解决经济发展给生态环境带来的不良问题，但单纯强调经济持续增长却建立于对生态资源的无尽消耗之上，这就造成生态治理与经济发展的二重悖论。治理与破坏并举，生态治理的效果自然不尽如人意。为此，如何处理生态治理与经济发展之间的关系就成为河西走廊生态治理必须慎思的重要命题。

其实，生态治理能否与经济发展相协调，关键取决于采取何种发展理念来推动社会发展，因为其直接关涉人与自然、社会的永续生存问题。业已凸显的生态问题表明河西走廊还未能从传统的发展理念中解脱出来，而这种传统发展理念的实质是"使人越来越背离自然，越来越远离自然。把支配自然、远离自然叫做'进步'、'发展'、'文明'，而把适应自然、接近自然叫做'倒退'、'落后'和'野蛮'"①。传统的发展理念是以物性为衡量标尺的，受这种发展理念的错误导向，人们在实践中追求物质主义和消费主义。所谓物质主义，就是以物质占有和物质攫取为目的的行为方式或价值偏向，将金钱至上的价值观作为人之存在的实在意义。物质主义直接来源于资本主义理性为内核的现代性逻辑。启蒙运动之前，人固有的理性被神性的权威压制，人绝对服从神性的权威，人的欲望和自由被束缚在神性的牢笼中，启蒙开启了人类理性的门阀，使人之理性散发出耀眼的光芒。在理性之光的照耀下，人类执着于追求凡人的幸福和自由，所以理性被标示为资本主义现代性的核心，推动资本主义工业文明奋勇前行。资本主义现代性在张扬人的主体性的同时却否定人的自然本性，把人推向了与自然相异的对立面，标榜人类宰制自然的主体作用，肆无忌惮地聚敛财富，因为现代性"既想拒斥人的'自然本性'问题，又想把无限追求物质财富界定为人的'自然本性'"②。现代性将占有和享受物质财富作为人的本性来认同，某种程度上助长了人的物欲。在逐利本质的催动下，人类把追求物质财富视为获得自由和享有幸福的根本途径，大肆地攫取物质利益。这种实利主义的价值导向决定了遵行越多越好的经济理性原则，践履单向度的经济发展理念，而单纯地强调经济增长必然是以毁坏生态资源为代价，最终造成生态环境的恶化。为了改变落后的社会面貌，河西走廊采取了以物性为标示的传统发展理念，在社会发展过程中片面地强调 GDP 的增长，人们也把占有或攫取更多的物质财富和资源作为价值操守。如此运演的结果是，一方面，社会经济在持续增长，人们的物质生活水平逐渐得到了大幅提升；另一方面，由于这种发展理念一味追求经济和财富增长，生态资源惨遭严重破坏，而人们在物质财富的无尽占有中滑向物质主义，最终带来的是绿色家园的破坏和人们幸福生活指数的下降。一

---

① 卢风、刘湘溶主编：《现代发展观与环境伦理》，河北大学出版社 2004 年版，第 48 页。

② 卢风：《非物质经济、文化与生态文明》，中国社会科学出版社 2016 年版，第 12 页。

言以蔽之，单纯强调物质财富和经济增长的传统发展理念使河西走廊生态治理大打折扣，也不利于河西走廊的可持续发展，更无益于人类美好生活的实现。

传统发展理念单纯地把经济的快速增长作为唯一目标，追求物质财富的无尽占有，以 GDP 的增长和人们物质生活水平的提高作为发展的目标，必然导向以物性为标尺来衡量社会进步和人们生活的幸福程度，最终指向物质主义。物质主义是以物质的占有或消费为核心内容，故而物质主义和消费主义是传统发展理念之下物质利益至上的指称，受无度的物欲所宰制。消费是社会生产代谢过程中一个必不可少的环节。通过消费，人类获得物质产品和精神产品，满足了人类生存和发展的各种需要。没有消费作为依托，社会生产就无法维系，消费又是推动社会再生产的主要力量。但消费是有限度的，其限度就是能够满足人类所需而不被外物所累。通过消费，人们获得的是生存生活的满足感和愉悦感，而非被物欲所强制或抽离的孤寂和落寞。传统发展理念以物性为标尺，实际上代指的还是资本主义现代性的物性逻辑，以占有越多越好的物质资源来确证自己的身份和地位，展现人在物质占有中的自足和幸福。毫无疑问，这是资本主义工业文明资本逻辑驱动之下的异化消费，其本质上倒置了人的真实需求与虚假需求，背离了消费的真谛。改革开放之后，我们汲取了工业文明的成果，使社会经济面貌发生了根本性变化，但异化消费的病症也在社会经济领域悄然显现出来，人们还完全沉浸在异化消费的满足和成就中未能超脱出来。

对于广大消费者而言，其消费的主要目的是满足物质需要，获得商品的使用价值，但是异化消费却误导人们追寻商品的交换价值，并且以时尚作为消费的合理依据，而"时尚通过把消费品符号化，赋予消费品一种象征性的社会意义而使消费品产生了一种社会价值。时尚象征着成功、高贵的身份、受人尊敬的社会地位和人生价值的实现"[1]。异化消费实际上是一种错位的消费理念，是以占有更多的物质资源来满足人的心理吁求，表征的是人无度欲望的外在形式，绝对地占有和无限地拥有只会靠耗费更多的生态资源以千奇百怪的形式麻痹人的心灵，因为异化消

---

[1] 卢风、刘湘溶主编：《现代发展观与环境伦理》，河北大学出版社 2004 年版，第 44 页。

费根本不考虑消费的生态公正。消费的生态公正是指"人的消费忽略或剥夺自然生态系统中其他生命有机体种群生存所需的物质消费权益，从而危及生态系统中一种或多种生物有机体种群繁衍和生态系统整体功能的消费行为或选择"[①]。可见，异化消费所致的消费主义漠视了大自然生存的权益和价值，将物质的占有和消费建立在生态资源的无尽攫取之上，满足心理的自足，喻示的是完美人格的异化。

河西走廊的生态治理需要发展作为持久的动力支撑，但发展绝非以牺牲生态利益为代价的黑色发展，而是要规避以物性为标尺的传统发展理念。消解物质主义和消费主义对人性本真的侵蚀，以新发展理念置换传统发展理念，"只有当人们放弃了物质主义价值观，不再以无限追求物质财富的方式追求人生意义，即在追求物质方面知足，在意义追求方面不知足时，非物质经济的发展才会是亲自然、亲生态的"[②]。党的十七大报告中首次提出了建设生态文明的伟大壮举，生态文明实践则指向人与自然的和谐共生，呵护生态共同体的整体利益。党的十八大报告又将生态文明纳入"五位一体"的战略布局中，越加凸显社会主义生态文明的战略高度。在党的十八届五中全会上，进一步提出了创新、协调、绿色、开发、共享的五大发展理念，而五大发展理念是一个有机统一的整体，统摄于社会经济发展的各个领域，必将引领实践实现社会主义生态文明。党的十九大报告将坚持人与自然和谐共生作为新时代坚持和发展中国特色社会主义的基本方略之一，深刻阐明了人与自然是生命共同体，人类应尊重自然、顺应自然、保护自然，建设人与自然和谐共生的现代化，通过加快生态文明体制改革建设美丽中国。党的二十大报告明确指出，在新征程上，中国共产党的中心任务就是团结带领全国各族人民全面建成社会主义现代化强国、实现第二个百年奋斗目标，以中国式现代化全面推进中华民族伟大复兴。中国式现代化是在党的百年奋斗历程中成功开创的能够指引实现社会主义现代化强国的正确道路，人与自然和谐共生的现代化是中国式现代化的典型特征之一，促进人与自然和谐共生又是中国式现代化的本质要求之一。新征程上，要以习近平生态文明思想

---

① 潘家华：《中国的环境治理与生态建设》，中国社会科学出版社 2015 年版，第 177 页。

② 卢风：《非物质经济、文化与生态文明》，中国社会科学出版社 2016 年版，第 151 页。

作为行动指南，以中国式现代化开创社会生态文明建设新局面，建设美丽中国。新时代新征程要建设幸福美好新甘肃，新的时代境域和新的目标要求必然赋予河西走廊的生态治理有新的治理思维和新的发展理念，拓展生态治理的认知视域，助推河西走廊的生态治理迈入实践新境界，创建和谐、稳定、美丽的现代化新河西。

第 四 章

河西走廊生态治理价值取向的转向

　　河西走廊的生态问题之所以愈演愈烈，以致难以逆转，与人类超然于自然的野蛮态度及其所采取的不合理的资源利用方式有莫大的关系。河西走廊的生态治理缺陷导致生态治理效果不尽如人意，进一步确证生态治理的价值取向关涉人对自然的态度及作用方式。人与自然本质上是和谐共生的统一关系，这种共生关系决定了生态治理是以人为本的综合性整治，是通过对人性至善的本真回归达成人与自然美美与共的实践超越。但现实的逻辑是，人类秉持人类中心主义的单一价值取向，直接促成人类信奉人为自然立法的斗争哲学，采取竭泽而渔的黑色经济发展方式，推崇单一主体的生态治理模式。这必然导致生态治理效果大打折扣。河西走廊生态治理必须扬弃这种单向度的价值取向，重塑以呵护生态共同体共同福祉为实践旨归的多元价值取向，人向自然生成，厉行天地美生的绿色发展模式，采取多元协同的生态治理路径，以实现人与自然的和谐共生作为实践起点和价值归宿。唯其如是，河西走廊的生态治理方能取得良好的效果。

一　生态治理的双重向度

　　生态治理就是对业已凸显的生态环境问题进行综合整治，其本身意味着在生态危机日益严峻的情势下，通过对人类活动的干预实现生态系统的稳定与平衡，而生态系统之所以失衡以至于发生生态危机乃是人类的超绝欲望和狼性态度悖逆了人与自然的本质统一。人与自然本质上是统一的，这种统一性显现为人化自然和自然人化的双向互动的实践过程中。正是得益于人与自然的良性互动，才实现了人与自然的和谐统一，人与自然为主体的生态系统方能维系一种相对稳定的状态。但现实的境域却是，生态危机的幽灵在全球范围内肆虐，威胁人类生存的绿色家园，生态危机表征人与自然互生共栖的共生关系不复存在。一方面，人类对自然生态环境进行毫无上限的攫取和掠夺，奉行不增长就死亡的实践逻辑；另一方面，自然生态系统难以承受人类竭泽而渔式的盘剥而进行本能的报复，人与自然之间的物质循环链条发生断裂。因此，面对生态危机咄咄逼人的严峻态势，生态治理就显得尤为迫切和必要，而人与自然的共生统一性和生态危机的作用机制决定了生态治理的双重向度，即还原人性至善的以人为本的内在回归和以人与自然和谐共生为旨趣的外在超越。

（一）以人为本的内在回归

生态危机的作用机制和运演过程决定了生态治理必须坚持以人为本的理念。以人为本，是以人至纯至善的本性为本，还原人性的本真和善良，再现人性至美的亮丽图景。生态治理之所以强调回归人性之善的本原，是因为人性的至善本真在以资本主义理性和物性为核心的现代性逻辑中早已消失殆尽。在物欲至上的价值观的引导下，人们执着于物质财富的无尽占有和攫取，信仰实利主义。人是以物质包装起来的单向度的人，由此导致人性在物欲的满足中异化了。人性在物性至上的侵蚀下逐渐失去了善意的本真而质变为单纯攫取财富的经济人，而对财富的无尽占有是以无限掠夺生态资源为代价的，必然的结果是有限的生态资源难以满足人类的超绝欲望。当人类的无尽占有超过了生态承载力时，必然会引发大自然本能的抵抗，生态危机自然无法幸免，因此我们说生态危机表面昭示的是生态系统各个生态要素的失和，实际上表征的是人性危机。"生态危机表面看是自然环境的污染和破坏，它暴露的深层问题却是人性危机，是人在自然面前失去了人之为人的本性。"[①] 正是基于对生态危机的审视，实质上也是人性危机的深刻内省，生态治理首先就表现为对人性的反思和检视，使人回归到人性至纯的善意本原显现以人为本的

---

① 曹孟勤、卢风主编：《环境哲学 20 年》，南京师范大学出版社 2012 年版，第 84 页。

内在回归，以此来表征生态治理的核心要义和价值旨趣。

1. 生态治理以人为本的内在向度展现了人性至善的本真回归

人是自然界长期发展演化的产物，因独具其他生命体所不具备的心智意识和实践能力而成为自然生态系统中较为灵性或活跃的成员。人类凭借思维能力和实践活动不断与大自然交织并生，演绎了一部跌宕起伏而又文明璀璨的人类发展史和自然史。从此种意义上讲，人与自然是一个互生共栖的生命共同体，在本质上是和谐统一的。人来自自然界，就不可避免地要与自然界发生密切关系，而我们所谓的人性自然是指人之本性的指称。既然人是大自然长期运演的产物，那么作为人之本性就无法与大自然相疏离，人性生来具有一种自然的本质内蕴。"从人与自然的关系中揭示的人性是人的自然本质，是人热爱自然、关心自然的本性。这种本性不是人们平常所说的生物本性或生物本能，而是在与大自然的相互作用中生成的具有后天性质的自然性。"① 美国著名环境伦理学家罗尔斯顿精辟地指出"人性深深地扎根于自然"就是对人性与自然性之间灵动关系的最好诠释。自人类认知觉醒的时候起，自然就为人类描绘出了充满无限情怀和壮美的亮丽图景。"优美的山野令人心旷神怡，它使我们的精神从人生的忧愁中解脱出来，赋予我们以勇气和希望。奔流不息的大河，使僵化的思维活跃起来，得以扩展死板的思维范围。郁郁葱葱的大森林还诱发出对万象之源——生命的神秘感谢，唤起对生命的尊重意识。"② 可见大自然总是以包容万象的宽广胸襟和生机勃勃的气象呈现给人类一幅大气磅礴的至美画卷，总是以美的标准来刻画自然界的生命元素使其显现出盎然生机的活力，故而我们说大自然的本性是崇高而至美的。一方面，作为自然之子的人类，理应禀赋大自然的这种豪迈与真诚，在人性中保持大自然的荒野韵味和美的意境，也就是说，人性具有自然性的至诚与至美；另一方面，作为独具思维意识的生命体，人是通过集结为一定的社会群体而生存和发展的，人是类存在物的本质属性又决定了人的社会属性，进言之，人是自然性和社会性的统一。"人性是人

① 卢风、刘湘溶主编：《现代发展观与环境伦理》，河北大学出版社2004年版，第60页。

② ［日］池田大作、［德］狄尔鲍拉夫：《走向21世纪的人与哲学：寻求新的人性》，宋成有等译，北京大学出版社1992年版，第49—50页。

生而固有的本性：它一方面是人生而固有的自然本性，另一方面则是人生而固有的社会本性。"① 而且，"人的本质既包括社会本质又包括自然本质，自然本质是社会本质的基础，社会本质是对自然本质的超越。自然本质决定人最初的生存方式，即像动物一样生存，而随着生存方式的拓展又决定了人的社会本质。人的自然本性决定人的生存方式，生存方式又决定人的社会本质。两者统一于人性中"②。

　　人性是自然本质与社会本质的有机统合，决定了在人性本真的界定上表现为双重维度：一重维度是人性具有大自然至美至善的内源性本真，使人具备优良品格和高尚的道德意识，真正成为自由而全面发展的人；另一重维度是人性被打上了社会的烙印，要受到社会文化的洗礼、社会制度的规制、社会习俗的浸染等各种影响，使原本单纯的人性充满了复杂性和不确定性。其既可以形塑为有着高尚品德的人，又可以沉沦为追寻物欲享受的经济人。特别是在社会缺乏优良制度约束和先进文化熏陶的生存境域中，人性往往会偏离至善的本真而走向极端，现实社会所涌现出来的生态资源的枯竭与日益激增的物质财富之间的冲突对峙就是明证。人性的本真是与自然界的本质一样，保持一种固有的澄澈和至美状态，其不受任何外界力量和因素的侵扰，固守至纯至净的本然底色。正是这种安然自我的本真自由才诠释出人性不与外物相争、与自然生命体浑然一体的善意真谛。然而，人毕竟是具有社会属性的动物，在社会规则和社会文化的运演过程中无法避免要受到社会风气的浸染，人性中纯真的至善境界受追寻物质欲望最大化的驱动早已成为泡影，人们心中的道德标尺已经完全被无限增长的物质财富扭曲，越多越好的经济理性原则成为人类在实践中恪守的重要原则，曾经对人类行为具有重要指示向度的美德、正义、秩序、公平等标示人性至美的标准已被强权、占有、争夺、扩张所置换，人性的善意本真在物欲至上的现实世界里失去了昔日亮丽的光芒，人被曲解为只为满足物质欲望膨胀的动物，失去了人之为人的本真和使命。人的本性是至善至美的，在与大自然的交互并生中实现人与自然的本质统一，显现人之纯真的原生面貌。人与大自然在祥

---

① 王海明：《人性论》，商务印书馆 2005 年版，第 11 页。
② 吴国盛：《让科学回归人文》，江苏人民出版社 2013 年版，第 55 页。

和与宁静中共同缔造了一个和谐共生、互惠共生的生命共同体。

　　然而不幸的是随着人的主体性的膨胀，人与自然的共生互惠的状态日渐打破，人逐渐游离于自然成为超然于自然之上的绝对化了的人。人们坚信自己不再是匍匐于大自然脚下的奴隶，也不是盲从于神性权威的奴仆，而是为自身谋幸福的现实中的人，人之存在的终极价值就是追求自由和幸福。追求幸福和自由是释放人性本真的一种状态，也是人生活于现实世界进行生产活动的实践指向和价值归宿，表征了人之为人的本然之境。但倘若将人之高尚的自由和幸福以单纯的物性指标来衡量的话，就背弃了自由和幸福的主旨，人就会误将物性自由确认为真正的自由，只有占有更多的物质资源和财富才能标示出自己的幸福状态和人之存在的实在意义。这种以物性标尺衡量人之幸福和自由的倾向几乎伴随资本主义工业文明的整个过程，如今在资本主义现代性主宰的现实世界里，这种错置的衡量指标仍然在发挥重要的指示作用。正是在单纯追寻物质增长的世界里，"对物质财富和利润的无限制获取导致了物欲的极度膨胀和人的物化，人被置于物的必然和强制之下，愈来愈沉迷于物质追求和消费追逐，从而被物的贪欲所控制，最终成为物的奴隶"[①]。人堕落为物质的奴隶，沉浸在物质利益的无尽攫取中迷失了人之存在的实在价值。在这种境域中，"人既不能保持他向世界彻底地开放，又不能从上帝照顾人的眼光来了解人奇妙的成就和对世界所享有的主权，这项失败已经使现代人脱出了自然的保护力量，被抛进混乱和孤立当中"[②]。人的这种孤立无依的失落状态进一步确证人性在物欲的不断攫取中日渐蜕变为满足私欲的工具。在毫无上限的物质满足中，人类失去了大自然这个最好的挚友，人类的超绝欲望和狼性态度将大自然作为攫取物质利益的工具和手段，人们在丰盈的物质世界中尽享财富所带来的愉悦和快慰。然而毋庸置疑的是，"现代社会，特别是商业社会所呈现的琳琅满目的物质盛宴，更加以精神贫乏的形式折射出人性中潜在的缺陷：人与生态社会的

---

　　① ［德］尤尔根·哈贝马斯、［德］米夏埃尔·哈勒：《作为未来的过去：与著名哲学家哈贝马斯对话》，章国锋译，浙江人民出版社 2001 年版，第 209 页。

　　② ［德］孙志文：《现代人的焦虑和希望》，陈永禹译，生活·读书·新知三联书店 1994 年版，第 67 页。

疏离"①。

　　一方面，物质的丰裕满足了人类的私欲，而私欲的无度满足却恰恰表征了人之善意本性的裂变。人已经质变为只为满足财富积累的单向度的经济人，人性的堕落随之而来的是社会道德的滑坡、公共性的缺失以及对共同体的冷漠。这些迹象纷纷表征在崇尚物性和资本增长的现代性逻辑中，社会并没有因为经济发展水平的提高而进步，反而暴露出社会经济发展水平提高之后的缺陷或问题。另一方面，伴随人性的蜕变和私欲的膨胀，物质财富的增长是以攫取和占有有限的生态资源为代价的，自然资源的稀缺性难以支撑无限膨胀的物质需要，自然会以生态危机的形式表达对人类不义之举的本能报复。从此种意义上来说，"生态危机的实质是人性危机，人的异化是生态危机的深层原因。人性陷入危机的原因则是现代性将人的欲望合理化为人的本质，使人沦落为欲望的奴隶"②。

　　既然生态危机某种程度上昭示的是人性危机，那么遏制生态危机对生态环境进行综合治理的核心要义在于人性的整治，使人性复归至纯至善的本真。这既是重塑人与自然的共生关系，再现生态共同体和谐永续的现实吁求，也是挽救人类避免继续沉沦于物质主义的尴尬境地，实现人自由而全面发展的价值诉求。人与自然不离不弃共同构成一个有机和谐的生命共同体。在这个生命共同体中，人与自然是彼此共生、互利、互惠的关系，大自然作为人类活动的对象无偿地为人类发展提供物质资源，而作为大自然伙伴的人类也同样要礼遇大自然，将人类的道德情怀施之于大自然，彰显人类的人文意蕴。进而言之，大自然在实践活动中实现了人化，而人则在改造与利用大自然的过程中逐步自然化，人化自然和自然的人化伴随人类活动的整个过程，人与自然的主客体关系在实践的过程中实现相互转化。也就是说，"人的活动的对象性表现了人掌握和占有对象的功能特征，它包含着人作为活动的主体同作为活动的对象的客体之间的双向转化过程，即主体客体化和客体主体化的过程"③。人

---

①　周国文：《自然权与人权的融合》，中央编译出版社 2011 年版，第 137 页。
②　曹孟勤：《人性与自然：生态伦理哲学基础反思》，南京师范大学出版社 2004 年版，第 17 页。
③　夏甄陶：《人是什么》，商务印书馆 2000 年版，第 271 页。

与自然之间主体与客体相互转化的互动关系进一步确证了人与自然的本质统一，正因为如此，生态治理的关键环节便是矫正人性，还原人性与自然性深度契合的本真面貌，通过重塑人与自然的和谐统一关系重现人与自然的本质统一，如此便使得"自然成为内在于人之本质的存在，人对自己的善，也就意味着对自然存在物的善；对自然存在物的善，也就意味着对自己的善。善待自己与善待自然物具有高度的内在一致"①。因此，通过生态治理，以人为本的内在回归使人性的善意本真与大自然的至真至诚的自然性融合为一体，人类的任何行为举措都要对人与自然这个生态共同体的整体的善负有不可推卸的责任，呵护生态共同体的整体福祉便成为人类活动的重要使命，如此便彻底消解了人性被物性所异化的虚妄状态，重现人之本性的善意与美德，实现人与自然的和谐共生。

2. 生态治理以人为本的内在回归是实现生态性存在的现实吁求

所谓生态性存在，是指一种原生性的生存样态，是按照自然生态的法则和人文秩序的原则规范人们的生活习俗，使之过一种贴近自然的、还原生活世界本原的生活。生态性生活是一种恬适的生活状态，这种恬适的生活实际上表达的是人与自然和睦相处、互不相胜的生活境界。在这种"天人合一"的生存境域中，人的性灵与自然的本真融为一体，人性没有受到任何私利的浸染和物欲的利诱，人之至善的本性在利用和改造自然的过程中本能地显现出来。"人是自然中的人，自然是人中的自然；世界存在于人之中，人也存在于世界之中，根本不能将人超拔于自然之外，而使人成为自然之上或自然之下的存在。"② 生态性存在也是一种释然的生活，这种释然昭示的是人性不受任何约束和规制的原生性，只有在这种无所畏惧、无所拘束的原生性中，人才能获得真正的自由，在充分享受自由的时候才能获得幸福感，寻求精神世界的安逸和庇护。以人为本的生态治理强调人的这种内在向度就是要着力还原人之生存样态的本真，使"祛魅"化了的生活世界返魅，从而消解生活世界的殖民

① 曹孟勤：《人性与自然：生态伦理哲学基础反思》，南京师范大学出版社2004年版，第14页。

② 曹孟勤：《人性与自然：生态伦理哲学基础反思》，南京师范大学出版社2004年版，第14页。

化，重塑人与自然、社会和谐统一的生态共同体。确如马克思所言，"社会是人同自然界的完成了的本质的统一，是自然界的真正复活，是人的实现了的自然主义和自然界的实现了的人道主义"①。人们的生存世界之所以被祛魅，失去了生存的自然性，其根本性的原因在于资本主义现代性的物性逻辑驾驭了人的意识，人不能成为自主支配的人，人的真实思想和社会行为都被卷入了现代性的洪流中，失去了个性和自由。人只是在按照预先设计好的规程和秩序进行一种机械化的重复，靠自身的心智预设了一种理想的制度和技术以便为人类福祉服务，但现实的逻辑是，人被制度的规约和技术的程序化所设计，被置于了不受操控的"座架"。如此一来，"当人依赖于机械式的专业化工作，技术主义所包内的整齐划一将削弱人内在的创造力。人之心灵的内在空间被大大地压缩，心灵的机械化，使人不再纯真；人不再是使用机器的人，而是被机器所控制的人，或者说人在心灵干涸的催化下迅速变成机械人"②。

　　资本主义现代性以理性为内核，而理性是人之为人的根本特质。康德说，人要大胆地利用自己的理性，使自己摆脱不成熟的状态，就是说人要善于运用自己的理性，使自身从动物的习性中解放出来去追求属于人的目的。人的目的是实现自由和幸福，这恰恰是理性所追寻的至高境界，昭明了理性耀眼的光环。人的自由和幸福是人之本能的释放，追求一种释然的生存样态。自由是不受任何约束的真正的自由，而幸福是一种精神世界圆满的表征，是心灵秩序的返璞归真。幸福和自由需要一定的物质作为依托，但倘若将幸福和自由单纯地以物性标尺来衡量的话，幸福和自由就失去了原味而质变为物质享受的幌子。资本主义现代性理性并没有把人类指向幸福的彼岸，反而在理性的旗帜下，幸福被曲解为无止境的物质享受，幸福被世俗化和低俗化。资本主义现代性理性受制于私有制，在实践中追求无限增长的资本逻辑，而"资本通过自己的增殖来表明自己是资本"③。正是由于资本逻辑的驱动，现代性被刻上了利益的标识，在实践中以物化来实现资本和财富的积聚。现代性一旦被资

————————

① 马克思：《1844 年经济学哲学手稿》，人民出版社 2014 年版，第 79—80 页。

② 周国文：《自然权与人权的融合》，中央编译出版社 2011 年版，第 135 页。

③ 《马克思恩格斯文集》第 7 卷，人民出版社 2009 年版，第 397 页。

本或物欲所操控，那么世界的万象均被物欲化和资本化，人与人、人与自然、人与社会之间的共生互惠的依存关系就会质变为赤裸裸的商品交易关系，人也就退化为资本所奴役的工具而失去了自由。"人就是被这样抛入了漂流不定的状态之中，失去了对于连接过去与未来的历史延续性的一切感觉，人不能保持其为人。这种生活秩序的普遍化将导致这样的后果，即把现实世界中的现实的人的生活变成单纯的履行功能。"①

　　这种履行功能就是单纯地追求财富增长和物质享受，人则在财富积聚的过程中质变为单向度的经济人。单向度的物质享受纵然能在肉体感官上寻求刺激，但是过度的物质依赖却造成人们精神世界的贫困化。这种贫困化一方面体现在物质世界的丰裕使人类更多地徜徉于物质的单向度攫取和享受中，人们的自由完全被琳琅满目的物质世界所填满，人们获得的是靠物质刺激带给他们的虚假的自由，这种虚假自由背后隐喻的是人陷入了物质包裹的牢笼而失去真实自由；另一方面，物质的充盈却使人们的精神世界荒芜，人与人之间的利益关系使人忘却了对生态共同体的关心，社会道德的滑坡、优秀传统文化的遗弃、信仰的扑朔迷离、优良品格的虚无化等迹象就是人们精神世界荒芜的确证。物质的丰裕和精神世界的贫困化使人们的心灵世界找不到归宿和家园，人们仅仅是游离于社会边缘的飘忽不定的原子式的个人，迷失了生命的方向。在精神没有寄托、心灵无法归位的现代性世界里，人们只能通过物质的无尽占有来抚慰精神世界的空虚，庸俗的物质享受必然招致生活世界的殖民化。当人们的价值取向纯粹是以物质享受来定位的话，必然的结果是生活世界的物质化，而生活世界的物质依赖又必然是以无限攫取生态资源为代价的，大自然毫无疑问被贴上了物质的标签，沉沦为满足私欲的工具，运演的结果是："在人与自然的关系上，由于信奉斗争哲学，我们把大自然视为斗争敌人，战天斗地成为一项难得的品质，自然成为我们予取予求的战利品，对其乱砍滥伐，乱排滥牧。其结果就是令人触目惊心的环境噩梦的到来。"② 鉴于此，遏制生态危机必须进行生态环境治理，而生

---

①　[德] 雅斯贝尔斯：《时代的精神状况》，王德峰译，上海译文出版社 2003 年版，第 45 页。

②　王治河、樊美筠：《第二次启蒙》，北京大学出版社 2011 年版，第 122 页。

态治理的核心是人。通过治理人，人在丰盈的物质世界里澄明人之存在的终极价值，明辨人之存在的正确航向，使荒芜的心灵归位，重返精神世界的家园。因此，在物性为标尺的现代性浪潮中寻求精神世界的圆满，其根本的途径便是扬弃物质化的生活世界，推崇生态性的生存样态，使人的自然本真重新焕发出至善至美的光芒，照亮精神家园的光明之路，复归人与自然的和谐统一。

3. 生态治理以人为本的内在回归不是重蹈人类中心主义覆辙

生态危机照明的是人性危机，是人的善意本性被无度的物欲所蒙蔽蜕变为单向度的经济人，人性的物化则进一步助长了人类的私欲，使人类产生了自我优越感和主体意识。人类主义意识的增强又进一步拔高了人的主体地位，使人类超然于他物成为宇宙世界的主宰，这就是人类中心主义。人类中心主义把人类标识为宇宙世界的中心或主体，而人类之外的其他生命体则被边缘化为客体，客体围绕主体而存在，主体宰制客体，客体服从于主体的需要或满足。在人类中心主义看来，整个生态系统只有人类具备自我意识和实践能力，自然处于中心或主宰地位，大自然则是满足人类各项需要的工具或手段，人是自然的主人，自然界受人类的绝对支配或控制。正是在人类中心主义的误导之下，大自然沉沦为满足人类私欲的工具，而毫无上限的物欲则使大自然面目全非，最终造成难以逆转的生态危机。可以说，生态危机是人类自我标榜、狂妄的必然遭际的恶果。正因如此，我们在进行生态治理的过程中应扬弃人类中心主义，合理定位人类在自然界中的地位和作用。

生态治理需要发掘以人为本的内在向度来激发人性的善意本真，借以规制人类的不义之举，进而达成人与自然的和解。"当我们确证了人类有爱自然的本质，必然会把爱自然的行为认定为人之为人的行为，把破坏自然的行为认定为人之为兽的行为；必然会主动自觉地爱护自然，以表现人之为人的本质。因此，热爱自然是人超越自然的必然性，不同于其他生命的存在标志，是人独特价值的体现，更为重要的还在于这是人类驯服魔鬼（指人的欲望——引者注）的救世良方。"① 生态治理讲究以人为本的实践原则，并不是要重蹈人类中心主义覆辙，而是在肯定人类

---

① 卢风、刘湘溶主编：《现代发展观与环境伦理》，河北大学出版社 2004 年版，第 60 页。

主体作用的同时抑制现代性的物性逻辑对人性的侵蚀，重拾人性的质朴与善良，通过人类道德和公共精神的浸润，将人类的关怀情怀自觉自主施之于大自然，使之感受到人类的友善与真诚，呵护生态共同体的公共福祉。

因此，以人为本的生态治理既没有高扬人的主体性，也没有贬低人在自然界中的作用，而是将人与自然置于相互依存、互惠互利的生态共同体中来认同。在生态共同体中，"人就是自然，自然就是人；有人就有自然，有自然就有人。人与自然合一，就彻底消解了中心意识"①。在生态共同体中，人与自然是一种对等的共生关系，人与自然的主客体地位是可以相互转化的，由此就彻底摒除了人类中心主义。当然，中心意识的消解并没有否定人类的主体作用，人类可以通过合理而科学的方式改造或控制自然，但控制自然并非把自然视为满足人类私欲的工具。"控制自然的任务应当理解为把人的欲望的非理性和破坏性的方面置于控制之下。这种努力的成功将是自然的解放——人性的解放：人类在和平中自由享受它的丰富智慧的成果。"② 因此，生态治理以人为本的内在向度昭明的是借助人类内在本真的发掘来呈现人性的至善性，通过内省检视人类的不义之举，不仅有益于彻底消解人类中心主义的超绝欲望和狼性态度，而且通过道德力量的约束和至美心灵的浸润规范人类的行为举止，有利于重塑人与自然之间的共生关系，实现生态共同体的祥和、美丽。

（二）以和谐共生为旨趣的外在超越

生态治理以人为本的内在回归是通过还原人性的本真至善本根来激活人类的道德因子，借以实现人类内生性或原发性的治理意境，规制或约束人类的行为举止，以形成良好的社会风尚。作为一种实践性极强的浩大工程，生态治理不仅需要内在向度，重启人性善意的基因密码，更需要通过人性的返魅实现外在的超越。生态治理的外在超越体现在两个方面：一是生态治理需要规避人类中心主义或生态中心主义的机械二元

---

① 曹孟勤：《人性与自然：生态伦理哲学基础反思》，南京师范大学出版社 2004 年版，第 14 页。

② ［加］威廉·莱斯：《自然的控制》，岳长龄等译，重庆出版社 2007 年版，第 168 页。

论思维，倡导有机整体的统合思维，在和谐共生的价值引领下开展生态治理；二是生态治理在新型文明的场域中进行，特别是在新时代社会主义生态文明的整体视域中开展，无论生态治理的逻辑起点还是实践指向都表征着一种超越意蕴。

1. 生态治理需要和谐共生作为价值引领和实践指向

生态治理是对已经产生的生态环境问题进行综合的整治与管控，其目的是通过生态治理，人与自然在一个持续而稳定的优良秩序中实现可持续发展。生态危机作用机制的复杂性决定了生态治理并非一般性的生态环境保护，生态治理的最终目的是呵护生态共同体的永续稳定，只要有人与自然的活动就需要生态治理，因此生态治理是一项长期而复杂的浩大工程。正因为生态治理是一项持续性强、更为复杂性的伟大工程，它需要合理而科学的价值引领和实践指向，通过价值引领明辨生态治理的实践方向，从而避免西方国家先发展后治理的种种弊端。河西走廊现有的生态治理缺陷业已表明，生态治理需要有崭新的价值理念作为实践指向，而在新时代背景下，人与自然的和谐共生价值理念必将引领河西走廊的生态治理迈入新的发展阶段。和谐共生表征的是人与自然美美与共的至美状态，昭示的是人地相合的最佳状态，绘制的是"天人合一"的亮丽画卷，表达的是天地美生的美好胜境。生态治理的实践归宿是实现人与自然的永续发展，实际上力图实现的也就是这种万象共生、各美其美、美美与共的壮美图景。因此，生态治理需要和谐共生作为价值引领，日益恶化的生态环境恰恰确证的是人地失和的景象，也需要调适人与自然的关系再现共生之境。

持续恶化的全球性生态危机昭明人与自然之间的共生关系发生断裂，有了难以弥合的鸿沟，可实际上人与自然的关系并非向来如此。人来自自然，对自然有一种本能的亲和力，马克思直接将大自然作为人的无机身体来看待，恩格斯在《反杜林论》一书中指出："人本身是自然界的产物，是在自己所处的环境中并且和这个环境一起发展起来的。"① 法国思想家霍尔巴赫也指出，"人是自然的产物，存在于自然之中，服从自然的

---

① 《马克思恩格斯选集》第 3 卷，人民出版社 2012 年版，第 410 页。

法则，不能超越自然，就是在思维中也不能走出自然"①。可见，人与自然原本是一个密不可分的有机统一体，共同构成和谐共栖、交互并生的生命共同体，和谐共生便是这个生命共同体中人与自然关系原生态面貌的最好诠释。人与自然的和谐共生关系随着资本主义工业文明现代性的物性逻辑而破裂了。资本主义工业文明直接受制于资本无限增长的逻辑。"资本通过对日常生活的不断抽象，把人性的贪婪和占有欲，通过人的精神想象、虚无化、符号化的运作，在权力张力和资本张力驱动下，直接变为资本的意志，资本成为最高级别的绝对精神和神圣主体。它激活了人的天性，但同时也剥夺了人的天性和权力，把人类变成了疯狂的财富追逐者。"②

受资本的驱使，人们疯狂地追逐财富，日渐沉沦为财富的奴隶，在积聚财富的过程中还不断拔高自己的主体地位，把自然视为满足私欲的工具或手段。随着物质财富的日益剧增，人的本性也被毫无上限的私欲蒙蔽，人性在财富的日积月累中逐步蜕变，人们沉浸在物质利益的喜悦中完全淡漠了对大自然惨无人道的踩躏和盘剥，直到人类遭受大自然的无情报复时才幡然醒悟。"当西方国家在物质匮乏的困境消除之后，人们并没有寻找到幸福，相反，随着物质财富的不断丰富，人们失去的宝贵的东西却越来越多，人们不仅失去了纯净的生存环境，而且相伴而来的是灵魂的失落。"③ 资本主义工业文明虽然带来了物质财富的急剧增加，也使得人类的社会面貌发生了翻天覆地的变化，但毋庸置疑的是，工业文明的辉煌是以严重的生态破坏为代价的，而今生态危机的幽灵在全球范围肆虐，成为笼罩在人类心中的阴影，时刻威胁着人类的生存安全。工业文明的现代性追求资本无限增长的物性逻辑破坏了人与自然和谐共生的生态秩序，使人与自然由此前的朋友或伙伴关系质变为强烈的对抗关系，人与自然之间的新陈代谢发生了断裂。这种断裂毁掉了生态系统赖以维系平衡的纽带，必然的结果是引起大自然本能的报复。如今，在生态危机日益严峻的现实境域中进行生态治理，就是要试图重塑人与自

① ［法］霍尔巴赫：《自然的体系》上卷，管士滨译，商务印书馆 1999 年版，第 3 页。
② 张雄：《现代性后果：从主体性哲学到主体性资本》，《哲学研究》2006 年第 10 期。
③ 曹明德：《生态法原理》，人民出版社 2002 年版，第 71 页。

然的共生关系，而重塑人与自然的共生关系必须深刻反思人类的不义之举，摒弃工业文明物化自然的错误倾向，规避资本逻辑对人性的侵蚀，以人与自然和谐共生的价值导向引领生态治理，唯其如此方能避免西方国家先发展后治理的错误导向，准确定位生态治理的实践方向，有效治理生态环境问题。

2. 生态治理是在社会主义生态文明的场域内表征对工业文明的实践超越

一种文明形态的存在和发展有一个继往开来、循序渐进的过程，任何一种文明形态都不是凭空出现的，它是在历史的沉淀中、文明的对抗中才得以最终确定下来。迄今为止，人类文明莫不如此，生态文明亦是如此。虽然人们对生态文明尚处在探究阶段，某些观点或看法并没有得到所有人的理解和认同，但毋庸置疑的是，生态文明却是在积极汲取已有文明成果的基础上发展而来的，是对既有文明形态的传承和创新。在传统农业文明中，由于生产力水平尚未形成规模效应，人们只是在有限的范围内适度开发、利用自然资源，人类的活动强度完全在大自然的生态阈值之内，大自然可以通过自身的生态调节功能抹平人类活动的印记。在农业文明时代，人类虽然对大自然有了一定的认识和了解，但并未完全揭开大自然的神秘面纱，对自然深藏的无穷奥秘还全然不知，对大自然的崇拜之心和敬畏之情依然没有消退。在他们看来，正是得益于大自然的恩赐，人们才有了吃穿用度和生活的温馨家园。他们对大自然怀有一颗感恩之心，以宽广的胸怀包容自然，本能地对大自然怀有一种亲和力，没有过激的奢望和非分之想，人与自然是和谐共生的。

生态文明是要汲取农业文明的生态智慧来重塑人与自然的共生关系，使人与自然复归和谐，再现人与自然亲近无为的佳境。但生态文明所依赖的是现代科学技术和行之有效的现代管理方式来实现人与自然的共生、并生，而不是如农业时代通过顺安天命、泯灭人的正常欲望来实现生态亲和性。生态文明的成果直接来自工业文明，是对工业文明成就的深刻反思基础上的自觉意识。生态文明并没有全盘否定工业文明，而是规避了工业文明的种种陋习，扬弃工业文明，特别是吸取了工业文明以牺牲生态利益来谋取经济利益的惨痛教训。某种程度上讲，生态文明是对工业文明的超越，这种超越意蕴的表现之一是在人与自然的关系上。工业文明时代，在资本逻辑的促逼下，无度的物欲使人们迷失心智，退化为只为满足物质享受的奴隶。财富的激增助长了人类的超绝欲望，人类竟然自居为宇宙世界的中心，陷入人类霸权主义。人类超拔于自然之上，将自然看成毫无生机可言的机器，借助现代科学技术毫无节制地榨取自然。人们对自然界的狼性态度，使人与自然的共生关系发生断裂，最终引起大自然的无情报复。确如美国环境哲学家罗尔斯顿所言："不仅我们的技术，而且我们这个以谋利为目的的、资本主义的工业体系可能都是非自然的，因为它极尽欺骗之能事，对环境负了很多债，使自然的自动平衡一步步地被毁坏掉了。"① 生态文明吸收利用了工业文明先进的管理理念和现代化的科学技术，抛弃了工业文明竭泽而渔的资源利用方式，以生态化的方式来处理市场经济中资本、技术等要素对人性和自然的侵害，推动实现人与自然的和谐共生，谋取二者共同的福祉。正源于此，我们说生态文明内蕴着对工业文明的实质性超越。

改革开放以来，中国的经济走上了快速发展的轨道，综合经济实力迅速提升，人们的物质生活得到了彻底改观。但在感受经济富足带来的快慰的时候，人们也切身体会到了周遭世界悄然发生了变化。青山环绕绿水倒映的美景一去不复返了，污水的恶臭和恶化的生活环境成为笼罩在人们心里的阴影，人们生活的绿色家园遭到了严重的破坏。毋庸置疑，发展是硬道理初步改变了落后的面貌，但单纯强调 GDP 增长的硬性指标却将生态环境置于险境。发展是以牺牲生态环境为代价的，发展的结果是人们安居乐业的生存环境日益恶化，对绿色发展、绿色家园的渴求已成为民心所向。在认真总结国内外发展经验，深刻吸取发展教训的基础上，党的十七大报告明确提出了建设社会主义生态文明的总目标，实施科学发展观，建立资源节约型、环境友好型的和谐社会。在党的十八大报告中，又将生态文明建设融入经济建设、政治建设、文化建设、社会建设的全过程，形成了社会主义建设"五位一体"的总布局。如今，我们在习近平生态文明思想的指引下切实贯彻落实"绿水青山就是金山银山"的理念，建设人与自然和谐共生的现代化，推动形成绿色低碳的生

---

① ［美］罗尔斯顿：《哲学走向荒野》，刘耳、叶平译，吉林人民出版社 2000 年版，第 49 页。

产和生活方式，建设美丽中国，共谋全球生态文明建设，构建清洁、美丽的人类命运共同体。此即昭明无论在价值取向还是实践遵循上，社会主义生态文明都内蕴着对资本主义工业文明的超越。

社会主义生态文明既是一种先进的社会思想，也是一种实践超越。所谓社会主义生态文明，是指"以社会主义道路和马克思主义政党领导为前提，它既是人类文明发展所追求的最高形态的思想境界，也是人类文明的生态变革、绿色创新与全面绿化转型发展的具体实践，是理想与现实有机统一的历史生成过程"①。可见，社会主义生态文明是对资本主义工业文明的深度反思和积极扬弃，是一种历史的选择，代表着人类历史前行的发展方向。面对日益严峻的生态危机，积极进行生态治理，建设生态文明迫在眉睫。习近平总书记指出，党和政府要"以对人民群众、对子孙后代高度负责的态度和责任，真正下决心把环境污染治理好、把生态环境建设好，努力走向社会主义生态文明新时代，为人民创造良好生产生活环境"②。人不负青山，青山定不负人。为了满足人们对生存环境的心理预期，就须对业已出现的生态问题进行综合治理，而旨在实现人与自然和谐共生的生态文明将为生态治理提供明确的实践路径和实践方向。河西走廊生态治理的最终归宿也是要实现人与自然的和谐共生，因此要在国家实施生态文明的战略背景下，在社会主义生态文明的场域内，按照国家的统一部署，发挥政府、企业、团体、个人的积极性，有条不紊地对现行的生态问题进行综合整治，实现人与自然的协同发展，开创河西走廊生态治理新时代，再造现代化的新河西。

二　人类中心主义主导的单一价值取向

生态治理是一项长期而复杂的浩大工程，既要通过以人为本的内在向度深度发掘人性的至善本真，借以激活人的道德因子并转化为人的自觉行动，又要在社会主义生态文明的时代境域中以和谐共生的价值引领生态治理实践。生态治理的双重向度有助于拓展生态治理新境界，实现

---

① 秦书生：《社会主义生态文明建设研究》，东北大学出版社2015年版，第17页。
② 习近平：《习近平谈治国理政》第一卷，外文出版社2018年版，第208页。

生态治理现代化。可现实的问题是，河西走廊的生态治理无论在治理理念还是治理实践中都存在很大缺陷，其原因当根植于人们尚未完全摆脱人类中心主义的虚妄意识，还深陷于人类"优越论"的困境中难以自拔。所谓人类中心主义，就是把人类作为宇宙世界的核心或主宰，非人类生命体则受制于人类，被边缘化或工具化。根据余谋昌先生的理解就是，"人类中心主义，是一种以人为宇宙中心的观点。它的实质是：一切以人类为中心，或一切以人为尺度，为人的利益服务，一切从人的利益出发。它只承认人的利益和价值，不承认自然的利益和价值。因而实质上，它是一种'反自然'的观点"①。可见人类中心主义是人类自我标榜超然于自然的偏执理念，过分夸大了人类的主体性并将其绝对化。受人类中心主义单一价值取向的引导，生态治理依然固持人为自然立法的错误观念，奉行竭泽而渔的黑色经济发展方式，以人的主体性为治理依据，导致单一主体的生态治理日渐式微，自然无法实现天地美生的生态治理效果。

（一）人为自然立法

在人类中心主义价值范式之下，人类以主人的身份自居，超然于宇宙世界的其他生命体，充当人为自然立法的角色，而非人类存在物在人类中心主义的强制之下沉沦为满足人类物欲的工具。所谓人为自然立法，就是把人作为自然宇宙系统的主宰，根据人的目的或需要来厘定生态系统的法则和秩序，是一种完全漠视生态规约将人类意志强加于大自然的狂妄理念。人为自然立法的思想来自康德，康德说人是有目的的。"人就是创造的最后目的。因为没有人，一连串的一个从属一个的目的就没有其完全的根据，而只有在人里面，只有在作为道德律所适用的个体存在者的这个人里面，我们才碰见关于目的的无条件立法，所以唯有这种无条件的立法行为是使人有资格来做整个自然在目的论上所从属的最后目的。"② 人的目的性意味着人生活于现实世界就要以人的标准来实现已定的目标或计划，是以人特有的方式付诸实践来实现它，如此人的生活就

---

① 余谋昌：《生态伦理学——从理论走向实践》，首都师范大学出版社 1999 年版，第 59 页。

② ［德］康德：《批判力批判》，韦卓民译，商务印书馆 1985 年版，第 100 页。

充满了功利色彩，人将人之外的非人类存在物当作实现目的的对象或工具，自然就顺理成章地成为标榜人类绝对性的底色，人便有了为自然立法的合理性。"自然界的最高立法必须是在我们心中，即在我们的理智中。"①

人为自然立法实际上将自然推向了人的对立面，把自然视为人类实现目的的工具，人则是以牺牲自然的权利来成就自身，无形中将人标示为自然的主人，夸大了人的主体性作用。人之所以超拔于自然且代表自然的意志行事，是由于近代以来的主体哲学为其提供了合理性。主体哲学突出了人的主体作用，把人之外的其他存在物视为客体，人对非人类世界拥有绝对的控制权，其他生命体依附于人，围绕人这个中心开展活动，人自然就成为宇宙的主宰。早在古希腊时代，就已经开始生成人的主体作用。普罗泰戈拉阐发的人是万物的尺度这种人本思想直接将人从神学体系的束缚中解脱出来，关注人存在的实在作用，从而奠定了主体哲学的基础。后来，笛卡尔的"我思故我在"，培根的"知识就是力量"又进一步突出了人的主体地位。笛卡尔提出的命题强调了"我"在思考过程中的重要作用，思考的主体是"我"，而只有主体的"我"具备思的条件，这样就肯定了具备思维意识的人类具有绝对的主体作用。同样，知识就是力量也在肯定人的主体性，只有人能够运用思维掌握知识，而掌握了知识便可以将其转化为服务人类的各种工具，征服和改造自然。从人是万物的尺度到人为自然立法都在凸显人的作用及价值，高扬人的主体作用，由此意味着人的意志就代表了宇宙的意志，取代了上帝意志，人的评判标准就变成唯一的标准。"人作为万物的尺度，不是以人为出发点和依据去探索世界的奥秘，去好奇或惊诧世界的神圣，去认知世界的生命律动和神性法则，而是以人的快乐和幸福为目的去实践（即征服和改造）世界。由此，人由万物的尺度变成了万物的主宰，被人彻底物化了的世界变成了人的奴役对象。"②

近代以来的主体哲学所高扬的人的主体意识为人为自然立法提供了哲学基础。人为自然立法肯定了人在自然生态系统中的重要作用，这在

---

① ［德］康德：《未来形而上学导论》，庞景仁译，商务印书馆 1978 年版，第 92—93 页。
② 唐代兴：《生态理性哲学导论》，北京大学出版社 2005 年版，第 64 页。

一定程度上对人类探索自然奥秘、发掘和利用自然价值是有益的，但人为自然立法却过分夸大了人的主体作用，试图以人的思维和秩序来厘定自然的生态法则，靠人的法度来框定自然规律，无论是对人还是自然都产生了非常有利的影响。首先，人为自然立法在肯定人的作用之时异常强调人的主体性，从而助长了人的虚妄，陷入人类中心主义。人类有别于其他存在物的本质差别在于人具备思维意识，也就是人的理性。通过理性，人类凭借生产实践活动实现个人的自由和幸福，故而理性却被当作人类的宝贵财富被置于异常荣耀的地位。为了实现人的目的，人们大胆地运用理性，在理性的作用下，人的主体性凸显出来，自然人之外的非人类存在物便成为客体。主体的人在思维或劳动实践中必然会对客体产生作用，客体逐渐沦为人的附庸。"主体性原则使人挺立出来了，成为优于其他一切存在者的存在者。而与之具有同一性的现代性的本质也在于：人上升为主体，世界则沦为客体。"①

当人的主体作用被肆意放大时，人就树立为世界的中心，万物都是以人的尺度来恒定，人就取代了上帝成为宇宙的主宰，从而重构了人的信仰体系和价值标准。人存在于世间唯一可信的就是活生生的人。为了实现人的自由和幸福，人可以利用宇宙间的一切资源，唯有占有才能表征人的实在性，为此攫取物质财富成为人们的价值选择，"我"所占有的和消费的就能表明"我"是自由和幸福的，也能表明"我"的存在是有价值的。人的自由和幸福是以物性指标来量化界定的，人们的价值取向也是以财富的无度积累为标准的，人沉浸在物质的世界中欲罢不能。为了获取财富，人们无所不用其极，结果在财富的积聚中，人堕落为物质的奴隶，人性的亮丽光环早已黯然消失。人们只有在财富的积累中抚慰空虚的心灵，这又进一步放大了人的主体作用。在自然界中，人类目空一切，拥有绝对的话语权，所有的活动均是以人的利益为出发点和归宿，最终人类陷入了无所不能的人类中心主义。在人类中心主义看来，人在自然界中具有至高无上的地位，可以支配和控制生态系统中的其他自然物，如此就导致这样一种境况："自然界的一切都是为了人而存在的，人

① 杨淑静：《重建启蒙理性：哈贝马斯现代性难题的伦理学解决方案》，中国社会科学出版社2010年版，第33页。

的需要和利益是决定其他自然物是否有存在价值的尺度；只关注人类的生存和发展，无视与自身的生存和发展息息相关的自然界的生存和发展；只知道从自然界索取，不知道对自然界给予保护和回报。"① 因此，这种人类中心主义必然导致人类超绝万物的人类沙文主义和物质霸权主义。

其次，人为自然立法直接将人的意志强加于自然，藐视了自然的尊严。在人类面前，大自然没有任何尊严和权利可言，自然仅仅是满足人类目的的对象和工具，自然界存在的唯一价值就是为人类服务，满足人类的物质欲望。"当人充当起为自然立法的角色时，实际上就是人实现了对自然的否定；人要追求无限度的物质幸福，就必须全面否定自然；人要实现无限度的物质幸福，就必须绝对地控制自然：全面地否定自然是为了绝对地控制自然。"② 在人为自然立法的思维框架下，人赫然于自然，自然成为人类肆意攫取的工具或手段，毫无节制地征服和改造自然，其目的就在于通过榨取自然资源满足人类难以填饱的物质欲望。在物欲至上的价值观的刺激下，不增长就死亡被视为发展的一条铁律在生产实践中被不折不扣地遵循，将其直接实施于大自然的躯体上。而且，为了有效地积聚财富，人类发明了各种各样的技术，机器的轰鸣声遍布了人类所能触及的每一个角落。大自然在资本无限增长的促逼下，在追求时效技术的倾轧下，遭受人类毫无底线的盘剥致使面目全非。而今大自然满目疮痍，人类的绿色家园面临生态危机的严重威胁，就是人类活动肆虐的恶果。

人为自然立法是人类将自己的行为意志强加于自然，以人为中心来为自然界制定相应的秩序和规范，使大自然围绕人来运转，在强调人的主体意识的同时却剥夺了自然界的生存权利，践踏了自然的自尊。在人类中心主义单一价值范式的指引下，人把自己定格为宇宙世界的主宰，充当人为自然立法的角色，完全漠视大自然的内在价值而把其视为单向度的机械工具，并借助科学技术的不断翻新肆无忌惮地榨取生态资源。竭泽而渔的经济发展方式导致生态资源日渐枯竭，并最终引起大自然的本能报复，史无前例的生态危机就是对人类牺牲生态资源换取经济增长

---

① 李梁美编著：《走向社会主义生态文明新时代》，上海三联书店 2014 年版，第 171 页。
② 唐代兴：《生态理性哲学导论》，北京大学出版社 2005 年版，第 78 页。

而产生沉重代价的最好诠释。有鉴于此，要想彻底扭转人类中心主义的虚妄、挽救自然之死的现实困境，必须重建人与自然的共生关系，以人为自然护法置换人为自然立法，再现人与自然的本质统一。

（二） 竭泽而渔的黑色经济发展方式

人类中心主义将人在宇宙世界中的主体地位绝对化，偏执地认为人类可以随心所欲地主宰或控制宇宙世界中的非人类自然物。这种狂妄的价值取向直接误导人类将大自然错置为满足人类私欲的工具或手段，厉行一种以牺牲生态权益来换取人类财富无限增长的经济发展方式，我们称其为竭泽而渔的黑色经济发展方式。这种发展方式是一种急功近利的、不可持续的发展方式，其在实践中受制于资本无限增殖的逻辑，信仰金钱至上的绝对价值理念，在资本逻辑的催动下将不增长就死亡视为经济发展的利益向标，遵循越多越好的经济理性原则，并且把充满生机的大自然作为聚敛财富的对象或工具。质言之，在资本逻辑和经济理性原则的双重促逼下，大自然超负荷运转，人类中心主义的狂傲不羁和恣意妄为最终把大自然推向终结的边缘。

1. 黑色经济发展方式受制于资本无限增殖的发展逻辑

经济发展方式是人类在社会生产实践过程中利用和改造自然的发展形式或发展样态，其表征的是人类社会的经济发展水平和对待自然的态度。在前工业时期，社会经济的发展水平低，技术落后，极大程度上限制了人类的资源利用方式，所以人类往往是在相对保守的基础上对生态资源进行有限度的开发与利用，采取一种简单而稳定的经济发展方式。这种经济发展方式因简单而落后，却使人与自然保持了一种安宁、祥和的有序状态，维持了自然共同体的平衡与稳定。但自人类步入工业文明之后，人与自然互不相胜的平衡秩序被打破，它们并不是按照本然的生态规约保持各自发展的生态位，而是人类私欲的膨胀僭越了大自然的权利，使自然生态系统受控于人类的无度欲望。特别是工业文明受资本主义私有制的宰制，对大自然的盘剥与蹂躏更是肆无忌惮。人类自诩辉煌无比的工业文明是与资本主义嫁接在一起的，工业文明成就了资本主义，而资本主义则为工业文明的兴盛提供便利，保驾护航。资本主义本质上是一种以追求私有权利无限扩大为己任的私有制经济，实利主义和金钱至上是资本主义不折不扣的价值操守，在实践中追寻财富的无限占有和资本的无限增殖。在资本增殖逻辑的催动下，资本主义的各种关系均被打上了商品或利益的标签，渗透着资本的力量，因而资本主义生产关系是一种彻头彻尾的资本增殖和商品交易的虚假关系。正因为如此，马克思精辟地指出："在资产阶级看来，世界上没有一样东西不是为了金钱而存在的，连他们本身也不例外，因为他们活着就是为了赚钱，除了快快发财，他们不知道还有别的幸福，除了金钱的损失，不知道有别的痛苦。"①

资本之所以在资本主义社会备受青睐，根本原因在于资本的固有属性就是增殖，资本流通于市场的唯一目的便是通过市场运行的法则实现增殖的目的，不增殖，资本就失去了自身的底色。增殖是资本的固有属性，但资本倘若与资本主义私有制连接在一起就会变成一股无坚不摧的力量。资本的增殖属性满足了资本家追求财富激增的欲望，而资本主义制度则为资本增殖提供了制度、市场、技术等增殖要素，资本主义社会所有的制度体系和文化体系围绕的一个核心命题便是如何有效实现资本的无限增殖。"只有资本主义生产方式第一次使自然科学为直接的生产过程服务，同时，生产的发展反过来又为从理论上征服自然提供了手段。科学获得的使命是，成为生产财富的手段，成为致富的手段。"② 为了聚敛更多的物质财富，资本家将物欲至上作为恪守的价值信条，并在实践中把不增长就死亡作为资本主义发展的内在逻辑，资本主义的原料、市场、劳动力、技术等所有的生产要素都服务于资本增殖这一最终目的。因此，在资本无限增殖逻辑的催动下，工人被资本化，工人劳动的目的并不是享有劳动的快乐，而是服从于资本增殖的绝对目的；工人也没有因获得劳动收入得到一丝安慰，相反被程序化的机器所操控失去了自由；工人生产商品的目的并非获得使用价值，而是通过交换价值实现资本增殖。这就是马克思所说的异化，异化使工人背弃了人自由全面发展的本质沉沦为满足私欲的工具，在资本增殖的实践中退化为资本的奴隶。"工人在他的对象中的异化表现在：工人生产得越多，他能够消费得越少；

---

① 《马克思恩格斯文集》第 1 卷，人民出版社 2009 年版，第 476 页。
② 《马克思恩格斯文集》第 8 卷，人民出版社 2009 年版，第 356—357 页。

他创造价值越多，他自己越没有价值，越低贱；工人的产品越完美，工人自己越畸形；工人创造的对象越文明，工人自己越野蛮；劳动越有力量，工人越无力；劳动越机巧，工人越愚钝，越成为自然界的奴隶。"①

2. 黑色经济发展方式遵循越多越好的经济理性原则

资本主义工业文明受控于资本无限增殖的固有逻辑，而资本的本质属性就在于寻求自身价值的不断飙升。马克思说："资本来到世间，从头到脚，每个毛孔都滴着血和肮脏的东西。"② 这是对资本主义一味追求资本积累和物质满足而忽视对自然环境的保护和社会道德责任培育的最好诠释。在资本增殖逻辑的促逼下，资本主义奉行物欲至上的价值观，并把不增长就死亡作为资本增殖的实践指向，在市场经济运行过程中遵循越多越好的经济理性原则。经济理性是由生态学马克思主义的代表人之一高兹提出的一个重要概念。他在《经济理性批判》一书中把前资本主义社会的经济和消费行为总结为"够了就行"的生态理性，而把资本主义社会的经济和消费价值观定性为"越多越好"的经济理性。在高兹看来，前资本主义社会中，人们的消费行为仅仅是为了满足自己和家庭生活的需要，因而秉持一种够了就行的价值操守，所谓知足常乐就是对这种够了就行的生态理性原则的真实写照。但是在资本主义社会，人们的生产和社会行为并不是为了单纯满足自身所需，而是为了参与市场交换获取利润，因此人们的消费价值观念就变为"精于计算和核算"和"越多越好"的经济理性。"由于'计算和核算'原则的盛行，人们开始关注的是每单位产品所包含的劳动量，而不再顾及劳动和劳动主体之间的关系，不再顾及劳动主体在劳动过程中的感受，劳动的性质取决于由计算和核算所决定的劳动效率。"③ 经济理性原则通过精于算计和核算就能以最小的生产成本换取最大的利润空间，而通过效率提升可以在有限的时间内更为有力地实现资本增殖，因此越多越好的经济理性原则正好顺应了资本主义追求利润最大化的生产要求，也符合资本不断增殖的发展逻辑。

---

① 《马克思恩格斯文集》第 1 卷，人民出版社 2009 年版，第 158 页。
② 《马克思恩格斯选集》第 2 卷，人民出版社 2012 年版，第 297 页。
③ 王雨辰：《生态学马克思主义与生态文明研究》，人民出版社 2015 年版，第 107 页。

在资本逻辑的驱动下，资本主义市场经济运行遵循越多越好的经济理性原则，而经济理性原则的内核是计算和效率，所以为了尽可能降低生产成本，提升利润空间，提高生产效率就成为经济理性实现资本增殖的强大动力。为了提高生产效率，不断地进行技术创新，对于资本主义来讲，最佳途径便是进行大工业生产。马克思说："大工业把巨大的自然力和自然科学并入生产过程，必然大大提高劳动生产率，这一点是一目了然的。"① 大幅度提升生产效率实现了商品数量的激增，通过市场交换就可以获得更多的交换价值，进而实现资本增殖的目的。经济理性原则通过精于算计和注重效率确实推动了资本主义社会经济的发展，创造了工业文明的辉煌成就，也切实帮助资本家实现了财富增殖的目的。但毋庸置疑的是，经济理性越多越好的发展原则虽然实现了资本的有效积聚，但它却是以无尽占有更多的生态资源为代价的，而且改变了人们的价值观念，使人们沉迷于毫无上限的财富满足中，人与人之间的友善关系在资本增殖的过程中质变为赤裸裸的金钱关系，人彻底被金钱异化了。"经济理性就这样把人与自然之间的关系异化为纯粹的工具关系，把人与人之间的关系蜕变为赤裸裸的金钱关系。更重要的是，经济理性是劳动者非人化，使生活世界'殖民化'。"② 正因为如此，在社会主义市场经济运行过程中应尽可能规避或扬弃越多越好的经济理性原则，吁求够了就行的生态理性原则。

3. 黑色经济发展方式直接是以竭泽而渔的资源利用方式来换取经济持续增长的

资本主义工业文明信奉物欲至上的价值观念，遵循越多越好的经济理性原则来实现资本增殖。资本无限增殖的固有秉性推动资本主义践履不增长就死亡的实践逻辑，倒逼资本和技术向手无寸铁的大自然渗透，致使大自然满目疮痍。马克思说："只有在资本主义制度下自然界才不过是人的对象，不过是有用物，它不再被认为是自为的力量；而对自然界的独立规律的理论认识本身不过表现为狡猾，其目的使自然界（不管是

---

① 《马克思恩格斯选集》第 2 卷，人民出版社 2012 年版，第 218 页。

② 叶海涛：《绿之魅——作为政治哲学的生态学》，社会科学文献出版社 2015 年版，第 274 页。

作为消费品，还是作为生产资料）服从于人的需要。"① 这里的需要指向
一种靠欲望来刺激、靠盲目消费来自足的虚假需要，因为在资本主义框
架内所有的社会要素尽被纳入了资本增殖逻辑的体系之下，绝对服从于
资本增殖的需要。正是在这样的境况下，人的需要并不是满足自身生理
需求的真实需要，而是质变为在欲望驱使下的无度满足。这种满足是以
占有或攫取财富来填满的，而占有和聚敛财富的唯一路径便是对大自然
进行毫无顾忌的盘剥和蹂躏。野蛮地征服和一味地掠夺大自然实际上是
急功近利的不义之举。"这种把经济增长和利润放在首要关注位置的目光
短浅的行为，其后果当然是严重的，因为这将使整个世界的生存都成了
问题。一个无法回避的事实是，人类与环境关系的根本变化使人类历史
走到了重大转折点。"② 这个转折便是人与自然由和谐共生的伙伴关系异
化为难以弥合的对抗关系。这种关系的反差性剧变昭明的是人类对大自
然的超绝欲望和狼性态度，运演的逻辑便是全球性的生态危机成为威胁
人类文明永续发展的时代难题。

美国学者福斯特指出，"资本主义作为一种世界经济制度——划分为
诸多阶级，并被竞争所驱逐——体现出一种逻辑，即认可其自身的无限
扩张和对其环境的无限剥削。相反，地球作为一个星球，毫无疑问是有
限的。这是一个现实中无法逃避的绝对矛盾。"③ 的确，随着全球化浪潮
的顺利推进，资本主义工业文明并没有在时代的潮流中退却，反而在现
代性的物性逻辑中显现出强劲之势，资本无限增殖的逻辑并没有隐退，
资本对生态的渗透和侵蚀丝毫没有松懈。可是面对濒临枯竭的生态资源、
生态危机的日益肆虐、人类绿色家园被毁的现实境域、自然终结的边缘，
作为有社会责任心和使命感的人类应该从现实的遭际中彻底醒悟，竭泽
而渔的黑色经济发展方式只会将人类引向万劫不复的深渊，而追求天地
美生的绿色发展方式则标识了人类文明转型的新的正确方向，必将引领
人类步入新的征程。

---

① 《马克思恩格斯文集》第 8 卷，人民出版社 2009 年版，第 90—91 页。

② ［美］约翰·贝拉米·福斯特：《生态危机与资本主义》，耿建新等译，上海译文出版社
2006 年版，第 60 页。

③ ［美］约翰·贝拉米·福斯特：《生态革命——与地球和平相处》，刘仁胜等译，人民出
版社 2015 年版，第 9 页。

（三）单一主体的生态治理

人类中心主义强化人的主体性，偏执地把人标榜为生态系统的主宰，进而助长了人类沙文主义，将大自然作为聚敛财富的工具或手段必然招致生态系统失衡和生态危机的到来。生态危机是人类超强干预大自然的产物，是人类的超绝欲望和狼性态度强制自然的结果。面对咄咄逼人的生态危机，人类不得不进行适应性的调整，大力推行生态治理。然而，在人类中心主义单一价值取向的引导之下，生态治理没有弱化人的绝对主体性，实则是以人为中心的单一治理过程，核心要素和关键环节往往被忽视，效果自然不尽如人意。

以人为中心的单一生态治理主体强调的是人在生态治理过程中的地位和作用，生态治理的价值导向、话语权、政策法规和治理效度等均是以人的需要标准和满足标准来衡量的，这就意味着人的中心意识贯穿生态治理的整个过程。人是生态治理的主体，这无可厚非：一方面，是因为人具有其他动物所不具备的思维意识和实践能力，作为一项浩大的工程，只有人类能够胜任；另一方面，现实当中的生态问题之所以发生并产生难以估量的环境恶果，其本原还在于人类，因此生态治理的主体只能是人类。然而，倘若将人类作为生态治理的主体单一化或中心化，那就意味着生态治理的主体和实践都在凸显人的主体作用，本质上还是一种人类中心主义，而"人类中心主义就其本质而言，它强调和试图固化的就是人的一般物种意义上的动物的存在方式和思维方式"①，这种思维方式便是中心—边缘或主体—客体的二元对立思维。二元对立思维实则是一种非此即彼的机械思维方式，强调的是主客体之间的异质对抗性，淡漠主客体之间的有机联系和动态互动关系。

机械二元对立思维把宇宙世界看成一个由数理操控和程序驾驭的机器，万物之间亦是按照僵化的程序逻辑维系着的一种功利化的生态样态，生命体之间和存在物之间是一种毫无生机与活力的对抗性状态而非有机共生的互通共荣。实际上，在人与自然为主体的生态系统中，各个生命体之间并非僵化的对立形态，而是充满无限活力、涌动无限生机的生命

---

① 郑慧子:《遵循自然》，人民出版社 2014 年版，第 19 页。

共同体，各个生命体之间存在千丝万缕的动态联系。正是得益于这种有机互动的共生关系，才实现了存在物之间物质、能量与信息的新陈代谢，使整个生态系统永葆旺盛的生命力。作为生态系统中的人与自然更是一种不离不弃的共生关系。马克思说人类发展的历史其实就是一部自然史，精辟地阐释了人类与自然互生共栖的统一关系，而且"我们乃是扎根于自然之中，人类永远不可能脱离自然；我们同时也扎根于社会的历史和制度之中，我们的个人特征永远也不可能同它们相分离"①。因此，以人类为中心的二元思维显然和人与自然的统一和共生的本质相悖，况且生态治理的价值归宿是实现人与自然的和谐共生，以人为中心的单一主体实际上是将人类超拔出来凸显人的绝对主体性，错位的价值导向当然无法使生态治理产生人地相合的治理效果。

以人为中心的单一生态治理旨在以人的绝对主体性为依据，通过人的主导性作用，发挥人在生态治理实践中的主体作用借以实现生态环境的改善。单一主体的生态治理固然能够发挥人的主体性功能，调动人在环境综合整治中的积极性和创造性，但问题在于生态治理凸显人的主体作用却未曾对人的主体性有任何约束或制约，这就导致在实践中难以摆正人的发展与生态治理的关系。由于无法辨明生态治理的方向性问题，生态治理实践的效果自然式微。作为一项浩大的工程，生态治理应统合生态治理主体和生态治理对象两个维度：生态治理的主体自然是人类，而生态治理的对象却包含人与自然两个方面。以人类为中心的单一生态治理主体由于凸显人的主体性，往往漠视生态治理过程中人的治理向度，执着地认为生态治理就是人对自然生态环境的制度调适或整治。实际上，从生态危机发生的作用机制可以看出，生态危机表面上是生态系统失衡引起的乱象状态，但它昭示的是人类的超强欲望驾驭了自然必然运演的结果，故而"生态危机实际宣告的是人性危机，它表明的是人在自然界面前失去了是其所是的规定性。正是人性处于危机之中以及人对自然界

① ［美］大卫·雷·格里芬：《后现代精神》，王成兵译，中央编译出版社1998年版，第84页。

的恶，才最终导致了人对自然生态环境的恶行为和生态危机的恶结果"①。因此，生态治理的核心应该是对人的治理，对人的治理的关键在于对人性的矫治和回归，具体指的是消解人类中心主义的狂傲与虚妄，淡化人类中心主义所固持的中心意识和主体意识，摒弃人类超然于自然的狼性态度，彻底抵制物欲膨胀对人性的侵蚀，使人的善意本真得以回归。

生态治理过程中，人的治理向度就是通过人类主体善与美的本真回归激活人类的道德密码，将人类的道德关怀和人文伦理施之于大自然，靠人类的行动自觉达成人与自然美美与共的至高境界。因此，可以说生态治理能否实现人与自然和谐共生的价值期许，关键在于人性是否回归到至善至美的本真面貌。通过对人的内在性治理还原人的善意本质，人的行为举止符合道德的标准和善美的契约，如此就能从人的内心深处对人的僭越行为进行约束。人追求的不是越多越好的物质享受，而是通过物质的自足实现人的自由全面发展。如此不仅使人的行为有了道德规制的约束，而且使人类的发展方向有了合理定位。人的发展是为了自由全面实现生态性生存而非单向度的物欲占有，从而规避了人类中心主义单一价值取向所产生的偏执倾向。生态治理既要对业已发生的生态环境问题通过制度的调适、政策的疏导、法规的强制进行综合治理，又要扬弃以人类中心主义引导的单一生态治理主体所固持的机械二元对立的思维方式，以生态化综合的思维方式和实践指向统合人与自然的双重维度进行环境治理。唯其如此，生态治理方能标本兼治，彻底祛除人类中心主义所致的霸权主义和意识，实现人与自然的和谐统一。

三 生态共同体福祉为旨归的多元价值取向

人与自然原本是和谐统一的有机整体，然而由于人类中心主义助长了人类超拔自然的主体意识，在资本主义物性为内核的现代性逻辑的促逼下，人类的私欲被无限制放大进而遮蔽了人类的善意本真，物欲的膨胀以及技术理性的推崇使原本生机盎然的大自然惨遭蹂躏，最终爆发出

① 曹孟勤：《人性与自然：生态伦理哲学基础反思》，南京师范大学出版社2004年版，第132页。

足以毁灭人类文明根基的生态危机。生态危机的肆虐吁求人类深刻内省，重塑互不相胜的对等关系，使人与自然在优良的生态秩序中回归各自发展的生态位，建构一个人与自然美美与共、互利互惠的生态共同体，共同呵护生态共同体的永续发展。构建生态共同体是为了尊重和保护人与自然共同的利益，维护共同体整体的福祉，为此生态共同体出场的价值诉求和实践旨归是将人与自然的根本福祉作为导向，昭示的是一种多元价值取向。生态共同体福祉为旨归的多元价值取向，一方面将人作为生态共同体的主体，注重人的自由全面发展；另一方面，又将自然生态系统的持续稳定纳入人类全面发展的序列，将社会经济的全面繁荣和生态系统的平衡稳定置于人类永续生存的宏阔视域来考量。在实践中，生态共同体摒弃了人为自然立法的陋习，倡导人向自然的生成，践履天地美生的绿色发展方式，实施多元协同的生态治理新路径，以此来矫治人类的不义之举，使人与自然尽享自由，共同呵护人类共有的绿色家园。

（一）人向自然的生成

人与自然向来就是一个互相依赖、彼此共生的生命共同体。人类诞生之后才开始逐步认识和改造自然，彼此之间进行广泛的物质与能量、信息的传递，续写了人类与自然之间跌宕起伏的历史。我们可以直言不讳地讲，人类文明的发展史实则就是一部自然被改造和利用的运演史。诚如马克思说："历史可以从两个方面来考察，可以把它划分为自然史和人类史。但这两个方面是密切相连的：只要有人存在，自然史和人类史就彼此相互制约。"① 马克思的观点是精辟的，道出了人类与自然之间互生共栖的密切联系。人类发展至今经过了自然共同体和社会共同体，在每个共同体形态中，人与自然的关系存在较大差异。在自然共同体中，人类匍匐于自然脚下，盲从于自然的权威；在社会共同体中，自然又屈从于人类的欲望。如果说在自然共同体中由于人类的懵懂无知在敬畏自然的蒙昧状态中臣服于自然的话，那么在社会共同体中人类已经开始探索利用自然界蕴含的无限潜能。在技术的推动下，人类大规模地索取或盘剥自然，自然界在人类毫无节制的干预下改变了原貌，成为满足人类

---

① 《马克思恩格斯文集》第 1 卷，人民出版社 2009 年版，第 516 页。

物欲、攫取财富的工具或手段。也就是说，在这个阶段，自然是向人生成的，在人的无度欲望中成为人类追求经济无限增长的附庸。而今人与自然的关系沟壑难平，在社会共同体中，那种人类超然于自然之上的狭隘观念依然充斥着人类的头脑，但严重的生态危机已经威胁到了人类生存的绿色家园，迫使人类不得不做出重要抉择，重新定位人与自然之间的互动关系。为此，建立人与自然和谐共生的生态共同体就是要规避社会共同体中自然向人生成的种种弊端，生成人向自然，达成人与自然的根本和解。

美国著名生态哲学家罗尔斯顿认为，哲学应该尽可能地接近大自然，在大自然中汲取养分和智慧，因为"人性深深地扎根于自然"①，只有在自然的浸润中人性才能散发出纯真的光泽，探秘人之为人的真谛。罗尔斯顿关于人性扎根自然的观点是深邃而富有创见的，道出了人类与自然之间本质的内涵，那就是"物我为一"。生态共同体所着力打造的人向自然的生成其实就是人与自然之间互不相胜的高度统一性，它试图重塑人与自然之间的和谐共生关系，真实地再现人与自然的本质统一。长期以来，人类都是在按照自己的意志或行为方式在大自然的躯体上刻画人类的印记，自然自始至终是向人生成的，实践证明自然向人的生成虽然推动人类创造了灿烂无比的辉煌成就，但文明的背后却是荒漠，文明人并未正视大自然的权利，大自然在人类的一味攫取中从人类的伙伴质变为人类的敌人，人与自然之间的本质统一性被撕裂了，违逆了人与自然生命的本意。

既然人向自然的生成凸显了人与自然的本质统一，那么问题是人与自然的本质是什么？它们又是如何体现统一的？只有弄清楚这两个问题，才能明晰为什么人向自然的生成凸显了人与自然的统一。人是具有思维意志和智慧的高级动物，人的本质在于实现人的全面发展。所谓全面发展，大体包括两个层次：一是指物质层面，就是通过人类生产实践活动满足人类生存发展的物质需求，支撑人类社会繁衍生息；二是精神层面的充实和满足，人类在丰裕的物质需要中获得满足感之后追求自由、平

---

① ［美］罗尔斯顿：《哲学走向荒野》，刘耳、叶平译，吉林人民出版社1999年版，第92页。

等、信仰、审美等非物质化的需要，也就是马斯洛需要层次理论中阐发的追求自我实现的需要，以此来填充精神或心灵上的空虚和失落感。物质需要和精神需要是相互联系的整体，物质需要为精神需要提供基础和前提，精神需要为物质需要提供智力支撑，二者的有机结合方能称为全面发展，任何一方的缺失都会滑向极端，或者沉沦为物质的奴隶，或者质变为精神的附庸。自然的本质就是维持其本然的规定性，也就是罗尔斯顿所说的维持一种荒野的状态。自然不会讲人类的语言，也没有人类的思维意识，它的本质就是呵护自然的原生性。只有在原生态的自然中，自然才能保持生命的完整性，焕发自然野性的力量，寻找生命的归宿。人的本质在于实现自由全面发展，自然的本质在于维持原生性，二者的统一性主要体现在人在自然界中、自然界在人中两个发展向度上，也就是我们通常所称的人即自然、自然即人，人无法僭越在生态系统中的生态位超拔于自然，否则就背弃了人的自然性和善意本质。"自然本性为人之行动提供标准，这个标准完全独立于人的意志，这也意味着自然本性是善的。人所在的地位是宇宙整体之内的位置，人的权能是有限的。人无法克服其自然本性的界限。"①

人类是大自然长期演化的产物，人类生活在自然界需要不断地从自然界摄取能量来维持人类生命体的运转，人类的文化系统之所以能够繁荣延续也是以大自然作为物质载体的。为了获取能量，人类发明了各种各样的生产工具，并通过劳动向大自然索取物质需要，大自然就成为劳动的对象，劳动充当了人与自然物质与能量传递的媒介。也是借助劳动，人类将思维中的抽象世界转化为现实世界，在大自然的躯体上描绘亮丽的色彩。人类改造和利用自然的过程实际上是将人的本质通过劳动施加于自然，人的本质对象化给自然，自然在劳动中人化，自然界的原生图景被刻上了人类活动的印记。在自然界人化的过程中，人也在自然化，也即是说自然的本质也寓于人的本质之中。人类在改造自然的过程中将自然的本质内化为人的思维意识，而后人类再将思维意识转化为人类的自觉行为，自然的本质对象化给了人类。

总之，人与自然本质上是统一的，这种统一是人与自然整体的统一。

---

① 卢风：《非物质经济、文化与生态文明》，中国社会科学出版社 2016 年版，第 8 页。

"人与自然在本质方面是一个不可分割的整体，是一枚硬币的两个方面，没有自然世界就没有人，没有人也没有自然世界，它们共同构成了这个世界的本质性存在。"① 人与自然本质统一的整体性建构进一步表征了人与自然密不可分的共生关系，共同推动了生态系统的完整性与和谐性。正是基于此，我们说人向自然的生成是将自然的持续稳定作为人类发展的参照系，消解人类的主体性，把自然的本质纳入人类追求全面发展的全过程，真实地再现人与自然的本质统一。

人与自然之间的本质统一昭明人与自然的和谐共生关系，这种共生关系是人与自然生命的自然规定性，体现人性的真善美与自然真善美的内在交融。然而，人类在发展过程中逐渐迷失了自我，沉沦为物欲的奴隶，人性的真善美在物欲的追逐中消失殆尽，也使自然向人的虚妄中靠拢，玷污了自然生命的灵性。人的本性是善良的，这种善良是人类与生俱来的天赋，是大自然本能地赋予了人类善意的灵性，但人类却没有固守这份荣耀并发扬光大，反而在追名逐利中遗弃了，人之灵性失去了光泽。人类之所以对物质利益如此狂热以至于将自身的优势都抛弃了，其缘由在于人类在发展的过程中刻意将人的主体作用放大了，人变成宇宙中无所不能的主宰，人的理性被误置为满足私欲的工具。

理性是人类运用思维的意识和能力，是人之为人的本质特征，但是人类理性在很长的时间里都被禁锢在神性的牢笼中难以脱身，并没有给人类带来多少光辉，直到近代西方世界的启蒙运动。18 世纪开始的启蒙运动堪称人类理性的界点，之前人都是在神的指示和安排中被动地开展活动，理性被神性压制，追求理性变成人的一种奢望。启蒙运动之后，理性大放异彩，被推上了异常崇高的地位，但问题是人类在追逐理性的过程中却是以物性指标来衡量理性所要达成的自由和幸福，理性沉沦为物欲的工具，意味着人蜕变为纯粹满足动物式的物质需要中曲解了理性的真谛。"人虽然具备理性，然而倘若理性仅仅有利于人达到本能在动物那里所达到的目的，那么在价值方面这就完全没有使人升华到纯粹的动

---

① 卢风、曹孟勤主编：《生态哲学：新时代的时代精神》，中国社会科学出版社 2017 年版，第 110 页。

物性之上。"① 理性原本是人之纯真的优势，但是在物性的促逼下变为操控人类攫取财富的工具，特别是在理性为核心的资本主义现代性中，理性的光泽完全被物欲所吞噬，启蒙理性标示的幸福和自由被贴上物性的标签。在物欲的侵蚀下，人的精神与肉体日渐分离，人走上了一条悖逆人性的不归路。"这种虚假的启蒙更加对立于人类的真正的善，因为在这种虚假的启蒙中，每个人都装腔作势地重复一种陈腐的智慧，而精神早就已经从这个智慧中消失了；每个人都嘲笑偏见，而不把它们之中真实的东西与虚假的东西区分开来。"②

资本主义现代性直接受制于资本逻辑，资本的逐利本质决定了资本逻辑将包括人在内的自然系统视为掠取财富的对象或手段。"资本通过对日常生活的不断抽象，把人性的贪婪和占有欲，通过人的精神想象、虚无化、符号化的运作，在权力张力和资本张力驱动下，直接变为资本的意志，资本成为最高级别的绝对精神和神圣主体。它激活了人的天性，但同时也剥夺了人的天性和权利，把人类变成了疯狂的财富追逐者。"③在资本逻辑的催动下，人与人之间的正常关系异化为简单的商品交易关系，人们正常生活中的衣食住行全部包裹在赤裸裸的金钱交易中，没有了亲情和原则，没有了道德的感化，没有了社会的责任和良知，人们原本丰富多彩的生活被铺天盖地的物质填满，而人们似乎已经习惯于这种物化的生活节奏，徜徉在物质的享受中。但事实上，"在这个'物化'的世界里，人类虽然冲破了自然神和上帝神的限制，却重新拜倒在商品神的脚下；虽然超越了'自然人'的朴素性，却又带上了'经济人'的片面性和虚假性，仍然是一个缺乏创造性和主宰性的异化的人"④。在物性的世界中，人们执着于物欲的无度满足，试图通过物质财富的无限占有证明自身存在的价值，偏执地认为只有在物质的占有中才能实现自由，把人的精神层面的自由等同于简单的物质拥有，人们的信仰体系发生错

① ［德］康德：《实践理性批判》，韩水发译，商务印书馆1999年版，第66页。
② ［美］詹姆斯·施密特：《启蒙运动与现代性》，徐向东等译，上海人民出版社2005年版，第5页。
③ 张雄：《现代性后果：从主体性哲学到主体性资本》，《哲学研究》2006年第10期。
④ 韩秋红、史巍、胡绪明：《现代性的迷思与真相——西方马克思主义的现代性批判理论》，人民出版社2013年版，第250页。

位直接造成精神世界的坍塌，而且人被物质奴役。"现在人已经变成了一种商品，他体验到的生命是一笔资本，他可以根据他在人口市场的地位用这笔资本去获得尽可能高的利润。他同他自己、同他同时代的人和大自然产生异化。"①

人性被无度的物欲所遮蔽，使人与自然双双异化为物质的奴隶。自然界陷入了物欲的泥潭，在资本逻辑的强制下质变为纯粹满足人类物欲的工具，尊严被践踏，而人在自然界中则蜕变为只为满足私欲的奴隶。在资本逻辑的刺激下，人们崇尚物欲至上的价值观，遵循越多越好的经济理性原则，必然招致人性在物欲的世界中迷失方向，自然向人的私欲生成，最终随着人性的堕落，大自然惨遭破坏。而今严重的生态危机威胁人类的绿色家园，昭明自然向人的生成背弃了人与自然的本质统一。"在痛苦的反思中人们终于醒悟，对人性的摧残和对生产的破坏在根本上是一致的，其根源在于人们的消费方式和生产、生活方式。"② 为此，重拾人性的善意本真，挽救日益失衡的地球，必须彻底扭转人类对大自然不负责任的态度，尊重大自然的固有权利，以虔敬之心善待大自然，实现人与自然的和谐发展。实现这一目标，就要力促人向自然的生成，需要人类将道德的范围拓展至整个自然界。"一种行为是否正确，一种品质在道德上是否善良，将取决于它们是否展现或体现了尊重大自然这一终极性的道德态度。"③

人是自然生态系统中唯一具有道德意识和道德自觉的生命体，所以呵护生态系统的持续稳定是人类义不容辞的道德责任。况且，自然向人生成造成了严重的生态后果，人类要想继续在这个星球生存下去，人向自然的生成不仅是需要的，而且是迫切的。人类应胸怀全球，行于当下，自觉地将人类之外的其他生命体纳入人类道德关怀之内，呵护生态系统共有的善，因为在整个生态系统中，所有生命体均具有内在的价值和固有的使命，它们也应该受到尊重和认可。诚如美国学者泰勒所说的："我们对待地球非人类生命形式的责任是基于它们是具有固有价值的实体这

① [美] 弗洛姆：《爱的艺术》，李建鸣译，上海译文出版社2011年版，第128页。
② 曹明德：《生态法原理》，人民出版社2002年版，第71页。
③ 杨通进：《走向深层的环保》，四川人民出版社2000年版，第127页。

样一种身份，它们拥有一种凭借自身本性而属于自己的价值，正是这种价值表明把它们的存在好像只是视为实现人类目的的手段是错误的。是出于自身的缘故，它们的善应该得到促进和保护，正如人类应该受到尊重一样，它们也同样应该受到尊重。"①

（二）天地美生的绿色发展方式

人向自然的生成实际上表征的是人的主体性自觉向人的原生性不断趋近的过程，因为人是自然界长期演化的产物，本能地具有自然性的特质，只不过在外在力量的作用下，人的私欲强占了自然性原力的施展空间，使人的原生态本能被遮蔽，人性的至善本真也在物欲的占有中消失殆尽。人向自然的生成就是要触发人性的原点，激活人的善意因子，进而内化为人的道德自觉，使人与自然复归和谐。因而，人向自然的生成注重的是人类内在的主体性自觉和天地美生的价值引领，实践路径却是追求人与自然和谐共生的绿色发展方式。

1. 天地美生是绿色发展方式的价值诉求和实践归宿

天地美生刻画的是一幅人与自然各美其美、互不相胜、交织并生的壮美图景，其叙写的是人类的实践活动与自然生态系统持续、稳定和美丽的存在样态，折射出的是人地相合的至美境界。天地美生表征的是一种人地和谐，这种和谐胜境不需要刻意去改写生成，渗透的是一种浑然天成的自觉内蕴。这种人地相合的佳境需要靠人类的道德自觉维系生成，靠人类的至善行为促成。中国传统文化中儒家所提倡的"天人合一"和道家所推崇的"道通为一"，实际上表达的就是这种人与自然浑然一体的至美境界。儒家的"天人合一"是倚重个体仁善本真的自觉，将人的至善美德和仁义关怀推及整个自然生态系统，创造一种物我为一的至高境界，而道家的"道通为一"则注重的是人的内在修为和习惯性养成，讲究顺安天命、无为而治，通过克制人的欲望达成与自然的和谐。无论是儒家的"天人合一"还是道家的"道通为一"，都旨在描绘出一部人与自然浑然天成的自觉状态，强调的是天地美生的至美意境，而这种至美意

---

① ［美］泰勒：《尊重自然：一种环境伦理学理论》，雷毅等译，首都师范大学出版社 2010年版，第 13 页。

境需要人类的实践行为去促成。天地美生叙说的是人与自然的和谐统一，这种和谐统一是人与自然的本能性表达，而美则指称人与自然本质统一的最佳状态，需要人类的心智和实践劳动达成与实现。天地美生是人与自然和谐共生的价值诉求的完美表达，而实现人与自然的和谐共生则需要借助绿色的经济发展方式，故而天地美生就成为践履绿色发展方式的价值诉求和实践归宿。同理，绿色发展方式在天地美生的价值引领下按照美的意境和美的标准来设定发展的目标和方向，促成人与自然的和谐统一。

在全球性生态危机日益肆虐的现实境域中，天地美生早已成为一种泡影、一种奢望。面对生态危机咄咄逼人的态势，我们必须进行生态治理，而在生态治理过程中，首先要厘清的是为什么曾经天地美生的至美画卷在人类文明的发展过程中会销声匿迹，生态治理需要何种价值取向引导治理，生态治理最终归向何处，人类应该如何在文明的新征程中与大自然和睦共处。这些问题是生态治理必须澄清的核心问题，只有弄清楚这些问题，才能明辨生态治理的方向和规范人类的社会行为，有效地进行生态治理，否则一味地进行政策灌输和精力投入而无法澄明生态治理的终极价值生态治理实践是难以奏效的，"公有地的悲剧"就难以幸免。综观人类文明发展演进的历史，人类文明的背后之所以留下的是一片荒漠，就在于人类在文明发轫之初就将征服与改造自然纳入人类文明的行程中，只不过在不同的发展阶段对大自然的态度相异而已。在前工业社会，人类臣服于自然，对自然怀有敬畏之心，而在工业社会，大自然不再是人类的挚友，在资本逻辑的催动下，人类遵循越多越好的经济理原则，厉行黑色经济发展方式，结果必然是全球生态资源的日渐枯竭和生态噩梦的到来。鉴于此，生态治理必须规避竭泽而渔的黑色经济发展方式，践履天地美生为价值导向的绿色经济发展方式，真正把天地美生的理念统摄于绿色发展的全过程，实现天地美生的美好意境。

2. 天地美生的绿色经济发展方式蕴含着对黑色经济发展方式的超越

黑色经济发展方式是以牺牲生态环境换取经济增长的急功近利的发展模式，这种模式讲究经济发展的效率和短期利益，倚重生产技术的不断提高和生产成本的不断压缩，在尽可能短的时间内取得最大的利润提升空间，为了实现利润，通常不计较经济增长的负面效应。黑色经济发展方式是受制于资本主义工业文明的现代性逻辑，而现代性的内核就是理性。自西方启蒙运动之后，理性便被推上了一个异常荣耀的地位，因为在理性的视域内，自由和幸福成为表征人摆脱神性权威的鲜明标志，推崇理性就是为实现凡人的幸福和自由。资本主义就是打着理性的旗号推动工业文明奋勇前行，然而吊诡的是资本主义的理性却与私有制嫁接在一起遮蔽了人性的善意光芒，资本逻辑推动人疯狂地追逐物质财富，结果必然是人们在物欲的膨胀中逐渐走向堕落，蜕变为金钱和物欲的奴隶。在无限物欲的刺激下，"人变成了物，成为自动机器，一个个营养充足，穿戴讲究，但对自己人性的发展和人所承担的任务却缺乏真正的和深刻的关注"①。人性的裂变直接使人失却了人之为人的实在意义和生命价值，私欲的膨胀最终将人类引入了物质霸权主义的深渊，使人类朝夕相随的大自然伤痕累累。与黑色经济发展方式不同，绿色经济发展方式首先是将生态保护和维系生态系统的永续平衡置于优先考虑的重要地位，这就意味着绿色发展是将社会经济的持续发展和自然环境的保护利用放在同等重要的地位来深度认同，从此种意义上来讲绿色发展确实是对黑色发展方式的超越。

此外，绿色发展仍然将发展作为第一要务，依然肯定资本对社会经济发展的推动作用，但不同于黑色经济发展方式的是，绿色经济发展方式能够有效抵制资本主义资本逻辑对人性的侵蚀。资本主义现代性的逻辑受制于私有的本性，自然在市场经济运行过程中追求无限增长的发展逻辑，但在社会主义的制度体系之下，绿色经济发展方式首先不是与私有制衔接，其发展的目的并不是某些社会团体和经济集团的私利而是为了实现共同富裕，故而防止资本逻辑对人性的腐蚀就成为社会主义制度内实施绿色发展的优势，通过有效地驾驭或控制资本还能更好地发挥资本的驱动作用。另外，黑色经济发展方式依靠大工业生产推崇越多越好的经济理性原则，但毋庸置疑的是，"由于现代化把重点放在大量的物质生产、提高效率及合理分配上，所以，物质生活虽得到提高，但为追求

---

① ［美］弗洛姆：《爱的艺术》，李建鸣译，上海译文出版社2011年版，第162页。

物质的丰富而牺牲精神文明，出现精神生活贫困化"①。精神世界的荒芜必将带来人们的心灵无法皈依，人们无法辨识人生奋斗的方向，而信仰的缺失则将人推向了崩溃的边缘，使人失去了人生存在的真实意义和实在价值。"意义的遮蔽使人的生存缺乏根据而荒诞不经，使人的生物性天性缺乏束缚和正确的引导，必将导致人的生存意义上的危机。"② 绿色经济发展方式是以天地美生为价值引领，其追寻的并非崇尚物质积聚的经济理性原则，而是够了就行的生态理性原则，注重的是人内在的自足和精神的给养。物质的积累仅仅是维持生命运转的基础和前提，个体的价值也不是以占有物性指标来衡量，精神世界的充实和心灵的纯净恰恰是人之存在的实在价值，因而生态理性原则有益于规避黑色发展方式对人性的浸染，还原人性至纯的原貌，实现人的自由全面发展。

3. 绿色经济发展方式实践指向生态文明

资本主义工业文明资本增长的物性逻辑必然催动以大肆攫取生态资源来换取财富的增加和社会经济的繁荣，物欲至上的价值取向导向资本主义以竭泽而渔的黑色发展方式积聚社会财富，人与自然的冲突与对立始终无法避免。绿色经济发展方式是将生态资源的保护作为先决条件，尊重和维护自然生态系统中各生命体的生存权利，故而昭示一种充满生机的、和谐永续的经济发展方式。绿色本身标示生命的底色，是生命体充满生机与活力的象征，而且"绿色是一个蕴含丰富人文精神的范畴。绿色不仅表征生态环境的生气和革命，代表人的精神自由和走向自由的辉煌历程。绿色渗透着真、善、美的内涵，因此，绿色又是人类美丽家园的指称"③。的确如此，绿色经济发展的价值诉求就是达成天地美生的至美境界，而天地美生的和谐状态必然内蕴人性至纯至善的本真，显现人之自然性的原生面貌。人类的至善美德与大自然的静谧之美自觉地凝结在一起，实现人与自然的互惠互利。天地美生是绿色经济发展方式的价值向标和实践归宿，而绿色发展本身意味着实现人与自然和谐共生的

---

① ［日］池田大作、［德］狄尔鲍拉夫：《走向二十一世纪的人与哲学：寻求新的人性》，宋成有等译，北京大学出版社1992年版，第48页。

② 孙大伟：《生态危机的第三维反思》，社会科学文献出版社2016年版，第80页。

③ 李梁美编著：《走向社会主义生态文明新时代》，上海三联书店2014年版，第214页。

实践过程，其最终指向生态文明。也就是说，天地美生亦是生态文明建设的价值取向和实践指南，生态文明建设的最终目的也是实现天人相合的至美境界，呵护人与自然的共同福祉。

迄今为止，人类先后经历了原始文明、农业文明和工业文明，从这些文明形态前后相继的运演过程可以看出，任何一种文明样态都不是凭空出世的，其总是在扬弃前文明的基础之上而生成，现在表征人类文明发展方向的生态文明亦是如此。"生态文明不是工业文明逻辑的简单延续和修正。生态文明不可能从工业文明内部合乎逻辑地发生，而只能是超越工业文明的结果。生态文明的确立，只能是来源于人类对工业文明反思后的自觉选择。"[①] 何谓生态文明是一个充满多重要义的复杂性命题。有的观点认为生态文明并非一种新的文明形态，充其量是工业文明的修正而已，应该把它界定为后工业文明；有的观点却认为无论是生态文明的内涵、特征还是实践归宿，均与工业文明存在异质性，生态文明应归属为一种新的文明样态。我们认同后一种观点，认为在生态危机日益严峻的现实境域中，生态文明以尊重和维护自然权利为前提，着眼于维护人类赖以生存和发展的环境基础，的确昭示了人类文明前行的正确方向，这从生态文明丰富的内涵当中就可以明显确证。生态文明是对以往人类物质文明和精神文明成果的凝聚，本质上和谐的是人与自然的关系，引导人类走永续发展的绿色之路，而生态文明"是指以人与自然、人与人和谐共生、全面发展、持续繁荣为基本宗旨的文化伦理形态。它是对人类长期以来主导人类社会的物质文明的反思，是对人与自然的关系历史的总结和升华"[②]。以绿色发展为主导的生态文明将人与自然置于对等的发展平台上来认同，既关注了人的生存发展需要，又兼顾了自然生态系统的稳定和持续，其根本目的是呵护人与自然所构成的生态共同体的永续发展，因而标示了对黑色经济发展方式为主导的工业文明的实质超越。

---

① 曹孟勤、卢风主编：《环境哲学：理论与实践》，南京师范大学出版社 2010 年版，第 48 页。

② 张维真主编：《生态文明：中国特色社会主义的必然选择》，天津人民出版社 2015 年版，第 41 页。

（三）多元协同的生态治理

生态共同体是由人与自然共同构成的一个彼此相依、并生互惠的有机整体。在这个有机整体中，人与自然是对等的共生关系，相互交织而生，共同维系生态系统整体的平衡与稳定，故而就彻底消解了人与自然互为中心的虚妄。人与自然的本质统一性决定了人类重要的使命在于推动人类繁荣永续之余呵护生态共同体共有的善，实现人与自然的平衡发展，由此也就意味着以生态共同体福祉为指向的生态治理追求的是人与自然和谐共生的多元价值诉求，从而有力地扬弃人类中心主义。在多元价值取向的指引下，生态治理讲究多元协同的治理路径。多元协同不仅指生态治理主体的多元性，而且指生态治理过程的多元性。在生态共同体中，人与自然生态系统的共生性要求多元协同的生态治理实践，实践中多元协同的生态治理并非消解人的主体作用，而是规避在人类中心主义引导之下的经济人的种种弊端，吁求塑造生态人的主体形象，抵制唯经济增长的偏执，统合经济、政治、社会、文化等诸多要素综合治理生态问题。

1. 生态共同体的共生性要求多元主体协同的治理路径

生态共同体的基本要素是人与自然，其中活跃的要素是具有思维意识和实践能力的人，人与自然在生态共同体中是一个并生互惠的有机整体，彼此交织共生。人与自然的共生性并非后天塑造的。而是天性使然，人是大自然长期演化的产物，是自然之子，与生俱来与大自然的亲和力和共通性，本能地与大自然凝合为一个生命整体。法国思想家霍尔巴赫在《自然的体系》中明确指出，人与自然内在地聚合为一个统一体，"自然，从它最广泛的意义来讲，就是由不同的物质、不同的组合。以及我们在宇宙中看到的不同的运动的集合而产生的一个大的整体"①。既然人与自然共同契合为一个完整的生命系统，那么如何来维护这个生命系统公共的福祉借以实现人与自然的和谐呢？为此，霍尔巴赫认为有必要通过协力的合作来共同推动有机整体的持续运转。"自然是一个活动着的或是有生命的整体，它的一部分都必然地、不自觉地协力来维持活动、存

---

① ［法］霍尔巴赫：《自然的体系》上卷，管士滨译，商务印书馆1999年版，第10页。

在和生命。自然是必然存在和活动的，它所包容的一切，也都必然地共同协力来使自然这个活动着的东西达于永生。"①

实际上，霍尔巴赫所主张的通过共同协力的实施来保障自然生态系统整体的稳定就是一种多元协同的实践方式，不难看出霍尔巴赫是以人与自然整体的视域来把控或推动生态共同体的稳定与持续的。大地伦理学的创始人、美国学者利奥波德也表达了与霍尔巴赫相似的观点。利奥波德把人与自然生存的环境基础称为土地共同体或大地共同体，认为"土地伦理是把人类在共同体中以征服者的面目出现的角色，变成这个共同体中平等的一员和公民。他暗含着对每个成员的尊敬，也包括对这个共同体本身的尊敬"②。利奥波德依然强调的是共同体每个成员对共同体所尽的义务和承担的职责对维护共同体的整体利益所发挥的重要作用，实际上旨在表达一种共同体成员之间的协作精神和共同意识，这与霍尔巴赫共同协力的思想在主张呵护人与自然共同福祉方面具有相同的向度。

和谐共生是生态共同体的生成和持续的价值基础，共生使各个生命体能够在平等而有序的话语世界和发展平台上开展活动。作为生态共同体中主要的生命主体，人与自然因共生而和谐，因共生而永续。生态共同体的共生性特质要求在遏制生态危机、进行生态治理的过程中践履多元主体协同的治理路径，因为"生态共同体是由全体个人与自然界成员组成的，这个生态共同体实质上存在于这些自然模式与行为模式相互联系的活动之中，因而不可能有跟自然界整体利益相对立的利益"③。共生性要求的多元主体协同意味着人类不再是超然于他物的一维主体，而是要在发挥主体能动作用的同时兼顾人与自然的和谐共生，维护生态共同体的整体利益。从这个维度来说，共生性要求的多元主体协同有益于规避单一治理主体的种种弊端，而且更重要的是，多元主体实际上将人与自然共生性和共同利益作为价值导向和实践基点，避免了主体膨胀的虚无化，从而有利于呵护生态共同体的稳定、和谐和持续。

2. 多元协同的生态治理吁求形塑生态人的主体形象

生态共同体中，人与自然的共生性特质要求在生态治理的过程中践

① ［法］霍尔巴赫：《自然的体系》上卷，管士滨译，商务印书馆1999年版，第45页。
② ［美］利奥波德：《沙乡年鉴》，侯文蕙译，吉林人民出版社1997年版，第194页。
③ 周国文：《自然权与人权的融合》，中央编译出版社2011年版，第27页。

行多元主体的实践原则，而多元主体实际上囊括了政府、社会、企业和个人等在生态系统中的生命体，其原因在于整个生态系统是由各个生命体组成的一个相互交织、互动并生的有机整体，超然于他物的生命体在生态共同体中是绝对不存在的。人是生态共同体中活跃的生命主体，在以共同福祉为价值取向的引导之下人与其他生命体具有同等的地位，没有僭越其他生命体生存权益的权利，并与其共同维系生态共同体的根本利益。但受人类中心主义单一价值取向的错误导向，人类自我标榜为社会共同体的核心并处于绝对主体地位之上，而"社会共同体是人有意识和有计划地不断地把自然纳入其中，进而征服和奴役自然的场所。此时，人与自然的地位发生了根本倒置，即人由在自然共同体中的从属自然的存在状态，转变为在社会共同体中自然的主宰，而自然则由在自然共同体中人的主宰，转变成了社会共同体中人的奴仆和工具"①。因此，在社会共同体中，人类自我标举为超然于其他生命体之上宰制非人类的自然存在物，如此便把人与自然原本和谐共生的并生关系撕裂了，人类以自然主人的身份自居，践踏或蹂躏自然，更不用说承担保护自然的职责，而自然成为人类满足无度欲望的工具内在价值被完全漠视。因为"在社会共同体中我们只是对这个社会中的其他人负有道德上的责任和义务，而不是对本质上从属于和依附于人的自然负有道德上的责任和义务。"②

人类中心主义单一价值取向实践指向的生态治理是以人类为中心的单一主体，这就意味着生态治理的逻辑前提和实践旨归还是以人为核心展开，由此就决定了生态治理主体的人是追求自身利益最大化、经济和效率优先的经济人而非生态优先的生态人。经济人的价值准则是物质利益至上的金钱世界观，在实践中遵循越多越好的经济理性原则，把占有和攫取物质财富作为人之存在的终极信仰。经济人的价值操守和实践逻辑不仅不利于生态治理，反而会进一步恶化生态环境。河西走廊的生态环境治理之所以未能取得根本性的效果，一个重要的原因便是人们在社会经济发展过程中还在以自我为中心开展生态治理，GDP 的物性指标还是衡量社会经济发展水平和政绩考核的指挥棒，在此种发展逻辑下进行

---

① 郑慧子：《遵循自然》，人民出版社 2014 年版，第 54 页。

② 郑慧子：《遵循自然》，人民出版社 2014 年版，第 55 页。

生态治理效果当然不尽如人意。多元主体协同的生态治理必须摒弃经济人主体的陋习，吁求形塑生态人的主体形象，着眼于呵护人与自然的和谐共生，以生态共同体的根本福祉作为价值诉求和实践指向，把保护生态环境作为社会经济发展的先决条件，推崇生态化的生活方式。政府、企业、社会、个人都是生态治理的协同主体，并且以生态化的方式处理人与自然的关系，生态再治理和社会经济发展是密切联系在一起的，治理是为了更好地发展，而发展是为了实现人与自然的繁荣永续，只有有机地统合治理与发展并将其纳入呵护生态共同体共同福祉的实践向度上来，才能达成天地美生的实践新境界。

3. 多元协同治理要求生态治理过程的协同

人与自然的共生性决定了多元协同的生态治理主体，政府、企业、社会和个人都是生态治理的主体，并且在实践中按照生态化的原则协同各个主体之间的关系。多元主体的协同在实践中要求政府、企业和社会通过自身能力的提升和职能的转变提高生态治理主体的综合素质，而且通过思想协同、职能协同和能力协同的有机统一提升生态治理的实践效度。多元主体的协同表现在生态治理实践中就是生态整治过程中各个主体的协同治理，而所谓的协同治理指的是"政府主体、市场主体和社会主体相互协调、共同作用，在有效处理公共事务的过程中实现协同的过程"①。可见在生态治理实践中，政府主体、社会主体和市场主体相互之间是协力合作的互动关系，其中政府在协同治理中起主导作用，根据生态治理的需要制定相应的政策法规并依靠政府的权威性和强制力执行；社会主体是协同治理的群众基础和坚实捍卫者，为协同治理保驾护航，没有社会主体的参与，政府主体的政策法规就得不到贯彻实施；市场主体主要是针对企业而言的，企业通过市场运行规则和法规不断进行制度创新、管理创新和技术创新，主动参与协同治理。政府、社会和市场等多元主体参与生态治理的协同治理就是要在最大限度上发挥各个治理主体的优越性，调动各个主体的行动自觉性，将多元主体纳入人与自然可持续发展的轨道上来，规避单一主体漠视生态环境的短视，推动实现生

---

① 向俊杰：《我国生态文明建设的协同治理体系研究》，中国社会科学出版社 2016 年版，第 33 页。

态治理现代化。

多元协同的生态治理实践在治理方式上也是多元的。生态环境问题的复杂性决定了生态治理是一项长期而艰巨的浩大工程，不仅需要多元主体的通力合作，而且生态治理方式亦是多元协同的。河西走廊在生态治理的实践过程中主要采取了制定政策法规、制度性规约等强制治理方式，尽管保障了生态治理的权威性，但仅仅依靠政府一味地进行单线式的政策灌输，并不能调动社会和市场参与生态治理的积极性，生态治理效果往往大打折扣。多元主体的实践协同就是要将生态治理置于一个宏阔的视域内，统合政治的、经济的、社会的、文化的力量进行生态化综合，而生态化综合旨在将各种资源凝聚为一股合力集中治理生态问题。多元协同的治理主体决定了生态治理的方式并不是僵化的，特别是在社会主义生态文明建设的背景下进行生态治理，多元协同的治理思维或治理方式就显得尤为重要。人与自然是生态共同体中难以割舍的有机整体，彼此互生共栖，而且"人以人的方式对待自然就是遵循自然。显然，我们不能也不应当以非人的方式对待自然，人以非人的方式对待自然，不仅是反自然的，而且也是反我们自身的"[1]。在社会主义生态文明建设的背景下，河西走廊的生态治理并不是要重蹈"先污染后治理"的覆辙，而是在生态共同体的多元价值引导下凝聚政府、社会和市场等治理主体的力量，统合政治、经济、社会和文化的治理方式，实现多元协同的生态治理，借以助推河西走廊生态治理现代化进程，解决困扰河西走廊发展过程中出现的"吉登斯悖论"难题，达成天地相合的至美境界。

---

[1] 郑慧子：《走向自然的伦理》，人民出版社 2006 年版，第 99 页。

第 五 章

河西走廊多元协同的生态治理新路径

　　河西走廊生态治理的现实缺陷昭明以人类中心主义为主导的单一价值取向在化解人与自然冲突与对立方面存在明显弊端，吁求以呵护生态共同体福祉为旨归的多元价值取向取代人类中心主义主导的单一价值取向。生态共同体的出场是将人与自然视为互动并生的有机整体，价值目标是呵护人与自然的和谐共生，多元共生的价值取向指向了多元协同的生态治理理路。多元协同的生态治理规避了竭泽而渔的黑色经济发展方式，践履天地美生的绿色经济发展方式，在实践中遵行有机整体主义的统合理念、人与自然互不相胜的共生理念和可持续性的新发展理念。新发展理念的内涵凝合为一股强劲的力量助推生态治理实践，其中创新发展是生态治理的不竭动力，协调发展是生态治理的根本保障，绿色发展是生态治理的实践逻辑，开放发展是生态治理的有利条件，共享发展是生态治理的最终归宿。作为一个有机联系的整体，新发展理念消解了工业文明中崇尚物质积累而漠视精神滋养的物质财富增长论，提升了发展的品质和实践境界，使发展转向为生态化的非物质经济和以人民为中心的崇高目标。在新时代社会主义生态文明建设的背景下，河西走廊的生态治理需要新发展理念引领把舵，着眼于发展生态经济，完善生态政治制度体系以及发掘生态文化，开辟河西走廊多元协同的生态治理新路径，从而切实解决河西走廊的生态问题，达成天地美生的美好生活。

一　多元协同的生态治理秉持的基本理念

　　多元协同的生态治理是在生态共同体福祉为旨归的多元价值取向引

导下进行的生态治理理路，其摒弃了单一治理主体在环境整治的过程中人类超然于自然之上、为自然立法的人类中心主义价值取向，按照人文关怀和生态关怀的原则将人与自然的互生关系统摄于生态治理的全过程，借以呵护人与自然的和谐共生。因此，多元协同的生态治理在实践中坚持或遵循有机整体主义的统合理念、人与自然互不相胜的共生理念、可持续性的新发展理念。这些理念并非孤立起作用，而是凝合为生态治理的实践导向，其中有机整体主义的统合理念和互不相胜的共生理念着力于从价值层面化解人与自然的对立，形塑生态化综合的世界观和方法论处理生态问题，可持续性的新发展理念则是针对新时代背景下如何将发展要义和发展精髓贯穿河西走廊的生态治理过程中，与时俱进地治理生态问题，进而提升生态治理的效度和品质。

（一）秉持有机整体主义的统合理念

有机整体主义是指坚守一种整体的、有机的思维视域，全面审视人与自然的共生关系，其内蕴的是思维方式的生态化转向。所谓的思维方式的生态化，是指"用人与自然和谐统一的、有机的、整体性的生态理念，来改造工业文明尤其是粗放型经济增长背景下的反生态思维，使之逐步转变为同态化的生产方式和整个生态文明相适应的生态思维——生态化的思维方式——的动态的历史过程。"① 有机整体主义思维方式在生态治理的实践中显现为生态化综合的方法，生态化综合的核心是整体性和生态性，整体性体现了生态化综合的统合视域，生态性体现了生态化综合的实践指向。整体性和生态性的契合表征生态化综合是将整个生态系统作为自己的参照系，着眼于呵护生态共同体的整体完整性和持续性。用有机整体主义的宏阔视域和综合的方法来审视宇宙生命系统，其思维方式的独特性和实践层面的综合性汲取了有机哲学的智慧。

1. 有机整体主义以有机哲学为基础规避了主客二元论在思维方法上的狭隘与短视

有机整体主义的实践理路在于其强调综合性，实践指向在于生态化。

① 舒远招、周晚田：《思维方式生态化：从机械到整合》，湖南师范大学出版社 2015 年版，第 127—128 页。

所谓综合性，是指以整体的思维方式的认识视域全面审视宇宙系统中的各个生命体，因为生活于生态系统中的各个生命体不仅具有内在的价值，而且生命体之间并非截然割裂的孤立状态，而是联动共生的有机网络。所谓的生态化，是指以生态的方式处理生命体之间的关系，遵循生态系统固有的生态法则，各个生命体是生态系统不可或缺的一员，它们有独立发展的权利，是维护生态平衡的重要支点，故而生态的方法就是在尊重生命体生存权利的前提下采取的合理举措，其目的就是呵护生态系统的整体安康。综合性和生态化的作用机制直接是以有机哲学的思维方式和实践原则为依据的，其根本缘由在于生态化综合的哲学基础便是有机哲学。

有机哲学的创始人是英国哲学家怀特海。怀特海认为宇宙间的各种存在物之间彼此相依、互相共存，在交织并生中构成一个生生不息的世界。"在某种意义上讲，每一件事物在全部时间内都存在于所有的地方。因为每一个位置在所有其他位置中都有自己的位态。因此，每一个时空的基点都反映了整个世界。"① 怀特海所理解的有机的概念是直接与无机或机械相对而言的，它是指一种充满无限发展潜力的有生命力。"当一种知识体系形成于各部分之间以及部分与周围环境之间相互依存、相互联系的系统中时，我们就说它是有机的。"②

在有机哲学看来，宇宙生命系统中的每一个存在物遵循各自发展的固有逻辑，但存在物之间并非毫无联系，并非彼此不相识。事实上，存在物之间存在千丝万缕的动态联系，否则就无法获取物质与能量来维持有机体的日常代谢，生命也就失去了存在的意义。整个宇宙生命系统是一个无限开放的循环系统，各个生命体在这个循环系统都有位态，并且发挥着特殊的作用，在动在或互在的运动过程中进行着物种之间的物质与能量的传递。故而每个生命体都是生态链条上的重要成员，生命体之间的交织互存生成宇宙生命世界动态发展的网络，由此意味着整个宇宙世界是一个互相联动、生生不息的生命共同体。正是得益于生态系统中

① ［英］怀特海：《科学与近代世界》，何钦译，商务印书馆1959年版，第89页。
② ［美］菲利普·克莱顿、［美］贾斯廷·海因泽克：《有机马克思主义：生态灾难与资本主义的替代选择》，孟献丽等译，人民出版社2015年版，第153页。

生命体之间的互动交织，才使生命体亡而生、生而亡，完成生命的代谢过程，人与自然在宇宙生命系统中充满了无限发展的生机与活力。"自然、社会和思维乃至整个宇宙，都是活生生的、有生命的机体，处于永恒的创造进化过程之中。构成宇宙的不是所谓原初的物质或客观的物质实体，而是由性质和关系所构成的'有机体'。有机体的根本特征是活动，活动表现为过程，过程则是构成有机体的各元素之间具有内在联系的、持续的创造过程，它表明一个机体可以转化为另一个机体，因而整个宇宙表现为一个生生不息的活动过程。"①

有机哲学中注重宇宙万物之间千丝万缕的互动联系，把宇宙世界看成无限开放的有机整体，而近现代以来主客二元的机械论思维正好与之相左。主客二元的思维方式在近现代哲学史上存在了很长时间，有着深厚的哲学基础，对后世的影响也比较大。主客二元的思维范式肇端于古希腊哲学中"人是万物的尺度"，在肯定人的作用的同时却无形中树立了人在宇宙世界中的核心地位，后来笛卡尔的"我思故我在"、康德的"人为自然的立法"、培根的"知识就是力量"都是沿着这条路径标示人的主体地位。在主客二元对立思维论域中，人是主体，被赋予了无穷的智慧和力量，而人之外的自然存在物则是客体，主体对客体拥有绝对控制权，客体服从于主体。这种思维方式过于夸大了主客体之间的异质性而淡漠二者之间的有机统一和互动联系，认为主客体之间是毫不兼容的对立物。后来，主客对立思维进一步演化为精神与物质的对立、思维与存在的对立、人与自然的对立，等等，笃信一种二元论的世界观。"所谓'二元论'世界观，即认为世界有性质不同、各不相干的'精神'和'物质'的两种本原，从而在横向上把精神与物质完全对立起来，进而在纵向上把表征事物客观存在现状的'共时性'维度和表征事物动态生成过程的'历时性'维度尖锐对立起来，最终使真实的整体世界被错误地把握为悬置在人类面前的图像。"②

---

① [英] 阿尔弗雷德·诺思·怀特海：《过程与实在》，杨富斌译，中国城市出版社 2003 年版，译者序言第 30 页。

② 王福益、卢黎歌：《"主客二元对立"思维模式与全球生态危机的逻辑关联》，《理论与改革》2014 年第 6 期。

可见，主客二元对立思维把宇宙世界看成非此即彼的对立性系统。在这个系统中，只有主体对客体的控制，客体对主体的屈从，把原本生机勃勃的生态系统视为只靠数理逻辑推动的机械堆砌物，物种之间纯粹是僵死的、单向式的机械运动，整个生命系统缺乏生机与活力。这种对立思维表现在人与自然的关系上就是人是自然的主人，自然屈从于人的物质需要。"因为机械论观点把自然看作死的，把质料看作被动的，所以它所起到的作用就是微妙地认可了对自然及其资源的掠夺、开发和操纵。"① 在机械二元对立思维的影响下，人超拔于自然，盲目地攫取自然，使自然沦为满足人类物欲的工具，人与自然和谐共生的关系发生断裂。鉴于此，重塑人与自然的共生关系，必须摒弃主客二元对立思维的狭隘与短视，汲取有机哲学整体的、生态的思维智慧，以生态化综合的方式实现人与自然的共生发展。

2. 有机哲学中的有机整体主义拓宽了人与自然认知的思维视域

怀特海的有机哲学基本要义包括：（1）有机联系；（2）不断变化的过程；（3）整体论。② 这三个方面充分显现了有机哲学把宇宙中的存在物纳入了一个互动共生、交织并存的生态共同体中，各个生命体之间是有机互动的共生关系，共同维护共同体整体的稳定，表征了有机哲学的核心内涵。有机哲学以宏阔的思维视野审视宇宙世界中万物互相依存的动态关系，昭示有机哲学本身渗透着一种有机思维。这种思维不仅认同了宇宙生命体存在的固有意义和存在价值，而且更重要的是，它把这些生命体统合于一个对等的发展平台上，以宽广的认知视野来审视生命体之间错综复杂的共生关系。这种思维方式就是有机哲学所倡导的有机整体主义。"所谓有机整体主义就是视宇宙万物为一个相互联系的有机整体，事物与事物之间、人与自然之间都是相互联系和相互依存的，整个世界是一个动态发展着的生命共同体。"③ 有机整体主义是将整个生态系统作为考量的对象，以整体的、动态的认知视角审视人与自然的动态关系。

① ［美］卡洛琳·麦茜特：《自然之死——妇女、生态和科学革命》，吴国盛译，吉林人民出版社1999年版，第11页。
② ［美］菲利普·克莱顿、［美］贾斯廷·海因泽克：《有机马克思主义：生态灾难与资本主义的替代选择》，孟献丽等译，人民出版社2015年版，第212—213页。
③ 王治河、杨韬：《有机马克思主义的生态取向》，《自然辩证法研究》2015年第2期。

在有机整体主义的视域内，无论是人还是自然界都不是彼此孤立存在的、静态状的存在物，而是在遵循各自发展规律的同时交织互生，如此人与自然界就有了对等的话语对接方式。人不能僭越自然的权利，凌驾于自然之上，更不能毫无上限地盘剥和蹂躏自然，人的发展进步与自然的稳定持续是紧紧联系在一起的，最终的目的是呵护共同体长远的福祉。这既是有机整体主义的价值旨趣所在，也是人在追求发展之时必须恪守的生态法度。

有机整体主义着眼于呵护生态共同体整体的利益，其有机的、整体的宏阔视野拓宽了生态化综合的思维视域。生态化综合的核心便是整体的、生态的：所谓整体的就是指有机整体主义所涵盖的整个宇宙系统，生态化综合称为生态场，统合了人、自然、社会的巨型系统；所谓生态的意指按照宇宙生命系统固有的生态法度来完成生命体之间的物质循环，遵循生态规律，不容许任何物种将自己的意志强加于其他物质之上，在各自的生态位上独立发展，它们可以相互共享生态资源，而不能相互欺凌，要共同维护生态系统的平衡与稳定。生态化综合就需要有机整体主义来拓宽它的思维视域。自然生态系统中的人类并没有任何优越之处，他和非人类存在物一样都具有内在的价值和生存的权利，人没有资格超然于其他物种之上。反倒是人在生态系统中拥有自觉意识和道德意识，在主体位置上更应对呵护整个生态系统的持续繁荣负有不可替代的责任。这份责任不是当前生态危机严峻倒逼人类所做的适应性表态，而是人类本性使然。

（二）秉持人与自然互不相胜的共生理念

人与自然本质上是统一的，二者共同构成相互联系、彼此交织共生的宇宙生命循环系统。在这个宇宙系统中，无论是人还是自然，均具有内在的价值和对等的权利。人类在追逐全面发展的同时，还应兼顾自然生态系统的稳定持续，共同呵护生命共同体的整体福祉，所以必须牢固树立人与自然互不相胜的共生理念，达成人与自然的和谐发展。人与自然互不相胜，既是一种追求人与自然和谐永续的价值导向，又是谋取人与自然协同发展的实践原则，蕴含着丰富的生态智慧。

1. 人与自然互不相胜是对人性危机和生态危机深度内省的现实考量

生态危机是指维系生态系统的生命链条发生断裂，使其不能依照生态系统固有的生态原则完成生命体之间物质与能量的循环引发的生态异化反映。发生生态危机意味着生态系统中生命体之间的耦合机制被毁，大自然与生俱来的生态调节功能失灵，无法靠自身的力量平衡生态系统，结果引起了大自然本能的逆态效应。生态危机是生态调节失衡的必然反应，而生态调节失衡的一个重要原因是在外力的强制作用下破坏了维护生态平衡的生态法则，使生命体之间失去了联动性。特别是在人类永无止境的索取下，大自然背负了沉重的生态包袱：一方面要承受人类的无尽盘剥，另一方面还要将人类代谢物进行分解处理。这是大自然靠自我调节功能无法完成的，必然会导致生态问题。

人性危机就是人悖逆了人的本质属性，一味追求非人的贪婪与满足，导致人性发生裂变或扭曲。人的本性是善意的，这种善意是大自然固有的灵性所赋予的，同时人亦有自己的价值取向和兴趣偏好，否则人就失去了发展的目标和动力。可问题是，人的欲念是无止境的，如果没有合理的价值导向，人的欲望就质变为贪欲，贪欲无度必然会使人异化为欲望的奴隶，人的善意本性则被贪欲所蒙蔽而发生质变，最终结果是人类跟着贪欲走，使人类文明失去了道德和智慧的指引。人类越是醉心于无度的贪欲，就越是陷入危险的境地。这种危险不仅是针对人类本身，而且与人类密切相连的大自然也会发生危机，故而我们说人性危机和生态危机是彼此交织的，特别是人类在理性之光的庇护下放大了人类的主体作用，追寻以物性为标准的现代性思维定式，结果是"现代性使人们在发现自我和自我的工具价值的同时，忽略了对自我存在本身的关注，造成了'在者'对人文精神的遮蔽；在技术逼促下追求技术价值的同时，但漠视了人的尊严和情感、忽视贬低人的独特的生命价值、消解了人的道德责任良知和精神的超越性"①。

现代性似乎是无法用明确的定义圈定的概念，其本身蕴含着丰富的内容和意义，它以人的理性为内核。正是在理性的助推下，现代性才推动了整个人类文明前行的步伐，在人类发展的历史上留下了浓墨重彩的

---

① 贾向桐：《现代性与自然科学的理性逻辑》，人民出版社 2011 年版，第 134 页。

一笔。可毋庸置疑的是，现代性在推动人类奋力前行的同时也暴露出了自身的诟病，这就是现代性的难以消解的悖论。现代性一旦被刻上了物性的符号，特别是在资本主义资本逻辑的刺激下，追求物质利益的最大化似乎成为资本主义现代性永恒的命题。为了实现物欲的无度满足，资本逻辑必然促逼人类无情地向大自然盘剥，对物欲的不懈追求使人堕落为仅仅满足肉欲享受的奴隶，人性的真善美在物质的追逐中被玷污了，人已经迷失了奋斗的方向，只有沉浸在物欲的享受中才能找到自己的归属感和自豪感。人性的错位进一步逼迫人类将大自然视为满足财富的工具，生态危机自然无法幸免。因此，人性危机和生态危机是密切相关的，物欲至上的现代性价值取向又将自然置于人的对立面。"现代性将人类设定在一个处在自然之顶的玻璃瓶子中，坚持人与自然之间的激进的对立。"①

既然人性危机与生态危机都与现代性有难舍难分的关系，那么对人性危机和生态危机的反思必然会同现代性的反思紧密相关。"生态问题与现代性交织不解。现代性从来都不是一个时代和某个时期的问题，现代性体现的总是一个广阔的时间维度。现代性的哲学理解，首先是一种反思历史的维度。生态问题就是反思现代性的维度中加以展开，才与现代性交织在一起的。"② 在生态危机的问题上，现代性刻意放大人的主体性，在物欲至上的价值观的错误导向下使人性泛滥，使人与自然沉沦为物欲的奴隶。因此，反思现代性实际上就是反思人类自身与大自然的关系，挽救人性危机和生态危机就是要摒除现代性肆意放大人类的主体意识，将人类降格为与自然对等的平台上，平等对话，遵循各自生命发展的规律，人与自然互不相胜。唯其如此，方能找出引发生态危机的根源，有效遏制生态危机。

2. 人与自然互不相胜彰显了和谐共生的生态智慧

人与自然互不相胜是指人与自然在各自的生态位上遵循自身的发展轨迹，互不干扰、互不侵犯彼此的权益以实现互生共荣、和谐共栖的目

①　王治河主编：《后现代主义辞典》，中央编译出版社2003年版，第552页。
②　韩秋红、史巍、胡绪明：《现代性的迷思与真相——西方马克思主义的现代性批判理论》，人民出版社2013年版，第242页。

的。恩格斯说文明是一个对抗的过程，这种对抗是指人类文明在发展演进的过程中自始至终将自然作为文明发展的基础，改造和利用自然，但是由于人类的虚妄和狂傲毁坏了人类赖以生存的生态基础，改变了大自然的原生面貌，结果人类文明足迹的背后却是一片荒漠。综观人类文明发展的历史，无不伴随着人类之间的竞逐、文化的交流融合。卢风在《启蒙之后》一书中指出，人类文明的运演历程包含着浓重的无限扩展的韵味。"现代文明的诞生便是人欲冲破中世纪宗教文化的'围堤'的胜利，而它的成熟过程则是以理性化的法制约束个体欲望的任意冲动而保证民族国家扩张和全人类无限扩张的过程。"① 人类文明的延续不仅仅是人类内部利益之争的相互角逐，而且应该是人类对自然的扩张，是人类将自我的意识强加于自然的结果，没有了自然界的物质依托，人类文明是难以为继的。因此，推动人类文明的繁荣永续就必须放弃人类对自然的任何扩展计划和盲目行为，尊重大自然的权利，与自然和平相处、共生发展。

事实上，人与自然共同构成自然生态系统的完整性。人与自然在生态系统中是一个互动共存的生命共同体，彼此交织并生。法国思想家霍尔巴赫指出："人是自然的产物，存在于自然之中，服从自然的法则，不能超越自然，就是在思维中也不能走出自然。"② 人与自然之间的这种互生共在性昭明人与自然本质上是统一的，人靠自然而生又将自己的意识融入自然，自然的本质又内化为人类的自觉意识，人与自然是一个有机的生命整体。正因如此，人类在追求自身利益的过程中应妥善处理好经济发展与资源保护之间的关系。当人的发展与自然的权益相抵触时，谨记以人与自然的整体利益为化解原则，呵护人与自然的整体利益。人在自然生态系统中拥有主动权，但并不意味着毫无章法、肆意妄为地发挥，必须遵守人与自然之间的规约，在维护生态系统稳定、有序的前提下实施，脱离生态系统的规制盲从于物欲必然会引起难以逆转的生态后果。人与自然互不相胜就是要凸显人与自然的和谐统一，呵护人与自然的整

① 卢风：《启蒙之后——近代以来西方人价值追求的得与失》，湖南大学出版社 2003 年版，第 368 页。

② ［法］霍尔巴赫：《自然的体系》上卷，管士滨译，商务印书馆 1999 年版，第 3 页。

体利益，以人与自然的共同福祉为出发点和实践归宿，维护生态系统整体的平衡与稳定，促进人的全面发展。

（三）秉持可持续性的新发展理念

迄今为止，人类文明先后经历了原始文明、农业文明和工业文明的运演历程，每一种文明形态都推动了人类文明的巨大进步，而贯穿人类文明演进的核心便是发展。没有发展，人类不可能创造无与伦比的物质财富，也不可能产生辉煌灿烂的文化，更不可能在文明的里程碑上铭刻人类智慧的印记。如今，资本主义工业文明正在全球范围内生机勃发。在工业文明的推动下，丰富的物质资源满足了人类的物质需要，使人类的物质生活水平得到大幅度提升。但人类在尽享物质丰裕带来的满足与愉悦之时，也同样感受到了精神生活贫困化所带来的孤寂感和失落感。面对精神世界的荒芜和绿色家园的消失，人类不得不正视或反思一个审慎的命题：何谓发展和如何发展的问题。提及发展，人们毫不回避地将经济增长代指为物质财富的增长，但单纯的物质积聚是否真正实现了发展，按照马克思的理解，人的实践本质在于追求人的全面自由发展，全面自由意味着不仅是物质财富的极大丰富和精神境界的极大提升，显然现实的逻辑无法符合人全面自由发展的标准。所以，发展应该是一种综合的、全面的、可持续性的、整体的发展。在物性为标尺的现代性境域中，人类还尚未从物质的迷恋中超脱出来，致使人们的生活受到生态危机的威胁。多元协同的生态治理旨在遏制生态危机，达成人与自然的和谐共生，并不是要否定发展而是坚持人与自然相协调的可持续性发展。在新时代背景下，中国提出了创新、协调、绿色、开放、共享的五大发展理念。新发展理念的有机统一昭示了对固有发展理念的内在超越，表征了人类文明发展的实践新境界。多元协同的生态治理需要坚持可持续性的新发展理念，拓展生态治理认知视野，延展生态治理的实践场域，提升生态治理的品质，进而呵护生态共同体的根本福祉。

1. 新发展理念消解了有增长无发展的悖论

发展是人之本能的显现，人类自诞生以来就凭借特质的思维意识和实践能力在大自然中谋求生存与发展，从一开始的劳动工具、文字符号到后来的文化体系和制度体系的创制、完善，无不折射出人类发展的本质内蕴。正是借助发展，人类才创造了辉煌璀璨的现代文明。发展是推动人类文明繁荣永续的不竭动力，意指人类社会整体的进步与繁荣，既包括物质财富的持续增长，又包括精神境界的升华。但在传统意义上理解的发展却有悖于人类社会整体发展的维度，将发展错置为单向式的物质财富的积累，由此就导致了一种有增长无发展的悖论。从人类文明的演绎过程来看，真正加速人类文明进程的是资本主义工业文明，工业文明的制度体系、文化体系和技术支撑是此前任何一种文明形态所无法比拟的。凭借工业文明的强劲动力，人类社会进入了发展的快车道。

　　资本主义工业文明的核心理念是理性，理性是人之为人的本能体现。在启蒙运动之前，人的理性被神性的权威压制，人被束缚在神性的牢笼中失去自由，启蒙之后理性被推上了崇高的地位，人们借助理性的力量获得自由和幸福。但在以私有制为基础的资本主义的实践过程中，理性往往与无限增长的资本逻辑嫁接在一起，被资本的逐利本性和无度的物欲奴役，导致价值理性屈从于工具理性。理性的本质被物欲遮蔽，异化为人类谋取私利的工具或手段，由此意味着理性所吁求的自由和幸福被错置为物质攫取中的自由和物质享受中的幸福。理性本真的倒置使工业文明在资本无限增殖逻辑的催动下崇尚以物性为标尺的现代性逻辑，把金钱至上、物欲至上作为唯一的价值准则，将不增长就死亡视为资本主义发展的铁律，如此人类的发展就质变为物质财富的无尽占有。如今，现代性的物性逻辑依然在持续，金钱至上和实利主义依然左右着人们的价值偏向，对金钱的迷恋和物质的占有无形中将人形塑为物质世界的巨无霸和精神世界的矮子，人自身的堕落和虚无直接导致社会道德的滑坡和公共信仰的缺失，昭明单纯地以物质财富来衡量发展严重背离了发展的初衷和要义。更重要的是，物质财富的积累直接是以毁坏人类赖以生存的环境基础为代价的。全球性的生态危机赫然表明，"今天，随着资本主义的臭名昭著的'创造性破坏'已经转变成威胁人类和所有生命的破坏性创造力，这种在生态方面所具有的毁灭性趋势已经扩展到整个地球"[①]。单向式的物质财富增长并不能标示发展的本质，发展需要物质积

[①]　[美]约·贝·福斯特：《生态革命——与地球和平相处》，刘仁胜等译，人民出版社2015年版，第21页。

累作为依托，但发展并不等同于物质财富的增长。资本主义工业文明崇尚物性的现代性逻辑固然能推动社会经济的快速增长，却将人类推向了物质主义的深渊，物质财富的无尽占有反而加速了精神世界的贫困化。

在对国内外发展大势精准把握的基础上，党的十八届五中全会提出了创新、协调、绿色、开放、共享的五大发展理念。新发展理念是一种讲究人与自然、社会整体推进的重要理念，其之所以能够消解资本主义工业文明有增长无发展的悖论，就在于新发展理念是可持续性的非物质经济。物质经济是已量化了的物性经济，注重的是物质产品的品牌、款式和功能等消费价值，非物质经济则是"注重满足人们的精神需要或物质需要，降低对物质的需要和依赖，生产和消费精神价值和非物质价值的经济"①。新发展理念注重非物质经济并没有否定物质财富对人的基础性作用，而是把人的精神需要或文化需要提升至人之需要的重要层次上，侧重人需要的档次和品质，把物质财富的合理需要和精神境界的提升有机地契合在一起，促进人的整体发展和综合提高。更为重要的是，新发展理念的理论品质表达了中国共产党人对中国特色社会主义道路的先进性、优越性和合理性的坚定信仰；秉持的是反思性超越和批判性继承与发展的逻辑；将马克思主义经典作家所确定的人的全面自由发展的价值理性目标作为理论内核。② 可见新发展理念彰显的是以人为本的价值内核和综合、全面、协调、可持续性发展的实践境界。从此种意义上讲，新发展理念内在地超越了有增长无发展的错误逻辑，表征了人类文明发展的新方向。

2. 新发展理念彰显了生态共同体福祉的价值意蕴

在党的十八届五中全会提出了创新、协调、绿色、开放、共享的五大新发展理念。新发展理念是在充分总结改革开放以来中国发展观和认真借鉴国外发展经验的基础上提出来的，是新时期引领社会经济持续稳定发展的纲领性思想。在新发展理念中，创新发展着力解决的是发展动力问题，协调发展着力解决的是发展不平衡的问题，绿色发展着力解决的是人与自然和谐共生的问题，开放发展着力解决的是国内外联动的问

① 卢风：《非物质经济、文化与生态文明》，中国社会科学出版社 2016 年版，第 144 页。
② 袁祖社：《"五大发展理念"的理论品质与实践新境界》，《学术研究》2017 年第 1 期。

题，共享发展着力解决的是社会的公平正义问题。五个方面构成一个有机整体，相互之间是辩证统一的联动关系。这种辩证统一性主要体现在整体发展与重点突破之间的辩证统一、宏观指引与微观指导之间的辩证统一、目标导向与问题导向之间的辩证统一以及合规律性与合目的性之间的辩证统一。① 既然新发展理念的五个方面是一个密不可分的有机整体，其内在地契合将会凝合成一股强劲而持久的动力，从而助推中国特色社会主义建设奋勇而行。新发展理念突出了新时代中国社会经济发展的新理路和实践新境界，其出场的重要意义在于标志着中国已经进入社会主义初级阶段的新的历史时期，真正进入从外延式发展走向内涵式发展的重要阶段，渐渐从引进来的开放过渡到走出去的开放。②

新发展理念着力解决发展的动力、不平衡、外部环境和发展指向等问题，实际上把发展置于一个至高的视域内来审视，显现出新发展理念的内在超越性。如发展不是单纯地追求经济的增长和物质财富的积累，而是注重非物质经济的发展，通过调整经济结构和转变经济增长方式等举措，将人文效应和生态效应有机地统合在一起，从而避免了物质生活富足而精神生活荒芜的尴尬境地。新发展理念实践指向了共享，旨在通过共享实现发展成果的普惠，彰显为人民发展和发展为人民的社会主义本质意蕴，而且共享发展的目标是通过共享发展成果实现美好生活，进而促进人的全面自由发展。因此，新发展理念是兼顾经济效益、生态效应、社会效应、人文效应有机统合的可持续性发展，自始至终将人的全面自由发展和生态系统的平衡稳定统摄于发展的各个环节，谋求人与自然的共同福祉。这与生态共同体出场所要表达的价值意蕴是一致的。所以，我们说可持续性新发展理念能够引领生态治理实践，提升生态治理的品质，进而促进社会经济与生态系统整体发展、协调发展和稳定发展。

二　多元协同的生态治理需要新发展理念引领

生态问题的复杂性和紧迫性决定了生态治理绝非仅仅是短暂地对生

---

① 崔治忠：《五大发展理念的辩证统一性》，《求索》2017 年第 2 期。

② 杨生平：《五大发展理念：中国特色社会主义的新发展观》，《中国特色社会主义研究》2017 年第 2 期。

态环境的整治保护，而是一项长期而稳定的浩大工程，以实现人与自然的根本和解为目的。正是基于此，生态治理需要多元治理主体通力合作、协同推进，通过对生态治理思维方式、管理方式、治理手段等方面的创新推动，实现生态治理现代化，达成天地美生的治理效果。作为处在"丝绸之路经济带"重要枢纽地位的河西走廊正在面临生态环境日益恶化的困窘，而以物性为标尺的传统发展理念固持"唯经济增长论"，错置了人与自然的共生关系，无疑会进一步加剧人地冲突，威胁生态共同体的整体利益。面对生态危机咄咄逼人的态势和生态治理日渐式微的现实境域，重塑断裂的人地关系进而呵护生态共同体的根本福祉需要摒弃单纯追求经济增长的传统发展理念，践履以人与自然美美与共为价值诉求的新发展理念。在借鉴或总结国内外发展经验的基础上，中国提出了社会主义生态文明建设的伟大战略，并且在党的十八大报告中明确将生态文明建设纳入推进中国特色社会主义"五位一体"的总体布局中，积极建设社会主义生态文明。在党的十八届五中全会上，又进一步提出创新、协调、绿色、开放、共享的五大发展理念，为社会主义生态文明建设指明了前行的动力和方向等重大问题。在社会主义生态文明建设的背景下，在国家提出"一带一路"倡议的良好契机之下，河西走廊多元协同的生态治理需要新发展理念引领。具体表现为：创新发展是生态治理的不竭动力，协调发展是生态治理的根本保障，绿色发展是生态治理的实践逻辑，开放发展是生态治理的有利条件，共享发展是生态治理的最终归宿。

（一）创新发展是生态治理的不竭动力

创新是社会发展的根本动力，是人类文明永续发展的不竭之源。尽管中国现已成为世界第二大经济实体，但倘若对中国经济发展过程稍加追溯的话，就会明显看出中国经济的高速发展建立在对生态资源和人力资源高耗损的基础之上，如今中国正在面临的生态危机已确证高耗能的经济增长威胁人民生存的绿色家园。在新时代背景下，中国提出创新发展的新理念就是要解决动力之源的问题，使经济发展从之前的高成本、高耗能、低效率的发展模式通过创新转化为依靠科技创新和资本投入的双向驱动，实现经济发展方式的生态化转型升级。创新作为社会经济发展的动力之源已经渗透于社会经济发展的各个领域。在生态危机日益严峻的窘迫形势下，创新也是生态治理的不竭动力，通过创新实现生态治理思维方式、治理理念、治理手段等方面的根本性变革。一言以蔽之，生态治理就是实现绿色创新治理。绿色创新治理通常也被称为"生态创新""环境创新""可持续创新"等，主要借助三方面的力量推进，即"绿色技术开发推动、以绿色消费为导向的市场拉动和管制推动——在一项具体的绿色创新中，它们可以单独起作用，也可以共同起作用"①。可见，技术在绿色创新治理当中起着不可替代的重要作用，通过技术创新实现生态治理手段的革新进而精准而有效地解决生态问题。

　　创新是社会经济发展的不竭动力，而这个动力主要来自对科学技术的强劲推动。从某种程度上讲创新就是科学技术的创新，我们通常讲科学技术是第一生产力，实际上表达的就是科学技术对人类社会发展所起到的助推作用。科学是人类实践经验的概括和总结，是对客观物质世界系统化和理论化的知识体系，而技术通常被视为一种技能或技巧，是劳动者生存的手段，是人类活动手段的总和。科学和技术并非一开始就耦合在一起，曾经在很长的时间内科学象征着深奥、高尚和令人敬畏的形上之学，而技术则被藐视为肤浅的、低俗的劳动技能，科学和技术存在明显的区别或张力，直到 19 世纪以后科学和技术才凝聚成一股强大的力量推动人类社会奋勇前行。毫无疑问，迄今为止人类文明之所以登上如此辉煌灿烂的殿堂，近代科学技术功不可没。正是借助现代化的科学技术，人类极大程度上改变了社会生活的面貌，切实感受到了现代化技术所带来的充盈的物质财富，也切身体会到了技术现代化所带来的快捷与便利。质言之，人类文明的硕果是近代以来科学技术直接催动的产物，科学技术被置于了至高荣耀的地位。确如法国思想家莫斯科维奇指出的："对很多人来说，从正面来讲，科学永远'正确'，从反面来讲，'科学永远不会犯错'，正是这一专断信条使科学容不得半点批评。"②但在科学技术推动人类走向文明巅峰之时，技术的异化使人类文明出现了污点，所

---

①　中国科学院可持续发展战略研究组：《2015 年中国可持续发展报告：重塑生态环境治理体系》，科学出版社 2015 年版，第 132 页。

②　[法] 赛尔日·莫斯科维奇：《还自然之魅：对生态运动的思考》，庄晨燕等译，生活·读书·新知三联书店 2005 年版，第 7 页。

谓人类文明的背后留下了一片荒漠，而加速荒漠化进程的正是科学技术。"因为在汹涌的工业化的进程中，技术对人的统治与控制，不仅形成了一种非人性化的技术主义，而且人也在日渐膨胀的工具理性面前形成了一种包括了技术崇拜在内的物质信仰。"① 对物质的依赖和崇拜加剧了人类对大自然的无情掠夺，在物质的利诱下，对科学技术的过度迷恋则直接导致大自然满目疮痍。资本主义固有的私有本性决定了其在市场经济运行中是以占有和攫取经济利益的最大化为实践旨归的。在资本逻辑的促逼下，人类执着于物欲的无尽占有，并借助科学技术不断强制自然，榨取自然财富，致使人类在财富的无度盘剥中异化为欲望的奴隶，丧失了人之为人的至诚和友善，让人在物欲的包裹中迷失心智。

在物欲的促逼下，技术也发生了质变。技术原本是被人所控制和利用的工具，但吊诡的是人被推上了技术的"座架"，在程序化了的、功能化了的机械状态中生存，技术反倒统治了人，人屈从于技术的统治。"技术统治之对象事物愈来愈快、愈来愈无所顾忌、愈来愈完满地推行于全球，取代了昔日可见的事实所约定俗成的一切。技术的统治不仅把一切存在者设立为生产过程中可制造的东西，而且通过市场把生产的产品提供出来。……当人把世界作为对象，用技术加以建设之际，人就把自己通向敞开着的本来已经封闭了的道路，蓄意地而且完完全全地堵塞了。"② 这就是资本主义以物性为核心的现代性所导致的技术的异化。它使技术悖逆了造福人类的本质，依附于人类永无宁日的物质欲望，而物欲又倒逼着技术统治人与自然，最终陷入绝对化了的技术主义。

马克思很早就关注过技术异化对人身自由的侵害。他指出，"变得空虚了的单个机器工人的局部技巧，在科学面前，在巨大的自然力面前，在社会的群众性劳动面前，作为微不足道的附属品而消失了；科学、巨大的自然力、社会的群众性劳动都体现在机器体系中，并同机器体系一道构成'主人'的权利"③。在这里，马克思精辟地指明了科学技术在资

---

① 周国文：《自然权与人权的融合》，中央编译出版社 2011 年版，第 187 页。

② ［德］海德格尔：《林中路》（修订本），孙周兴译，上海译文出版社 2008 年版，第 264—265 页。

③ 《马克思恩格斯全集》第 44 卷，人民出版社 2001 年版，第 487 页。

本主义工业体系和生产方式中受制于资本家的私有本质，在资本无限增殖的逻辑中无情地统治和剥削人，原本承担实现人全面自由发展使命的科学技术质变为促使工人异化存在的一种方式。

现代科学技术催生了灿烂无比的人类文明，但也使人类走向了超绝欲望和狼性态度的物质霸权主义和技术主义。人类的虚妄将自身推向了技术的"座架"，受制于技术的操控。"在现代技术的支配下，没有什么东西能够以自己的方式呈现出来。所有的东西都被汇入一个巨大的网络系统，在这个系统中，它们存在着的唯一意义就在于实现技术对事物的控制。"① 人按照现代技术已经预设好的程序化、计算化了的逻辑寻找自己的生存归宿，机械化了的生存样态使人失去了自由，人不能自主地把控技术，技术异化为无所畏惧、无坚不摧的力量支配着人与自然。技术的异化使人与自然蜕变为欲望的奴隶，在悲悯的哀叹中吁求科学技术的生态化转向，而科学技术生态化的本质在于"在生态文明发展的大趋势下，把科学技术的发展置于生态文明的框架中，依照生态学原理和生态文明的核心价值理念来规范科学技术的研究、管理和应用，尽最大可能性来降低科学技术使用过程中所产生的负效应，将科学技术对人类文明的'异化功能'转化为对人类文明的'提升力量'"②。

如果说科学技术的生态化转向是新时代背景下创新动力的提升的话，那么制度创新也是创新发展中不可或缺的重要环节，况且没有制度作为依托或保障，科学技术的生态化转向是难以实现的。制度是对人类行为的约束和限制，其是将人类禀赋的权利通过契约的形式固定下来，使人们的行为方式按照已有的程序履行职责和享有权利。借助制度的权威性，人们的行为有了合法规约的限制，不能僭越，借以达成健全、稳定的文明秩序。良好的制度体系不仅可以明澈人们的权利和义务，使之在一个平等有序的社会环境中准确辨识和定位自己的社会角色，而且制度的规约消解了社会治理的无序化状态，促成文明社会和文明公民的养成。河西走廊的生态治理需要制度创新来提高生态治理的效度，提升社会发展

---

① 高亮华：《人文主义视野中的技术》，中国社会科学出版社1996年版，第142页。

② 李培超、郑晓锦：《科学技术生态化：从主宰到融合》，湖南师范大学出版社2015年版，第74—75页。

的品质。2015 年 4 月,《中共中央国务院关于加快推进生态文明建设的意见》中明确指出,通过健全法律法规、完善生态监管制度、健全生态保护补偿机制等来健全生态文明制度体系。在生态治理的问题上,河西走廊完全可以在国家健全生态文明制度体系的基础上因地制宜制定和规范相应的制度体系。只有将生态治理纳入制度化的系统当中,转变生态治理的理念,采取科学而规范的生态治理路径,才能实现社会经济持续、稳定和健康发展。

(二) 协调发展是生态治理的根本保障

协调发展指的是协调社会经济发展过程中业已凸显的诸如城乡二元结构对立、物质富足与精神颓废之间脱节、经济持续增长与生态承载力之间矛盾突出等重大问题,其目的是实现社会经济与自然生态环境之间的健康、稳定、平衡、持续发展,谋取人与自然共同的福祉。特别是如今中国的社会主要矛盾已转化为人民日益增长的美好生活需要与不平衡不充分的发展之间的矛盾,主要矛盾的变化昭示的是改革开放以来中国经济快速增长对社会生产关系产生的核心影响力,对推进中国特色社会主义的伟大事业提出了新的时代命题。一方面,中国要解决 14 亿多人同步进入小康社会的世界难题;另一方面,要着重解决发展不平衡和不充分的问题,借以满足人民日益增长的美好生活对需要,这就无形中对党的领导、治理能力、生态文明建设能力等提出了新的挑战。[①] 协调发展是把国家作为一个有机整体,旨在通过对有机整体组成要素的重塑激活诸要素的活力,并且通过诸要素之间的调适协同推进有机整体的整体发展。从此种意义上讲,协调发展实际上是对社会经济发展各参与要素的重新整合,使之更符合国家持续发展和稳定发展的需要。因此在社会主要矛盾变化的现实境域中,协调发展能够有效地统合经济发展与美好生活之间的关系,实现社会经济与生态环境健康发展。在社会主义生态文明建设背景下,生态治理更需要协调发展来协同生态治理主体之间的关系,调动生态治理主体的积极性,提高生态治理的效度。而且,协调发展还

---

① 刘须宽:《新时代中国社会主要矛盾转化的原因及其应对》,《马克思主义研究》2017 年第 11 期。

可以协同治理要素之间的关系，推动社会经济与文化之间的平衡发展，呵护生态共同体的根本利益。

1. 协调发展有益于实现多元主体之间的协同治理

生态治理是一项长期而稳定的浩大工程，需要多元治理主体的协同合作才能有效完成。这不仅是由生态系统中人与自然本质统一的属性决定的，而且是由人追求全面自由发展的价值取向决定的。人与自然是一个不离不弃的生命共同体，彼此互惠互利，但是在无度欲望的利诱下，人类超然于自然而蹂躏自然，最终造成生态危机，成为威胁人类文明永续发展的重大难题。人与自然共生关系的断裂，表征人与自然纷纷失去了自由。恩格斯在《国民经济学批判大纲》中提到人类面临两大和解，即"人类与自然的和解以及人类本身的和解"①，其中人与自然的和解就是重塑人与自然的共生关系，使人与自然免受物欲的奴役而重获自由。生态治理就是要发挥人的积极作用，还原人与自然的本真面貌。但在人类中心主义的价值取向之下，人类依然超拔于自然，生态治理实际上还是围绕人的发展而开展，没有将人与自然统摄于生态系统的整体利益来综合审视，由此产生了生态治理与经济发展的二重悖论。在生态共同体多元价值导向之下的生态治理，践履多元治理主体协同合作的治理路径，将人与自然置于整体的视域来考量，因而规避了单一治理主体的弊端。政府、企业和社会是生态治理不可或缺的主体，但问题是政府、企业和社会毕竟代表不同的利益载体，它们之间虽然有利益的交汇，但在许多情况下是各自为政的利益团体，在生态治理的过程中需要发挥这些治理主体的积极性。问题是生态治理过程中如何保障这些治理主体的权益，并使之在一个公平有序的治理秩序中协同合作？协调发展可以有效实现生态治理主体协同合作，进而大幅提升生态治理效度。

在生态治理的过程中，政府、企业和社会凝合为一个有机的整体，虽然彼此之间有利益的纠葛，但最终目的是实现各自利益的最大化，通过对生态治理主体利益的协调，重新分配生态治理过程中的权利和责任，准确辨识生态治理的方向和目标，以协商对话的方式解决利益主体之间的冲突。因此，协调发展重在协调生态治理主体之间的权利和义务，尽

---

① 《马克思恩格斯文集》第 1 卷，人民出版社 2009 年版，第 63 页。

可能实现在平等有序的治理环境中践履生态治理的理念。协调发展的目的是发展，而生态治理的目的也是在良好生态的基础上推动社会稳定发展，二者在发展指向上是一致的。通过协调各生态治理主体之间的利益关系，生态共同体的美生理念渗透于生态治理的全过程，进而使治理主体自觉参与到多元协同的生态治理中来，实现生态、经济与社会稳定而持续地发展，故此协调发展是生态治理的根本保障。

2. 协调发展有益于平衡生态治理过程中的各种关系

协调发展有益于平衡生态治理过程中局部与整体、要素与系统、经济与文化之间的关系，从而有利于社会有机体的全面稳定发展。生态治理的价值取向是实现人与自然的和谐共生，其实践逻辑是促成生态资源与社会经济的可持续发展，吁求的是一种人与资源、社会稳定有序的可持续发展。但长期以来，受人类中心主义价值范式的误导，生态治理还是倾向于人的需要和满足，以人为中心的价值立场并未发生根本性的变化，这就无形中塑造了人的绝对主体性，厉行以满足人的物质需求为旨归的传统发展理念。传统发展理念追求单向式的经济增长，以单纯的物质增长作为社会发展的考量依据。这种发展理念固然对提高人们的物质生活水平大有裨益，但狭隘的物性指标也很容易错置人们的价值偏好，使人们沉浸在物质满足的愉悦中而忽视人的实在意义。单向度地追求经济的持续增长促进了社会经济的快速发展，但很容易造成整个社会经济富足而文化乏力、局部丰盈而整体贫瘠的二元困境，致使社会有机体失去平衡。协同发展旨在实现均衡有序发展而着眼于协调，对调适生态治理过程中出现的弊病有极其重要的作用。协调发展按照社会有机体的均衡原则和公平正义原则对局部与整体、系统与要素之间的利益进行干预，使局部与整体、系统与要素均衡发展。另外，政治、经济、文化、社会等要素是社会有机体的重要组成部分，经济富足与文化繁荣是协同推进的互补关系，但现实的问题是经济上的充盈带来的是文化领域的真空，导致人质变为一味追求物质满足的经济人，随之而来的是社会道德的缺失和价值信仰的迷失。协调发展试图平衡经济发展有余而文化繁荣滞后的巨大反差，寻求物质满足与精神需要之间的平衡发展，唯其如此，人才能称为全面发展的人。可见协调发展通过对生态主体利益之间的重新分配，能够调动治理主体参与生态治理的积极性，使其自觉参与协同治理生态问题。而且，协调发展致力于统合局部与整体、经济与文化之间的关系，规避了传统发展理念中重经济增长而轻文化滋养的错误逻辑，进而保障了社会有机体的整体发展。

(三) 绿色发展是生态治理的实践逻辑

所谓绿色发展，又称生态性发展，是指按照生态系统的秩序和规约统合经济发展与生态保护之间的关系，实现人与自然的和谐共生。绿色发展追寻和谐共生的价值向度，既表征了生态共同体中人与自然彼此交织并生、互利互惠的存在样态，又指称了实现生态共同体和谐共生的实践路径。绿色发展的价值指向人与自然的和谐共生，通过人与自然互动共赢的绿色发展方式，实现社会有机体的持续发展，其注重解决发展的实践方向问题。强调绿色发展既是对西方资本主义国家"先发展、后治理"错误理念的积极扬弃，又是对改革开放以来社会经济发展的经验总结，特别是伴随经济增长的快速发展而产生的生态环境问题已经严重影响到了民生福祉，有必要全面总结和吸取以往经济发展的经验教训，以绿色发展置换以牺牲环境换取经济增长的黑色发展，实现人与资源、社会的和谐发展。绿色发展是生态治理的实践逻辑指的是在生态治理的过程中，按照绿色发展的要求解决现有的生态环境问题，在修复生态资源的基础上发展绿色经济，推崇倡导人与自然协调统一的绿色生活。这不仅是生态治理的实践向度，也是绿色发展的应有之义，彰显了绿色发展和谐共生的价值旨趣。

1. 实现绿色发展的前提是修复和保护绿色生态资源

生态资源是人类社会繁荣发展的环境基础，没有环境作为依托，人类社会寸步难行。马克思将大自然视为人类的无机身体，表达的就是大自然是人类社会繁荣生息的物质载体和环境基础，人与自然生态环境是密不可分的生命共同体。但生态资源并非取之不尽、用之不竭的，生态资源的稀缺性和不可再生性决定了其存在的时间限度，人类文明在运演过程中无不是以生态资源的占有和利用为前提的。特别是工业文明以来，人类的超绝欲望和狼性态度更是将大自然逼向了崩溃的边缘，以"大量生产—大量消费—大量排放"为标识的黑色发展经济方式虽然有助于提高人类的物质生活水平，但却使人类的绿色家园面临生态危机的威胁，以绿色发展取代黑色发展才是推动人类文明繁荣永续的必由之路。实施绿色发展，至关重要的便是修复和保护绿色生态资源。习近平总书记精辟地指出："我们既要绿水青山，也要金山银山。宁要绿水青山，不要金山银山，而且绿水青山就是金山银山。"①习近平总书记"绿水青山就是金山银山"的重要理念实际上强调的就是在保护自然生态环境的基础上实现社会经济的可持续发展，只有建立在生态良好基础上的发展才能称为绿色发展。保护绿色生态资源与社会经济发展是并行不悖的。习近平总书记强调："保护生态环境就是保护生产力，改善生态环境就是发展生产力。"足见习近平总书记是立足于人类繁荣永续的制高点上将生态环境和生产力的互动关系纳入更为宏阔的视域来审视，对践履绿色发展的理念具有重要的指导意义。所谓"保护生态环境就是保护生产力"，指的是"对现有的生态环境资源加以保护，使生态系统不再遭受人为因素的过度干扰与破坏，从而保证合理利用生态环境资源，使生态系统能够保持健康、良性循环"。"改善生态环境就是发展生产力"，是指"通过人力、财力的投入，营造良好的生态环境条件，对已遭到破坏的生态环境进行修复，为尚未破坏的生态环境提供预防方案，为生态系统的良性循环提供保障条件"②。可见无论是保护生产力还是发展生产力，都要将生态环境放在至关重要的地位来认知，鲜明地阐释了修复和保护绿色生态资源的基础性作用。这恰恰是在绿色发展理念引领下进行多元协同生态治理的关键和核心。

2. 绿色发展在实践中要求发展绿色经济

生态治理的价值取向是呵护生态共同体的根本福祉，实践指向按照人与自然和谐共生的原则进行多元治理，而和谐共生强调人与自然发展的双重向度，意味着在生态治理的过程中统筹兼顾人与自然的共同利益必然要在经济发展方式上扬弃竭泽而渔的黑色经济发展方式，践履绿色发展，而绿色发展在实践中要求发展绿色经济。绿色经济本质上是生态

① 中共中央宣传部：《习近平总书记系列重要讲话读本》，学习出版社、人民出版社2016年版，第230页。
② 李军等：《走向生态文明新时代的科学指南：学习习近平同志生态文明建设重要论述》，中国人民大学出版社2015年版，第34—35页。

性经济，是按照生态的原则和要求安排生产，生产的目的并非纯粹为了突出经济增长，而是为了实现人与资源、社会的可持续发展。与绿色经济有本质之别的是资本主义现代性逻辑主导的无限增长型经济。在资本主义工业文明经久不衰的时代境域中，这种增长型经济伴随经济全球化而大行其道，但毋庸置疑的是，增长型经济的实践归宿是单纯追求经济和财富的无限增长。"当我们耗尽地理资源和支持人类生命的生态系统，并把这种枯竭当作目前的纯收入时，我们就进入目前的这种晚期过度增长癖状态了。"① 无限增长癖单向度地把追求经济持续增长视为至高至善的价值操守来恪守，但无限增长是以严重破坏生态环境为代价的，况且生态资源的稀缺性决定了无限增长并不是推进人类繁荣永续的科学发展方式，在人类文明前行的轨道上应规避这种发展方式，发展绿色经济。

发展绿色经济意味着推动经济发展过程中的生产、消费、排放等诸要素实现生态化转向，其中的一个重要方面便是支撑经济发展动力的科技要实现生态化转向。在资本主义现代性的境域中，科学技术被异化为满足物欲的手段，因而实现科技的生态化转向则更多地倾向于科技的人文效应和生态效益的内在契合，注重人文关怀原则与生态关怀原则的耦合，方能有助于科技超脱于异化的状态。人文关怀原则侧重的是人和社会，致力于促进人的自由全面发展和社会的公正和谐；生态关怀原则侧重于生态系统，着力于实现人与自然生态系统的和谐发展，而且"生态关怀是人文关怀的发展和升华，关怀生态意味着关怀人本身，意味着关怀整个人类和整个社会的前途和命运。也只有立足于生态关怀的高度，一切以整个地球生态系统的和谐平衡为出发点，才能真正实现人与自然、社会的协调发展，为人文关怀的实现提供前提和保障"②。河西走廊多元协同的生态治理需要绿色发展引领，更需要绿色发展所昭示的人与自然和谐共生的价值导向作为实践指向，人文关怀原则和生态关怀原则的耦合有益于消解传统发展观中重物质积累而轻文化修养的弊端，从而双向

---

① ［美］大卫·雷·格里芬：《后现代精神》，王成兵译，中央编译出版社1998年版，第165页。

② 李培超、郑晓锦：《科学技术生态化：从主宰到融合》，湖南师范大学出版社2015年版，第161页。

驱动绿色经济的持续繁荣，实现人与自然生态系统的互利共赢。

（四）开放发展是生态治理的有利条件

开放发展是中国社会经济持续快速发展的基本经验。正是得益于开放发展改变了落后中国的面貌，我们现已成为世界第二大经济实体；也正是由于开放发展，我们增强了国家的核心竞争力和对外话语权。综观人类发展的历史，无不是在一个开放包容的环境中展现多彩的面向。人类文明永不驻足的妙诀在于开放的环境实现了人类文明之间的包容互鉴、互通共荣。汉代中国开辟了贯通中西文明的丝绸之路，无数商旅政客活跃于这条丝绸之路古道上，特别是唐代以开放包容的豪迈开创了丝绸之路繁荣无比的大唐气象，为推动人类文明进程做出了卓绝的贡献。但在明清之际，中国开始闭关锁国，逐渐失去了与外部世界进行交流共进的良机，最终招致近代中国落后挨打的被动局面。今天我们提出"一带一路"倡议，就是要重现昔日丝绸之路的辉煌景象，发挥丝绸之路在助推东西方文明交融互惠中的纽带作用，构建人类命运共同体，推进人类文明发展的繁荣永续。生态治理并不是在一个密闭的环境中进行的，生态治理也需要一个宽广的国际舞台来拓宽生态治理的认知视野，提升生态治理的品质，更需要拓展生态治理的实践场域借以实现国内外生态治理的经验交流，推动全球生态治理。开放发展恰恰为生态治理的宏阔视域提供了便利条件。

1. 开放发展拓宽了生态治理的认知视野，提升了生态治理的品质

开放发展是为了搭建社会经济持续发展的国际平台，使经济主体主动参与到全球化的经济浪潮中，利用相对公平的国际环境提升发展的效益和品质。开放是一种经济交流互动的方式，发展则是开放的目的。开放发展为生态治理拓宽了认知视野，使生态治理有了施展的国际平台。生态治理乃是对生态系统中由于人类强制而产生的生态失序问题进行综合整治。生态问题不仅仅在中国有，在其他国家也有。如今遍及全球的生态危机赫然昭明生态问题已不是某个国家的问题，而是整个人类共同面对的时代难题，需要人类同仇敌忾、精诚合作才能有望遏制生态危机。就生态危机作用机制而言，可以毫不讳言地讲，资本主义工业文明对生态危机负有不可推卸的责任。长期以来，资本主义信奉金钱至上的价值

观，把不增长就死亡视为资本主义发展的铁律，资本无限增长的现代性逻辑催动市场经济遵循越多越好的经济理性原则，必然的结果是把肆无忌惮地盘剥和蹂躏自然作为经济增长的基础，大量生产、大量消费、大量排放，生态危机自然无法避免。资本主义工业文明至今依然在全球化的浪潮中显现出勃勃生机，物性至上的现代性逻辑控制着社会发展的节奏，资本对生态资源的渗透丝毫没有减弱。面对生态危机的严峻形势，大幅度地进行生态治理不仅是迫切的，而且是必要的。中国的生态治理在资本主义工业文明的大环境下更要有清醒的认识和长远的国际视野，绝不能走资本主义国家"先污染后治理"的老路，而是在扬弃工业文明的基础上积极借鉴其他国家治理环境的基本经验，并结合自身实际探索出中国特质的生态治理路径。开放发展为生态治理拓宽的认知视野使其能及时明澈全球生态治理的问题，汲取全球生态治理的最新成果，把握中国生态治理的正确方向。同时，通过开放发展，中国可以积极参与到全球环境治理体系中履行相应的职责和承担义务，以国际舞台为契机提升中国生态治理的品质，使世界更好地了解中国，为全球生态治理贡献中国智慧和中国方案。

2. 开放发展拓展了生态治理的实践场域

生态治理没有固定的模式和套路，每个国家的情况相异，生态治理的路径也存在差别。在现有的全球环境治理体系中，发达国家凭借资金和技术优势主导全球生态环境治理，由此意味着大国意志和强权政治依然会在全球环境治理领域发挥难以逾越的影响和作用，发展中国家在全球环境治理体系中仍旧处于追随的地位，严重制约着发展中国家实现自身的治理优先领域和发展目标。[①] 人类只有一个绿色家园，在生态治理的问题上应充分尊重各国生态治理的自主权和主动权，在开放包容的国际环境中相互借鉴治理经验，扬长避短，共同推动全球生态治理。开放发展使中国的生态治理实现了与国际接轨，进而拓展了生态治理的实践场域，通过引进来和走出去双重向度进行多元协同的生态治理。一方面，中国在生态治理的过程中可以积极汲取其他国家的一些先进理念或技术

---

① 中国科学院可持续发展战略研究组：《2015 年中国可持续发展报告：重塑生态环境治理体系》，科学出版社 2015 年版，第 140 页。

手段，如美国学者戈德史密斯提出网络化的治理理论，主张公私部门、民众协同参与共治的治理模式。这对于生态网络化治理的成熟发展、网络化主体的交互协作、治理资源的优化配置具有重大的实践意义。德国开展的关于莱茵河流域的生态治理工作，对于中国开展生态河流的修复、生态资源的高效开发、产业结构的调适优化等方面具有十分重要的借鉴意义。① 另一方面，中国的生态治理还需要走出去。如今社会主义生态文明建设取得了显著的成效，生态环境保护发生历史性、转折性、全局性变化，建设美丽中国迈出坚实步伐。绿色发展理念、绿水青山就是金山银山、人与自然是生命共同体等能够代表中国智慧或中国方案的治理理论通过开放包容的国际舞台走向世界，从而为遏制全球生态危机、共谋全球生态文明建设做出中国应有的贡献。

面对全球性生态危机咄咄逼人的严峻形势，中国在总结国内外发展经验的基础上，结合中国的文化特质提出建设社会主义生态文明的重要理念，对反思工业文明探寻人类发展方向指明了道路。建设性后现代主义的著名代表人物小约翰·柯布明确指出："在古代中国的智慧中有许多资源可以帮助我们，在中国实现一种生态文明的可能性要大于西方，因为，与自然相疏离，这几乎充斥西方历史的所有文化里。"② 生态文明并非否定工业文明，而是对人类以往的原始文明、农业文明和工业文明的积极扬弃，是在认真总结人类文明发展经验的基础上生成的，统合了人的全面自由发展和自然生态的稳定持续，因而表征了对工业文明的超越。中国的社会主义生态文明表现在观念层面就是节约资源、尊重自然，树立人与自然和谐共处的观念；表现在经济层面就是转变粗放型的经济发展方式，倡导绿色发展和发展循环经济、低碳经济；表现在制度层面就是制度的生态化，健全生态文明制度体系，用严格的制度和法治保障生态文明建设。③ 可见中国的生态文明建设是全方位而多层次的。在社会主义生态文明建设的背景下进行多元协同的生态治理既能展现社会主义制

---

① 姚翼源、黄娟：《五大发展理念下生态治理的思考》，《理论月刊》2017 年第 9 期。

② ［美］小约翰·柯布：《文明与生态文明》，李义天译，《马克思主义与现实》2007 年第 6 期。

③ 秦书生：《社会主义生态文明建设研究》，东北大学出版社 2015 年版，第 125—133 页。

度的优越性，又能促进人与自然的和谐共生。通过开放发展的有利条件，中国可以向世界表达符合中国特色的生态治理之道，进而为全球生态治理贡献中国智慧和中国方案。

（五）共享发展是生态治理的最终归宿

共享，顾名思义就是共同占有和公平享有生产资料的劳动成果，而共享发展蕴含了共享什么、由谁来共享和怎样共享三个维度。实行社会主义制度的中国，发展的成果，当然由广大人民群众来享有，是在中国共产党的领导下通过健全制度体系来保障人民公正而公平地享有社会主义建设的成果，体现社会主义以人民为中心的优越性。一言以蔽之，共享发展就是"在中国共产党的领导下，立足现实国情，以人民为中心、以发展为第一要务、以增强人民群众获得感为导向、以科学的制度安排为保障，坚持人民主体地位，坚持发展为了人民、发展依靠人民、发展成果由人民共享的总要求，坚持人人参与、人人尽力、人人享有原则，使发展活力得到增强，社会公平正义得到彰显，民生福祉在共建共享中得到增进，逐步实现全体人民共同富裕"①。社会主义的根基是广大人民群众，中国共产党亦是广大人民群众根本利益的代表者，这就意味着社会主义建设的最终目的是呵护广大人民群众的根本福祉，社会主义发展的成果理所应当地由广大人民来共享。以人民为中心是社会主义制度优越性的真实体现，这是由社会主义的性质所决定的。马克思、恩格斯曾指出："无产阶级的运动是绝大多数人的、为绝大多数人谋利益的独立的运动。"② 社会主义发展的最终目的是实现人的自由而全面发展。所谓全面是指物质财富的极大丰富和精神境界的极大提高，而衡量自由的标准之一便是人民是否占有和享有劳动成果，因为在社会主义的制度框架内，"在无产者的占有制下，许多生产工具必定归属于每一个个人，而财产则归属于全体个人。现代的普遍交往，除了归属于全体个人，不可能归属于各个人"③。改革开放使中国的社会经济发展水平迅速提升，改革开放

---

① 王丹、熊晓琳：《论共享发展的实现理路》，《马克思主义研究》2017 年第 3 期。
② 《马克思恩格斯选集》第 1 卷，人民出版社 2012 年版，第 411 页。
③ 《马克思恩格斯文集》第 1 卷，人民出版社 2009 年版，第 581 页。

的红利理应由广大人民来共享，而共享发展就是要竭力破解现有分配制度中不合理的难题，保障人民公平公正地享有劳动成果。生态治理的最终目的是实现人与自然的互惠互利，呵护生态共同体的根本福祉。生态治理是由各个治理主体协同合作完成的，生态治理的成果自然由人民来享有，尽可能地修复绿色生态资源使广大人民诗意地栖居，通过美好生活的达成建设美丽中国。

1. 共享生态治理成果，实现人民的美好生活

美好生活是一种惬意的生存样态，是按照人之本能的释然生活，追求的是生活的洒脱和心灵的安逸。美好生活是一种价值取向和内心深处的向往，指引着人们竭力达成实践活动的目标。美好生活讲究的是精神生活与物质生活的内在契合，这种契合表现在人能够在物质享有中感到精神的愉悦和自洽而不是为外物所累，精神生活以物质生活为依托，物质生活以精神生活的升华为限度。但现实的逻辑使美好生活成为一种奢望，在资本主义现代性的催动下，人们的生活完全按照已经设定好的固有程序和僵化的套路进行，缺乏自主性、鲜活性和创造性。在物性为标尺的世界里，人们徜徉于物质的无限占有和盲目消费之中，把美好生活标定为物质财富的无尽占有，人们的生活世界没有精神文化元素，完全被铺天盖地的物质殖民化了。"由于现代化把重点放在大量的物质生产、提高效率及合理分配上，所以物质生活虽得到提高，但因为追求物质的丰富而牺牲精神文明，出现精神生活贫困化。"[①] 物质生活的富足和精神生活的贫苦化是现代人生活世界的真实面向，与人们期许的美好生活还有相当大的差距，而且物质的充盈直接是以毁坏生态资源为代价的，必然导致人们的绿色家园面临生态危机的严重威胁。多元协同的生态治理是要对凸显的生态问题进行综合整治，生态治理人文关怀和生态关怀原则的内在耦合旨在通过生态文化的深度发掘提升人们的人文素养，把人类所独有的道德意识和人文情怀施之于大自然。人文关怀原则有益于触发人性的善意本真，使人的行为举止限定在约定俗成的道德规则和社会的规约之内，进而减缓人们对物质的依赖，实现物质生活与精神生活的

---

① ［日］池田大作、［德］狄尔鲍拉夫：《走向 21 世纪的人与哲学》，宋成有等译，北京大学出版社 1992 年版，第 48 页。

平衡发展。生态治理通过修复绿色生态资源还原大自然的本真面貌，恢复其自我平衡能力，所要达成的是人与自然的和谐共生。在和谐共生的价值导向下，人不再是追求物质满足的经济人，而是自知自足的生态人，如此便使人们感受到生态治理的成效，共享生态治理的成果，实现生态性生存、诗意地栖居、美好地生活。

2. 共享生态治理成果，实现美丽中国的美好夙愿

实现美丽中国是社会主义生态文明建设的美好夙愿，也是生态治理谋求人与自然和谐共生的实践表达。美丽中国不仅需要强大的经济基础作为坚实的后盾，需要先进的文化资源作为引领，更需要优良的生态环境作为永续发展的环境基础。改革开放以来，中国的经济发展水平迅速得到了提升，现已成为世界第二大经济实体，为实现美丽中国奠定了雄厚的经济基础。但毋庸置疑的是，中国经济的快速增长是一种高成本、高耗能的增长，科技在经济发展中的共享率偏低导致经济增长的动力不足。过去我们一直强调"唯经济增长论"和以 GDP 增长论英雄，这种狭隘的发展理念导致发展不计成本，以牺牲生态资源来换取社会财富的增长，最终产生严重的生态环境问题。如今诸如森林被毁、植被破坏、沙漠化进程加快、水资源短缺、空气质量下降等生态问题已经严重影响人民的生活质量，更为严峻的是生态资源并非取之不尽、用之不竭，惨遭破坏的生态资源在短时间内无法恢复，这就严重威胁到了社会经济发展的根基。正因如此，我们要着力综合整治生态问题，通过多元协同的生态治理实现人与自然的和谐发展。以生态共同体福祉为旨归的多元价值导向的生态治理，兼顾了人的全面发展和自然生态系统的稳定持续，以生态化的方式来处理经济发展与生态保护之间的平衡问题，呵护生态共同体的根本利益。如此也就意味着生态治理并非仅仅是对生态环境的综合整治与保护，作为一项长期而浩大的工程，生态治理是生态效益、经济效益、文化效益、社会效益等多重效益的有机统合，有效达成人文效应和生态效应，而人文效应和生态效应的双重驱动必将助推社会主义生态文明建设，实现美丽中国的美好夙愿。

三 多元协同的生态治理新路径

马克思精辟地指出："社会是人同自然界的完成了的本质的统一，是自然界的真正复活，是人的实现了的自然主义和自然界的实现了的人道主义。"① 这里马克思所说的"自然界的真正复活"是指还原大自然的本然状态，使自然界复归自由。自然界之所以不自由，是因为人类的超绝欲望和狼性态度把自然视为满足私欲的对象或工具，悖逆了人与自然的本质统一。人与自然向来是一个互不相胜的有机整体，但在物欲的促逼下，人与自然纷纷异化为彼此对立的敌人，人类把自然当作发财致富的机器恣意妄为，自然无法承受人类无尽的盘剥与榨取，本能地释放出对人类的强烈不满，生态危机接踵而至。生态危机肆虐严重威胁到人类文明的繁荣永续，遏制生态危机需要祛除人类对自然的任何邪念，重塑人与自然的共生关系，把人与自然置于互生互惠的生态共同体中，而生态共同体的出场就是要达成天地美生的佳境，把人与自然和谐共生为核心的生态文明作为价值取向和实践归宿，谋取人与自然的共同福祉。河西走廊多元协同的生态治理是要秉持生态共同体谋取人与自然根本福祉的价值导向，在新发展理念的引领下着力从发展生态经济、完善生态政治制度体系和发掘生态文化资源三个方面开辟生态治理的新路径，缓和人与自然难以弥合的尴尬境地。

（一）发展生态经济

生态经济并非生态与经济的简单结合，而是将维持生态持续发展的理念融入经济发展的全过程，兼顾生态利益与经济利益，本质上昭示了人与自然的共生关系，彰显了以人为本的发展理念。"生态经济是一种生存经济，它不以眼前的经济利益为主要目标，而是以人与自然的和谐共存为主旨，是真正的以人为本。"② 人与自然的共生与统一是大自然禀赋于人与自然的固有规定性。马克思说："自然界，就它自身不是人的身体

① 马克思：《1844年经济学哲学手稿》，人民出版社2014年版，第79—80页。
② 钱俊生、余谋昌主编：《生态哲学》，中共中央党校出版社2004年版，第160页。

而言，是人的无机的身体。人靠自然界生活。这就是说，自然界是人为了不致死亡而必须与之处于持续不断的交互作用过程的、人的身体。"①马克思精辟地道出了人与自然密不可分的共生关系，人即自然、自然即人，人与自然是一个互生共栖的生命共同体。在生态系统中，人因具备固有的思维意识而主动适应和改造自然，人类充当了主体的角色，自然是客体，但主体与客体之间并不是固化的，主体可以客体化，客体亦可以主体化，主客体的相互转化正好确证人与自然本质上的共栖互生关系。但吊诡的是，人类在发展过程中将主体绝对化或中心化，从而滑向了超绝欲望的人类霸权主义。在资本逻辑的刺激下，人类执着于追求越多越好的经济理性，把经济社会的繁荣进步建立在对生态环境的无尽攫取之上，破坏了人与自然的共生关系，引发了严重的生态危机。发展生态经济是在生态资源日益枯竭的现实境域下将保护生态环境作为经济发展的先决条件，摒弃经济理性原则，把肆意索取自然作为积聚财富的错误观念。在实践中主要是通过发展循环经济、倡导生态消费和发展生态科技三方面来显现生态经济呵护生态正义、重塑人与自然的共生关系，实现经济、社会、生态的可持续发展的。

1. 发展循环经济

循环经济是对生态资源进行有效利用的可持续性的经济，循环经济的概念最早是由美国经济学家波尔定于 1966 年提出来的。波尔定从系统论的角度分析了人类的经济活动与生态环境之间的互动关系，认为通过对资源的循环利用就可以达到有效利用自然资源的目的，进而保证经济的持续发展。循环经济一经问世就引起社会各界的广泛关注，人们普遍认为在生态资源日益枯竭的时代困境中发展循环经济可以实现资源的合理利用，从而节约资源，实现人与资源的持续发展。后来人们将这一观点进一步延伸且纳入了"可持续发展观"之中。中国对循环经济的思想和发展模式颇为重视，在 2005 年党的十六届五中全会上，中共中央制定国民经济和社会发展的第十一个五年规划建议中就明确提出大力发展循环经济，在次年生成的规划纲要中进一步指出要确立全社会的资源循环利用体系，循环经济思想遂成为中国经济社会发展的重要理念。

---

① 《马克思恩格斯选集》第 1 卷，人民出版社 2012 年版，第 56 页。

循环经济是一种讲究可持续性的经济发展形式，这种持续性突出地表现在经济发展过程中的生产和消费两个重要环节。日本环境伦理学家岩佐茂认为，循环经济是指"人类与外部自然界的物质循环，体现为通过劳动由自然界提取出资源改造为生产品，再通过消费生产品来完成这个循环过程。消费之后的排出物，不是投放到自然界，而是再次作为资源被活用，这样的话就是进行资源的循环（循环经济）"[①]。我国学者李龙强认为，"循环经济是把传统的线性生产改造为物质循环流动型或资源循环型生产的低熵化发展模式，它把清洁生产和对废弃物的循环利用融为一体，要求运用生态学规律来指导人类社会的经济活动，本质上是一种生态经济"[②]。实际上，无论哪一种界定都绕不开的主题就是循环经济试图通过各个生产环节最大限度地利用生态资源，实现经济社会与环境资源的可持续发展。循环经济重在强调循环在整个经济活动中的重要地位，循环是把经济活动当作一个无限重复的闭合系统。在这个系统中，资源经过生产—消费—排泄三个环节，各个环节中顺次运演的过程意味着资源和能量在逐步缩减，循环经济就是要竭力挽回这些损失的能量，对已经排泄的废弃物进行二次回收利用，直到资源的价值得到最大的发挥。循环经济是在充分尊重生态规律的基础上对生态资源的回收再利用，在实践中体现为三个重要的 3R 原则，即减量化（reduce）、再利用（reuse）、资源化（recycle）。减量化主要是针对生产环节的自然资源开采与利用而言的，因为任何一种经济行为均是以对生态资源的消耗为起点的，减量化是指尽可能减少发掘资源对生态资源的消耗和过度牺牲，以科学而合理的方式开采与利用资源。之所以强调减量化，是由生态资源的稀缺属性所决定的。大自然拥有各种生态资源，但其并非取之不尽、用之不竭的，任何一种资源都有一定的使用寿命或使用上限，毫无节制地攫取只会造成资源的无谓消耗。而且，人类不合理的资源利用方式已经造成生态资源日益枯竭，如果再不采取挽救措施，不仅会使当代人利益受损，而且会威胁下一代人的生态利益。再利用其实就是对经济活动中的

---

① ［日］岩佐茂：《环境的思想与伦理》，冯雷等译，中央编译出版社 2011 年版，第 80 页。

② 李龙强：《生态文明建设的理论与实践创新研究》，中国社会科学出版社 2015 年版，第414 页。

消耗品进行二次回收利用，把原本进入排泄程序的代谢物重置于生产环节，通过高科技手段使其变废为宝、变废为用。真正体现循环经济精髓的恰恰就是再利用原则，通过再利用使生态资源再次进入生产环节从而减少生态资源在生产、流通、交换、消费过程中的能量消耗，最大限度地利用生态资源。资源化即指在循环经济各个环节的制成品都可以作为资源来利用，重新回归循环经济的各个环节，对经济活动所产生的废弃物进行分类，尽可能进行资源化处理，能做资源利用的则重新进入生产环节，实在没有任何利用价值的通过无公害处理后妥善排放于大自然。

对废弃物的回收利用在很早的时代就被人们关注过，马克思就是其中的代表之一。马克思针对资本主义工业对大自然毫无节制的欺凌，又肆无忌惮地排泄和遗弃提出了他的循环经济理论，主张对废弃物进行二次回收利用。在《资本论》中，马克思多次提到了在资本主义工厂里大肆攫取生产原料、大肆排放废弃物对环境的恶劣影响，认为应该再次回收利用生产排泄物，进而阐述了他的循环思想："我们指的是生产排泄物，即所谓的生产废料再转化为同一个产业部门或另一个产业部门的新的生产要素；这是这样一个过程，通过这个过程，这种所谓的排泄物就再回到生产从而消费（生产消费或个人消费）的循环中。"① 马克思对废弃物的回收利用思想明确指出要将生产代谢物重置于生产消费的环节之中二次回收利用，注重实现对资源潜在价值的最大化利用。这进一步凸显了对生态资源的尊重和保护利用，为现代循环经济思想提供了智慧。

河西走廊生态资源禀赋并不优越，现有的生态资源已经遭到了严重的破坏，因此发展循环经济是实现河西走廊生态治理效果的明智选择。在经济基础薄弱、生态资源紧缺的现实境域中，河西走廊发展循环经济就须对现有的生态资源进行全面评估，在保护的基础上合理开发利用，对资源消耗过高的企业进行全面整改，确保按照循环经济的要求和规则发展。除此以外，河西走廊还可以充分发掘本地的优势发展新能源，如近些年发展比较快的光伏发电工程和风力发电就是一个不错的发展方向。如酒泉市的风电产业起步于 20 世纪 90 年代中期，发展速度却比较快，2012 年风电设备年生产能力达到 400 万千瓦，拥有 3000 台风机，3000 套

---

① 《马克思恩格斯全集》第 46 卷，人民出版社 2003 年版，第 94 页。

叶片，风电装备制造业销售收入累计达到 432 亿元，已经成为国内规模较大的风电装备制造基地。① 总之，河西走廊生态治理是对现存的生态问题进行综合整治，其中重要的一环便是明晰导致生态问题的根源，而发展循环经济就是要摒除传统发展模式对生态问题的恶劣影响，标本兼治，实现人与资源、社会、经济的可持续发展，再造现代化的新河西。

2. 倡导生态消费

马克思指出："人从出现在地球舞台上的那一天起，每天都要消费，不管在他开始生产以前和在生产期间都是一样。"② 消费行为是人本质属性的规定性，伴随人的一生。通过消费，人们不断从大自然中摄取物质与能量来维系生命体的各项生理机能完成生命的延续；通过消费，人类不仅完成了自身的新陈代谢，而且消费行为本身是不断获取物质与能量的过程，所有的物质与能量的源泉都归根于大自然。这也意味着人类通过各种消费行为与大自然产生密切联系，与之进行物质、能量、信息的传递。

资本主义工业文明向来被人类引以为豪，它创造了空前的物质财富，使人类社会的面貌发生了根本性的变化，但也正是由于工业文明，人性发生裂变，质变为只为满足物质欲望的经济人。"当人完全以人质化的心灵来遮蔽人的自然心灵，使人的心灵结构由物欲主义的野性激情悄然取代了灵魂的主导地位之后，原本就共在共生的自然世界被人狂妄地一分为二为人的世界和自然世界，人类的文明进程也就由此伴随着人类的悲剧得到了全方位的展开。"③ 资本主义私有的本性决定了其在市场经济行为中遵循资本无限增殖的固有逻辑，资本逻辑促逼人类恪守物欲至上的价值观，将人类裹挟在物欲的无度满足中。人类在物欲的满足中迷失心智，无法辨识何种需要是人的正常需要，何种需要又是虚假的需要。在物性为标尺的价值系统里，人类尽情地消费、尽情地占有，"我所占有的和所消费的东西即是我的生存"④。实际上，在资本主义的框架内，

① 石培基主编：《共圆中国梦　建设新甘肃》生态卷，甘肃文化出版社 2014 年版，第 244 页。
② 《马克思恩格斯全集》第 44 卷，人民出版社 2001 年版，第 196 页。
③ 唐代兴：《生态化综合：一种新的世界观》，中央编译出版社 2015 年版，第 225 页。
④ ［美］弗罗姆：《占有还是生存》，关山译，生活·读书·新知三联书店 1989 年版，第 32 页。

人类自诩为象征自由和幸福的消费是一种以占有更多物质资源为利益归宿的虚假的异化消费，"一种永不满足、永无止境的'欲求消费'就是异化消费"①。

法兰克福学派的代表人物马尔库塞将人的需要分为真实的需要和虚假的需要，他认为真实的需要是指"充分利用现有的物质资源和智力资源，使个人和所有个人得到最充分的发展"，而虚假的需要指的是"为了特定的社会利益而从外部强加在个人身上的那种需要，使艰辛、侵略、痛苦和非正义永恒化的需要"②。马尔库塞所说的虚假的需要指的就是以物性满足来获取自我感觉良好的异化消费，而"异化消费是指人们为补偿自己那种单调乏味的、非创造性的且常常是报酬不足的劳动而致力于获得商品的一种现象"③。这种异化消费受制于物欲至上的价值观念。在这种价值观的引导下，人与人之间的关系变为纯粹的利用或被利用关系，人们的生活完全被市场经济操控，盲从于追逐经济利益的最大化，却忽视了对社会公共性的关注，社会道德体系在物质的攫取中逐步瓦解。异化消费使人们倾向于单纯的物质占有，而物质的占有又进一步刺激了人们的欲望，最终促逼人类将物质的无度满足建立于对大自然的肆意榨取之上，无形中造成生态资源的浪费。异化消费不仅使人蜕变为满足动物式的物质需求，而且人性的堕落进一步造成大自然沉沦为满足物欲的工具，人与自然通过异化消费的形式也被异化了，因此消解异化消费的虚妄须理性地审视消费，吁求生态消费的出场。

著名消费经济学家尹世杰认为，"生态消费是一种绿化的或生态化的消费模式，它是指既符合物质生产的发展水平，又符合生态生产的发展水平，既能满足人的消费需求，又不对生态环境造成危害的一种消费行为"④。生态消费强调消费主体的理性化和生态化，是一种兼顾物质需要

---

① ［美］丹尼尔·贝尔：《资本主义文化矛盾》，赵一凡等译，生活·读书·新知三联书店1989年版，第48页。

② ［美］赫伯特·马尔库塞：《单向度的人——发达工业社会意识形态研究》，刘继译，上海译文出版社1989年版，第6—7页。

③ ［加］本·阿格尔：《西方马克思主义概论》，慎之等译，中国人民大学出版社1991年版，第494页。

④ 尹世杰：《关于生态消费的几个问题》，《求索》2000年第5期。

与生态需要有机契合的消费模式。它既注重人在物质满足中的获得感，更注重以生态化的消费方式所带来的精神上的惬意感，这与超绝物欲为主导的异化消费存在本质区别。生态消费强调理性消费，表征人在理性思维引导下的一种合理的消费。这种理性思维自然不是资本主义越多越好的经济理性思维，而是够了就行的生态理性思维，注重的是对无度消费行为的制约和限制。确如美国资源研究专家艾伦·杜宁指出的，"我们消费者有约束我们消费的道德义务，因为我们的消费危害了未来后代的机会。除非我们在消费阶梯上下降几级，否则我们的子孙们必将继承一个由于我们的富裕而导致贫瘠的地球家园"①。

生态消费强调消费的生态化是指一种把生态思维渗透于消费全过程的消费方式，包括消费理念的生态化和消费行为的生态化。理念的生态化表征的是生态理性的思维范式，消费行为的生态化则意味着人在消费的过程中遵照生态的思维逻辑和秩序规范人的消费行为，从而有限度地消费，表达的是作为消费主体的人在消费过程中亲近自然的倾向。生态消费强调的是在合理欲念中的适度消费，注重人的自然权利与经济权之间的耦合。"它将人类的消费需求建立在经济规律和生态规律相统一的基础上，要求人类的消费行为既符合经济活动的基本原则，又遵循生态系统的内部规律，在尊重生态利益的基础上，使人类的生产消费活动与生态系统协调统一，将人类消费行为纳入生态系统之中，体现了消费的生态化趋向。"②

生态消费消解了资本主义工业文明时期以物性为标尺的异化消费模式，真正意义上把生态利益融入了市场经济行为中，益于克制市场经济单纯追寻经济利益最大化的盲从，统合人与自然的共生发展和协同发展，标示生态文明新时代的一种新型消费模式。冯庆旭从生态伦理的维度将生态消费界定为具有伦理向度的消费行为，认为"生态消费是以人与自然和谐的生态伦理思想为指导的满足人的基本需求的消费行为"③。从生

---

① ［美］艾伦·杜宁：《多少算够——消费社会和地球的未来》，毕聿译，吉林人民出版社1997年版，第101页。

② 孟微蕾、潘建伟、朝克：《发展生态消费促进经济发展方式转变的思考》，《消费经济》2015年第1期。

③ 冯庆旭：《生态消费的伦理向度》，《哲学动态》2015年第12期。

态伦理的视角界定生态消费，内蕴着一种视野上的创新，它真实地显现了生态消费的目的和归宿，达成天地共美的至高境域。

生态消费遵循经济规律和生态规律，是以生态化的理念和方式来处理消费行为与自然的共生关系，在实践中遵行三个重要的原则：（1）适度消费原则。适度消费指的是人们在消费行为中的限度性和合理性消费，这个度是以维持人的正常物质需要和精神自足为界域的，超过了这个度就是一种僭越，本质上来讲是对人与自然的侵害。人是有欲望的动物，没有欲望，人就缺乏前进的动力，更不会有人类文明的进步，但人的欲望并非永无止境、毫无限制。事实赫然证明，一旦打开欲望的闸门，使人类屈从于膨胀的欲望将会导致难以逆转的危机。因此，适度消费实际上强调将人的欲望控制在合理范围内，在满足生存性的物质需要后对一些奢侈而浪费性的欲望要有所节制。确如美国农业科学家布朗所言："自愿的简单化生活或许比任何其他伦理，更能协调个人、社会、经济以及环境的各种需求。它是对物质主义空虚性的一种反应。它能解答资源稀缺、生态危机和不断增长的通货膨胀压力所提出的问题。"①（2）绿色消费原则。生态消费的生态化倾向本身就指向绿色消费，绿色消费旨在以最小的资源消耗来满足人的正常物质需求，将人的消费行为纳入对生态环境的保护体系当中，维护人的经济利益和自然的生态利益，借以体现出对其他物种生命权的尊重。（3）全面消费原则。人不仅是自然人，而且是社会人和文化人，人在生态系统中除了满足与其他非人类存在物一样的生存性需求以外，还需要政治的、文化的、审美的等各种需求，因此生态消费应该是一种全面的消费。人的本质还在于追求人的自由全面发展，人的自由全面发展建立于一定的物质基础之上，内在要求社会的生产力达到相应的水平，但全面自由并不仅仅以物性指标来衡量，还应囊括人的精神和文化领域的进步与提高。生态消费契合了人全面自由发展的内在诉求，彰显了人存在的实在意义。

英国经济学家舒马赫指出："洞察力能使我们看到，忽视精神而以追求物质目的为主的生活必须使得人与人对立，国与国对立，因为人的需

---

① ［美］布朗：《建设一个持续发展的社会》，祝友三等译，科学技术文献出版社1984年版，第284页。

要无穷无尽，而无穷尽只能在精神王国里实现，在物质王国里永远不能实现。"① 资本主义就是将物质利益奉为价值操守的物性经济，资本主义工业文明将人的需求固化在物质的无尽占有中，将人的无度欲望当作人的正常需求。人的日常消费异化为单纯的物质拥有，人浸润在物质的海洋里欲罢不能而失去了自由。物质世界的丰裕却并没带来精神世界的充实或快慰，反而加剧了人们精神世界的荒芜，最终滑向了消费主义，而"消费主义生活方式迫使经济体系不断向自然界透支，其结果是人类将为维持和支撑消费主义生活方式所造成的环境、能源和生态后果支付必要的代价"②。生态消费的出场就是要将人从物欲的泥潭中超拔出来，尽可能抵制物质对人性的侵蚀，在生态化的消费模式中寻觅真实的自我，生态性生存，展现自我生命的本真内蕴，在诗意的栖居中感悟人与自然的和谐之美。

3. 发展生态科技

所谓生态科技或科学技术生态化，根据余谋昌的解释，就是指"用生态学整体性观点看待科学技术发展，把从世界整体分离出去的科学技术，重新放回'人—社会—自然'有机整体中，运用生态学观点和生态学思维于科学技术的发展中，对科学技术发展提出生态保护和生态建设的目标"③。生态科技是生态与科学技术的深度契合，是把生态学的思维秩序自觉运用到科学技术中，借以实现科学技术的生态化转向，是人的理性思维逻辑与生态学运演逻辑的有机统一。可见生态科技本质上表征的依然是人与自然的和谐统一的共生关系。之所以着力实现科学技术的生态化转向，其缘由在于现有的运行逻辑背弃了科学的真谛，技术在现代性的惯性中质变为技术主义，技术倒向了人类的对立面，人类反倒被技术所控制。

马克思在《资本论》中说："劳动首先是人和自然之间的过程，是人以自身的活动来中介、调整和控制人和自然之间的物质变换的过程。"④

---

① ［英］舒马赫：《小的是美好的》，虞鸿钧等译，商务印书馆 1984 年版，第 20 页。

② 莫少群：《20 世纪西方消费社会理论研究》，社会科学文献出版社 2006 年版，第 129 页。

③ 余谋昌：《生态哲学》，陕西人民教育出版社 2000 年版，第 131 页。

④ 《马克思恩格斯文集》第 5 卷，人民出版社 2009 年版，第 207—208 页。

这说明劳动实践是沟通人与自然之间的桥梁，通过劳动实践实现人与自然之间物质与能量、信息的传递，人类在劳动实践中创造了生产工具，这些生产工具就是人类思维意识在大自然中的实践体现。人类诞生之初，生产工具是简单而粗糙的原始工具，基本上是靠自然力打造出来的。后来，人类在探索自然奥秘的过程中有了科学知识的积累，知识与生产实践的融合便有了技术，随着人类文明的进步，科学技术也随之走上了巅峰。因此，科学技术是人类智慧凝聚的结晶，是人类理性与生产活动长期凝练的产物，展现了人类理性之光的璀璨。既然如此，科学技术的本真就体现为人类对科学技术的驾驭和合理利用，谋取人类发展的自由和幸福福祉，推动实现人的全面发展。但在工业文明的实践逻辑中，人反倒被技术宰制。"人的自主性在技术面前荡然无存，人不仅顺服地成了技术的俘虏，成为它的附属物；而且技术反倒成为压迫每个人的异己力量，这种宰制性的力量反过来剥夺了人的选择自由与行为自由。"① 因此，发展生态科技或者实现科学技术的生态化转向是规避工业文明中技术异化、展现技术造福人类的必然途径。

发展生态科技并不是否定科学技术的已有成就，也不是否定科学技术在推动人类繁荣发展的先导作用，而是要还原技术的本质，使技术返魅。"科技理性是人类理性发展的一种形式，是在科技活动中彰显出来的人的认知能力和价值判断能力。科技理性表现为一定的科技活动原则以及与之相适应的价值评价原则。"② 生态科技所要遵行的价值评价原则就是人文性和生态性并重的原则：人文性旨在强调科学技术在人类的驾驭下真正实现其造福人类的实在价值，避免技术跌入物质主义的轨道，使技术按照人的理性思维逻辑和道德伦理逻辑发展运演，发展人性化的科学技术；生态性则强调技术在尊重生态学规律的基础上按照生态思维模式和生态观点完成技术赋予的使命，是生态性和科学性原则的深度统一，进而本质上确证了人与自然的和谐统一。生态科技将人类、自然、技术置于一个有机统一的系统之中，注重科学技术在推动人类繁荣进步的同时，讲究人与自然的协调共生、协调发展，使技术在生态化的逻辑秩序

① 周国文：《自然权与人权的融合》，中央编译出版社2011年版，第188页。
② 潘洪林：《科技理性与价值理性》，中央编译出版社2007年版，第38页。

中实现技术造福人类的本真，由此就消解了技术异化导致的人的虚妄和自然的荒废。人在生态性存在中感受自然的恬适和安逸，技术在生态化的过程中展现回归自然的本真，因而生态科技标示了生态文明时代人类文明繁荣永续的不竭动力。

（二）完善生态政治制度体系

生态政治又称政治的生态化，是由自然生态系统与政治系统的联姻发展而来的，是在生态危机日益加剧的时代境域中把生态问题上升为政治高度的必然反应，最终指向生态化的政治实践。所谓的生态政治，"其实质是把生态环境问题提到政治问题的高度，进而使政治与生态环境的发展一体化，把政治与生态有机辩证地统一起来，最终促进全球政治与生态环境持续、健康和稳定发展"[①]。传统政治视域内并没有将生态问题纳入政治系统的核心要素来审视，生态仅仅是作为被政治边缘化的附属存在形式，生态与政治是截然割裂的，而生态政治则是把自然生态元素注入了政治系统，最终的目标在于通过政治系统的生态化转向实现人与自然、社会的全面进步和提高。因而，生态政治拓展了传统政治系统的认知视界，进一步规整了政治系统的合理性，从而表征对传统政治理论的超越与进步。"生态政治理论对于传统政治理论的变革和超越在于，它将政治视为一个开放的系统，把人与自然、政治与生态的关系纳入了研究视野，将生态问题看作政治问题，试图通过对于传统政治非生态化的变革和超越，达到人与自然以及人与社会和谐的更为宽泛的政治稳定。"[②]

20世纪60年代，美国学者蕾切尔·卡逊在《寂静的春天》中向人们揭示了使用化学药剂对生态环境的恶劣影响，旗帜鲜明地指出生态危机的幽灵正在向人类逼近，人类应该彻底从迷失自我的状态中幡然醒悟。卡逊率先指出了人类的不义之举对生态环境的破坏，并号召人类保护自己赖以生存的生态家园。《寂静的春天》在世界范围内产生了深刻影响。

---

① 刘希刚、徐民华：《全球生态政治视阈中的中国生态政治建设》，《科学社会主义》2010年第6期。

② 方世南：《从生态政治视角把握生态安全的政治意蕴》，《南京社会科学》2012年第3期。

后来，包括罗马俱乐部出版的《增长的极限》《我们共同的未来》《多少算够》等鸿篇巨制无一例外地警示人类要克制自己的欲望，实施人与自然和谐永续的可持续发展战略。生态危机日益肆虐引起了普通民众的强烈反应，英、美等发达国家的民众首先扛起绿色大旗向政府提出抗议，要求保护生态环境，掀起了旨在改变生存环境为主题的绿色运动。轰轰烈烈的生态运动得到了更多大众的积极响应，后来波及整个欧美国家。他们向政府提出了实施绿色政治或绿党政治的强烈要求。激烈的生态运动不仅有了地球日的产生，而且组建了具有明确施政纲领的绿党。绿党政治在全球范围内风靡一时，对遏制生态危机产生了积极的推动作用，这进一步助推生态政治理论体系不断走向成熟。

20世纪90年代，生态社会主义的代表人物戴维·佩珀根据资本主义各个时期绿党的基本主张和发展轨迹，将资本主义绿党政治大致划分为"绿色绿党"和"红色绿党"两大阵营。绿色绿党认为，生态危机的根源在于资本主义长期奉行的"不增长就死亡"的价值信条，促逼着技术对生态环境施加影响，加之人口的膨胀和政策失范引起了生态危机，主张以生态为中心对资本主义制度进行修补，以宽泛护生的价值理念取代唯经济增长论。红色绿党则认为，生态危机是资本主义制度体系中以追求利益至上的资本逻辑导致的必然发展结果，生态危机实则反映了资本主义政治危机和制度危机，是资本主义危机当中的一种表现形式。红色政党主张与马克思主义积极对话与联姻，通过制度的变革和社会的改良彻底根除资本主义的诟病，实行生态社会主义。诚然，两大阵营都对生态危机根源及其化解路径进行了积极探索，但必须澄清的是，绿色绿党虽然指出了资本主义制度在生态问题上具有难辞其咎的责任，但其并不主张变革资本主义制度，并没有惩戒生态危机的罪魁祸首，而红色绿党虽然指明变革资本主义，但以生态社会主义取代资本主义充其量只是乌托邦的政治变革，并非指马克思指出的人与自然彻底和解的社会形态。

中国在改革开放以后走上了经济发展的快车道，如今已经是世界第二大经济实体。但毋庸置疑的是，中国经济的快速飞跃带来了严峻的生态问题，这些生态问题已经严重威胁到了生态安全和人们的幸福生活。因此，在推动实现全面建设社会主义现代化的关键时期，中国在生态治理的问题上应规避西方国家先发展后治理的歧途，探究健全符合中国国情和生态特点的生态政治制度体系，促进实现人与自然的和谐发展。河西走廊生态治理是一项长期的多元共治的复杂工程，在生态情势日益困窘的情况下，要依靠国家生态政治体系和制度的引领，积极探索适合河西走廊自身发展特点的生态制度保障体系。基于此，河西走廊可以从完善生态治理法规、转变政府职能、健全生态治理监督机制三方面积极探索建立生态政治制度体系。

1. 完善生态治理法规

生态政治对生态治理进行制度保障，旨在以生态化的方式来处理政治与自然之间的共生关系，把人与自然、社会置于一个有机整体的视野来考量，既要促进社会经济的全面提高，实现政治秩序的良好运行，又要兼顾自然生态的整体利益，通过制度的保障来推动生态治理的顺利推进，实现人与自然的互惠共赢。生态政治的制度保障首先就体现在生态治理法规的建立和完善上，只有将生态治理纳入法律的规范秩序中才能提高生态治理的权威性和执行力，确保生态治理有法可依、依法而行。生态治理需要法律的强制力和权威性来增强生态治理的执行力，保障生态治理在法律的框架内执行，更需要法律的规范性来规约生态治理主体的实践活动，通过法律规制人们的实践行为，内化为人的一种自觉意识，主动参与或自觉践行生态治理，唯其如此，生态治理才能事半功倍。

生态治理本身是一个多元共治的复杂过程，这种多元复合性决定了在生态治理过程中必须有一个稳定有力的秩序来规范各个治理主体之间的关系，使其在各自的生态位上发挥积极作用。这个秩序只能由法律来厘定和维持，只有在法律的规范秩序体系之下才能规避人为因素的种种陋习，也只有靠法律才能协调治理主体之间的关系，依法处理它们之间的矛盾与纠葛。有了法律，生态治理才能有章可循，有据可依，否则生态治理就会苍白无力，达不到预期的治理效果。同时，正是依靠法律的权威性，才能保障生态治理的强制力和有效性，从而避免在生态治理过程中各个部门之间相互推诿、藐视生态治理的尴尬境地。生态治理需要依靠法律的权威性和强制力来保障实施，但生态治理绝非盲从于法律的权威，法律作为一种秩序重在通过秩序的合理性来规范人们的行为，使其符合法律的要求和社会正义的尺度。因此，生态治理需要法度来提高其权威性，更需要法度来规范行为主体的自觉行为。法律的规范将治理主体的行为限定在法律许可的范围内，其行为活动只能在生态法规允许的范畴内开展，超过这个限度不仅破坏了生态权益，损害了生态环境，更是对生态环境法规的无视或挑衅，必将受到法律的制裁。法律的强制约束使人们形成一种观念，自己对生态环境问题负有不可推卸的责任，自己有责任也有义务参与到生态治理实践中，进而将这种观念内化为自觉意识并付诸生态实践活动中。生态治理需要政府的引导和支持，但生态治理的主力军是普普通通的民众，只有靠法律的规范性来规制人们的行为，调动他们生态治理的积极性，找出生态治理问题的症结所在，人人参与生态治理，才能取得理想的生态治理效果，实现人与自然的和谐共生。

在实践中完善生态治理法规有中央和地方两个向度。中央完善生态治理法规体现为把控生态治理法规的主方向，使其在有益于维持人与自然、社会可持续发展的轨道上有效运行，同时对已有的环境保护进行修改、补充和完善，建立健全环境保护的法律体系和制度保障体系。由于生态问题界域的广袤性决定了生态治理往往是跨界的，因此应制定或完善相应的法规来统筹和规范跨界的生态治理行为，尽可能弥补生态治理因界域不明而产生的治理漏洞。国家是环境保护与治理法规的制定者，但生态治理是否奏效关键取决于地方是否有效地贯彻执行生态治理法规，将生态治理法规的精髓落实到具体的治理主体。因此，地方政府更应在国家环境保护和治理法规的引领下制定符合地方实际的制度和法规，确保生态治理有法可依。

河西走廊之所以能够维系、繁衍，成为古代丝绸之路重要的交通命脉，全赖发端于祁连山南麓的石羊河、黑河、疏勒河三大水系。三大水系的中下游孕育了大小不等的绿洲，千百年来，人们就在这片绿洲上生生不息，使河西走廊成为中西文明交融的重要通道。由于人类肆意开荒种地、挖掘生态资源、滥伐森林、破坏草场，严重损坏了祁连山的生态环境，生态问题已成为制约河西走廊社会经济可持续发展的首要问题，因而河西走廊的生态治理显得尤为迫切。然而，生态治理不是盲目的，需要在健全的法律制度内有序进行，为此河西走廊更需要在国家环境保护的法规指导下制定符合区域生态治理特点的法律制度，积极协调各级政府和区际政府之间的关系，以严格的法规规范生态治理主体的行为，有效治理生态环境。尽管甘肃省政府和河西走廊的各个市县都制定了相应的环境保护和治理的政策措施，但在唯经济增长的政绩考核体系下，这些环境保护的法规不能很好地贯彻执行，加之在生态治理过程中一直是政府单打独斗，势单力薄，生态治理效果自然不尽如人意，最终产生了极其恶劣的影响。鉴于此种情形，各级政府应着力升华生态治理的意义，修改或完善已有的制度规范，强化政府工作人员的法律意识，引导企业或个人学习生态法规借以提高生态法规的自觉意识，在法律允许的范围内合理地利用生态资源，并积极参与到生态治理实践中来。唯有调动多元治理主体的积极性和创造性，在完善的生态法规保障下有步骤、有计划地进行科学的生态治理，河西走廊的生态环境问题才能有望得到改善，人与自然尖锐的冲突与对峙在人的行为约束中得以缓解。

2. 转变政府职能

所谓政府职能，是指国家行政系统按照社会经济发展的需要依法履行的重要职责和承担的各项功能。政府职能是国家实施行政管理的基本问题，是国家开展一切政治活动的逻辑起点，政府拥有的各项权力也是由政府所承担的职责赋予的，因此政府职能的准确定位关涉政府权力运行的合法性和有效性。积极推进转变政府职能，是提高政府行政效率的内在要求，亦是推动中国政治文明发展的必然趋势，更是推动实现国家治理现代化的关键环节和实践抓手。著名学者王浦劬就曾明确指出："我国政治体系的基本结构和运行功能表明，政府行政管理体制是执政党与人民、国家与社会、政府与市场辩证互动的联系结点和实现枢纽，而行政管理体制改革则是推进党的领导、人民当家作主和依法治国有机结合和深化实现的有效路径，因此，国家治理的现代化，根本前提在于坚持和完善中国共产党的领导，关键内容在于政府治理现代化。而推进政府治理现代化的逻辑前提和实践起点，则在于转变政府职能。"[1]

转变政府职能是提高政府行政职能更好地服务于民众的需要，是推进当前国家治理现代化的逻辑前提和实践基点，更是祛除现行行政管理体系中政府职能疾患的需要。政府职能转变的目的是更好地履行政府职权，力争做一个为人民所需、为人民所想的服务型政府，协调人与人、

---

[1] 王浦劬：《论转变政府职能的若干理论问题》，《国家行政学院学报》2015年第1期。

人与社会、社会与经济、经济与自然环境等各种复杂的关系，真正实现人民当家作主。改革开放以来，中国逐步完善了社会主义市场经济体系，发挥了市场在资源配置中的基础性作用，在政府的宏观调控作用下迅速推动了社会经济的发展，中国的社会面貌发生了翻天覆地的变化，但也不能否认在社会主义市场经济运行过程中政府在履行职能方面暴露出的诸多问题。这些问题表明在市场经济的规则中政府与企业之间还存在某些脱钩和不协调，政府在推动企业自主创新和自主发展方面动力不足。

转变政府职能是克制政府在市场经济运行中执行不力的重要路径，是完善社会主义市场经济宏观调控体系的内在要求，也是新时期实现国家治理现代化的核心环节。转变政府职能，把政府打造成服务型、友好型政府，而在生态危机日益肆虐的今天积极建设生态文明对政府职能转变提出了更高的要求，那就是构建生态型政府。首先，构建生态型政府是建设生态文明的必然选择。迄今为止，人类经历了原始文明、农业文明和工业文明，真正将人类文明推向发展高潮的是工业文明，特别是近代以来以资本主义现代性作为坚实后盾的机器大工业极大程度上提高了生产效率，使人们的物质生活发生了根本性变化。但毋庸置疑的是，资本主义现代性是围绕理性而运演的，永远无法脱离资本主义私有的物质本性，现代性屈从于资本无限增殖的固有逻辑，在不增长就死亡的超绝物欲促逼下大自然满目疮痍。正如美国学者约翰·贝拉米·福斯特所言："资本主义经济把追求利润增长作为首要目的，所以要不惜任何代价追求经济增长，包括剥削和牺牲世界上绝大多数人的利益。这种迅猛的增长通常意味着迅速消耗能源与材料，同时向环境倾倒越来越多的废物，导致环境急剧恶化。"① 资本主义工业文明是将财富的无度满足建立在对生态资源的无尽榨取上，是以牺牲生态利益换取经济利益的文明发展模式，最终造成的结果是生态危机的幽灵在全球范围内肆虐，人类文明足迹的背后留下的是一片荒漠。中国政府提出建设社会主义生态文明，生态文明是以维护自然的权利和生态利益为经济发展的先决条件，既着力于促进人的自由全面发展又注重尊重和保护生态环境，从根本上谋取人与自

---

① ［美］约翰·贝拉米·福斯特：《生态危机与资本主义》，耿建新等译，上海译文出版社2006年版，第2页。

然共同的根本福祉，昭示着对资本主义工业文明以牺牲生态环境为代价换取经济增长的内在超越。资本主义是以追逐私利为目的的社会发展形态，而社会主义制度的根本目标是为广大人民利益服务的，它摒除了资本主义实现经济利益最大化的种种陋习，亦在追求社会生产力的道路上不断提升。但与资本主义不同的是，社会主义是一种全面的繁荣，是广大人民整体利益的提高而非少数人的富足，因此在建设生态文明的时代背景下，构建生态型政府是政府职能转变的一个发展方向。

其次，构建生态型政府是解决现实生态困境的迫切需要。改革开放以来，中国经济迅速进入一个快速发展的重要时期，中国的综合经济实力稳步提升，现已成为第二大经济实体，社会文化面貌也在发生根本性的变化。但是中国的经济发展却付出了沉重的生态代价，如今中国的生态环境问题日益严峻并且成为威胁人民生命安全的最大隐患。中科院生态与环境领域战略研究组调查显示，"中国整体生态环境状况已进入大范围生态退化和复合性环境污染的新阶段，发达国家上百年工业化过程中分阶段出现的环境问题正在中国集中出现。环境面临日益增大的污染压力，环境污染的发展趋势也将在很大程度上取决于经济社会发展模式、环境污染控制策略、环境管理水平、污染治理技术水平和治理措施落实程度等"[1]。中国的生态环境情势不容乐观，这就对政府进行生态环境保护与治理提出了更高的要求，即实现生态治理体系和治理能力的现代化。生态治理现代化是国家治理现代化的一个重要方面，需对现行的政府职能进行反思，转变以经济管理为中心的职能，构建生态型政府借以达成人与自然的和谐。

所谓生态型政府，根据黄爱宝的观点就是追求实现人与自然的和谐共生为价值取向的政府。生态型政府"就是政府要遵循经济社会发展规律同时必须遵循自然生态规律，积极履行促进自然生态系统平衡的基本职能，并与之相适应，积极协调地区与地区、政府与政府、政府与社会、政府与非政府组织、国家与国家等之间生态利益与生态利益、生态利益

---

[1]　中国科学院生态与环境领域战略研究组：《中国至2050年生态与环境科技发展路线图》，科学出版社2009年版，第54页。

与非生态利益等关系"①。可见与传统政府相比,生态型政府旨在强调协调行政系统与自然生态系统的平衡关系,把生态元素纳入政府的行政管理体系中,塑造一个高效的、生态化的服务型政府。正因如此,生态型政府显现出别样的特征。

其一,生态型政府讲究生态优先的发展原则。这里的生态是指人类所赖以生存发展的自然生态系统,它是人类社会生存和发展的基础,也是人类文明繁荣永续的根脉。生态优先性是将生态系统的可持续平衡作为社会经济发展的先决条件,把生态利益与社会经济利益统合在一个整体的范畴视域考量,注重人与自然整体的和谐共生。这是生态型政府追求的价值旨趣所在,也是生态型政府实践旨归的真切表达。传统的政府职能总是将追寻经济利益的增长置于核心或突出位置,其他职能都是围绕政府经济增长而运转的,这就导致政府在一味追求经济利益的同时忽视了对社会、教育、生态环境等公共利益的关注,势必造成社会经济的畸形发展和生态环境的破坏。生态型政府把生态优先性作为政府职能的着力点和实践指向,在尊重自然权利和价值的前提下合理利用自然,通过善治的方式协调人与自然的共生发展。俞可平认为,"善治就是促进社会公共利益最大化的管理过程"②。社会公共利益当然不仅指人们从事社会经济文化活动的场域,还应包括人们赖以生存和发展的绿色空间,也就是说政府治理的最终归宿是实现人与自然所共同缔造的公共利益的最大化。这是当前生态危机日益加剧的现实境域下实现生态治理现代化的必然选择,也是着力构建生态型政府的根本目的。

其二,生态型政府通过综合协调的方式实现人与自然的和谐。既然生态型政府把行政系统与自然系统统合为一个整体,那就意味着在行政过程中以整体的、综合的方式来审视自然—经济—社会这个复合系统。综合协调是从两个向度来显现的:一是综合协调自然生态系统内部各个要素之间的关系;二是综合协调自然生态系统和社会经济发展系统之间的关系。在自然生态系统中,各个物种按照生态系统的固有法则进行能量与信息之间的传递,维系生态系统的平衡与稳定,但实际上构成生态

---

① 黄爱宝:《生态善治目标下的生态型政府构建》,《理论探讨》2006年第4期。

② 俞可平:《治理与善治》,社会科学文献出版社2000年版,第8页。

系统的水源、矿产、森林、海洋、野生动物等生态要素是分属于不同的
政府职能部门来管理，而这些部门在实践中往往缺乏协调统一，这样人
为地割裂了自然生态系统的完整性，成为诱发生态危机的潜在因素。生
态型政府的综合协调能力就体现在依靠政府之间的沟通与合作整合各职
能部门之间的具体职责使其明晰自己的职权所在，综合协调各部门之间
的统一关系使其权责分明，遇事不推诿、不懈怠，讲求行政职能的高效
化。生态型政府的综合协调能力还表现在协调社会经济发展与自然生态
系统之间的平衡关系。严重的生态危机业已确证单纯地追求社会经济的
高速运行是有违自然发展规律的，过度地消耗生态资源势必造成严重的
生态困境。综合协调经济发展与自然生态之间的关系就是把社会经济的
发展与自然生态置于同一个发展平台上，以整体的、长远的眼光协同二
者之间的发展关系。社会经济的繁荣进步以尊重生态利益为前提，实现
人文系统与自然系统的良性互动。实现经济发展与生态稳定的良性互动
在实践中还需要各个职能部门具体落实，为此生态型政府应该协调统筹
各部门之间的职能关系，按照人与自然整体的利益诉求实现行政管理的
生态化。因此，构建生态型政府要以有机整体的思维方式把人与自然、
社会统合为一个互生共栖的复合系统，采取匡扶生态正义、维护生态优
先的可持续发展方式推动社会经济与自然生态系统的均衡发展。这是生
态共同体出场谋取人与自然共同福祉的价值旨趣所在，也是积极建设人
与自然和谐共生为核心的生态文明的应有之义。

3. 健全生态治理监督机制

生态政治是以生态化的行政方式或手段全面协调社会经济发展与生
态环境保护之间的关系，积极营造有利于促进人的全面发展和自然环境
持续发展的政治氛围，实现人与自然的和谐共生。所以，生态政治为生
态治理提供制度性保障，除了建立健全生态治理的法规，推动政府职能
转变，构建生态型政府以外，还应包括健全生态治理的监督机制。生态
型政府的主要职责是制定符合生态利益和社会经济发展利益的法律、政
策，保障人与自然的互利共赢、协同发展，但良好的法律和政策要落实
到具体实践中才能体现法律的正义性和制度的科学性。其中关键的环节
是生态治理的主体能否领悟生态治理法规的要义和精髓，按照公平而合
理的政策贯彻执行。这就要求对践履生态治理的主体行为进行有效的监

督，促成生态治理法规和生态治理政策落到实处，生态治理才能达到预期的效果，生态治理现代化的目标才能实现。

习近平总书记精辟地指出"绿水青山就是金山银山"，真切地表达了在生态问题日益加剧的今天人们对绿色家园的深度渴望，昭示人们对蓝天白云、绿水环绕的美好图景的殷切向往。习近平总书记"绿水青山就是金山银山"的重要思想对生态治理提出了更高的要求，那就是还生态自由，使人与自然复归和谐，以严格的制度进行生态环境保护。为此，必须建立健全严格的生态治理制度体系，其中就包括健全生态治理监督机制。另外，生态治理本身就是一个长期而复杂的浩大工程，需要多元的治理主体共同参与才能完成艰巨的重任。这里的生态治理主体既包括政府、企业，也包括社会组织和个人，每个人都有责任也有义务参与到生态治理的系统工程中来。但问题是多元协同的治理主体需要生态型政府的综合协调职能来统合治理主体之间的共存关系以确保生态治理平等有序进行，更需要生态型政府健全生态治理的监督机制来监督生态治理法规和治理政策有效实施，否则即便有完善而科学的生态法规、公正而合理的治理政策，如果治理主体只是流于形式没有落实到位，生态治理的效果就会大打折扣，生态环境也不会得到改善。因此，健全生态治理的监督机制的最终目的是最大限度地保障生态治理的执行效力，使符合生态利益的规章制度真正落实在社会经济发展的具体实践中，实现经济发展与生态环境保护。

生态治理的监督实际上是对生态治理主体行为能力和行为效度的督促，使生态治理主体在生态法规的范围内有效地进行环境整治。因而，健全生态治理监督机制的实现路径主要表现为完善生态法规和协调部门关系两个维度。生态治理需要法律作为坚实后盾，监督生态治理的行为也必须在法律的框架内实施，在生态治理的任何一个环节缺少了法律的支撑和保障，生态治理就会变为漫无边际的、无章可循的管理而非治理，因为治理是要讲程序和法度的，遵行一定的规矩秩序，而管理则突出人在过程中的重要性，随意性和专断性色彩较为浓烈。缺失法度保障的生态治理是无力的，同样没有法度的监督也是无效的，无论是治理环节还是监督环节都需要具体的行为人来实施，这就难免出现种种漏洞造成恶劣的影响。只有在法律的规约内才能规范行为人的行为习惯，杜绝和防范行为人的违法倾向，使其依法治理，依法实施监督职责。

生态治理监督的是治理主体的行为是否符合法规，治理是否达到预期的目标。监督的目的是规范治理主体的行为使其有效地治理生态环境。监督不是干扰生态治理，更不是凌驾于生态治理之上的特权，仅仅是一种手段或方式而已。因此，生态治理监督需要政府各个部门的积极配合，并通过监督协调各部门之间的关系，按照统一的法度、统一的步骤、统一的目标逐步推动实施生态治理方略。各个政府部门既是生态治理监督的主要对象，又是生态治理监督的执行者，自觉参与到生态治理的系统工程中来，相互监督、相互促进，共同推动实现生态治理的现代化，达成人与自然和谐共生的宏伟目标。健全生态治理监督机制有利于更好地规范生态治理主体的行为方式，促进妥善解决突出的生态环境问题，缓解人与自然的矛盾与对峙，使人与自然在和谐宁静的生态系统中自由发展，这是构建生态型政府的价值取向和实践归宿，也是积极建设社会主义生态文明、实现美丽中国的美好夙愿。

（三）发掘生态文化资源

生态文化是人类与大自然在长期的互动融通中形成的各种文化现象，涵盖了人类社会经济发展过程中政治的、思想的、科技的、伦理的等各个领域，是人类与大自然在和谐共栖、斗争与对抗中积累的宝贵资源，凝结着大自然蕴藏的深邃奥秘和人类的无穷智慧。发掘生态文化资源，就是要深度探究这些文化资源的精髓和要义，通过开展生态教育使人们了解和认识人类在发展过程中沉淀的深厚的生态文化，积极汲取生态文化资源的养分并内化为个人的自觉意识，将之付诸日常的行动实践中借以展现生态文化的实在价值。生态文化资源不仅包括中华传统文化中长期秉承的以"天人合一"为至高境界的生态思想，还应包括西方文化所蕴含的生态思想。尽管两种文化在地域、属性和内容等方面存在差异，但文化从来不是凝固不变的，在中西生态文化的互通交流中可以包容互鉴、各取所长，形成一种生态文化的合力或共识以遏制当下全球性的生态危机。生态文化是人类社会共有的精神财富，在人类文明徘徊的十字路口，应该充分发掘生态文化资源，弘扬和创新生态文化，充分发掘生态文化资源的内蕴价值，从而指引人类向正确的发展方向奋勇前行。河西走廊生态治理迫切需要这种深厚的生态文化作为思想引领的精神之源，在继承和发展中华优秀传统文化生态思想的基础上，以宽广的胸怀和广袤的视界积极汲取西方文化中的合理成分，因地制宜地自觉融入生态治理实践中，如此方能为河西走廊的生态治理开拓崭新的思维视域，在生态文化的引领下有效地进行环境整治。

1. 发掘中外优秀生态文化资源

文化是人类社会在繁衍生息的过程中创建的特有的表达形式，来自人类的生活实践中，又呈现于人类的生活实践。文化是一个包罗万象的、无限开放的复合系统，人类所创造的一切物质和精神财富都可以纳入文化系统。文化系统的建立、传承和繁荣建立于一定的自然基础之上，没有自然生态系统作为物质支撑，就没有辉煌灿烂的文化系统，因此文化与自然生态系统密切相关。美国著名环境伦理学家罗尔斯顿在《哲学走向荒野》一书序言中指出："衡量一种哲学是否深刻的尺度之一，就是看它是否把自然看作与文化是互补的，而给予她以应有的尊重。"① 罗尔斯顿精辟地阐明了自然与文化本身就存在一致或互补的一面，并把这种互补性上升为哲学的高度，认为哲学视野的宏阔与否、哲学内容的深刻与否完全取决于对待大自然的审慎态度，尊重哲学并且将之推向顶峰，需要人们秉持尊重自然的态度，使哲学走向荒野。澳大利亚学者伊丽莎白·格罗兹也表达了相同的观点，认为："文化，不是靠人类努力而荣耀自然和激活自然。相反，倒仅仅是选择自然的某些要素或某些风貌，而不及其余，剩下的一切都被抛向了晦暗之中，而这就减弱了自然程序的复杂性与开放性。"② 足见文化与自然生态系统是息息相关的，生态系统的丰富性奠定了文化繁荣的基础，而发达的文化系统又进一步影响着生态系统的运转，文化与生态是彼此相依共存的，催动生态文化酝酿而生。

文化系统的多样性和丰富性决定了无法用明确的语言框定文化的含义，由此也就意味着生态文化本身包含着丰富的内容，对它的界定也是

————————

① ［美］罗尔斯顿：《哲学走向荒野》，刘耳、叶平译，吉林人民出版社 2000 年版，序言第 11 页。

② ［澳］伊丽莎白·格罗兹：《时间的旅行》，胡继华、何磊译，河南大学出版社 2012 年版，第 58 页。

见仁见智。郭家骥认为，"所谓生态文化，实质上就是一个民族在适应、利用和改造环境及其被环境所改造的过程中，在文化与自然互动关系的发展过程中所积累和形成的知识和经验，这些知识和经验就蕴含和表现在这个民族的宇宙观、生产方式、生活方式、社会组织、宗教信仰和风俗习惯等之中"①。杨立新认为，"生态文化有广义和狭义之区别。广义的生态文化是一种生态价值观，或者说是一种生态文明观，它反映人类新的生存方式，即人与自然和谐的生存方式。这种定义下的生态文化与生态文明的含义大体相当，即人类对于生态问题的一切积极的进步的思想和观念在人类社会各个领域的延伸和物化，包括物质的、政治（制度）的、精神（文化）的和社会的四个层面。狭义的生态文化是一种社会文化现象，即以生态价值观为指导的社会意识形态，亦即我们这里涉及的精神层面的生态文化概念"②。严耕等则认为，"生态文化就是以生态价值观为指导的人类生活、生存方式，即抛弃传统工业社会中人统治自然的思想，走出人类中心主义，从人统治自然的文化过渡到人与自然和谐发展的文化"③。

与文化的丰富多样性一样，生态文化本身也是一个丰富而宏远的文化系统，人类与自然生态系统在长期的交往过程中或者以较为缓和的交流形式，或者以激烈的对抗表达着彼此的意愿，但无论哪一种形式，都承载了人类与自然的智慧和力量。正是借助这股力量，人类创造了辉煌灿烂的文明符号，生态文化就是在文明的发展过程中运演生成的，囊括了人类创造的一切物质财富和精神财富。生态文化的深邃和广博昭示其汲取了人类文明的智慧养分，故而充分发掘生态文化资源并作为生态治理的内在动力就指向了充分发掘中外生态文化资源两个向度，在两种不同生态文化资源的交流融合中寻求一种契合和共识，从而为生态治理提供不竭的精神力量。

（1）中国传统的生态文化资源。中国的传统文化是支撑民族精神的

---

① 郭家骥：《生态文化论》，《云南社会科学》2005 年第 6 期。

② 杨立新：《论生态文化建设》，《湖北社会科学》2008 年第 3 期。

③ 严耕、林震、杨志华主编：《生态文明理论构建与文化资源》，中央编译出版社 2009 年版，第 192 页。

脊梁，是促进中华民族繁荣昌盛的宝贵财富，千百年来传统文化的滋养
培育了中华民族不畏艰辛、艰苦卓绝的中国风格和中国气派。同时，中
国的传统文化又是世界文明的重要组成部分，人类迄今为止的所有文明
只有中国传统文化为内核的中华文明是一脉相承的，为世界文明的繁荣
永续做出了应有的贡献。中国的传统文化中蕴含了丰富的生态文化思想，
这些生态文化思想是古人与自然长期对话的结晶，凝聚了古人非凡的智
慧，表达了古人尊重和善待自然、与天地美生的神圣意境。提及中国的
传统文化，不自觉地产生了对儒、佛、道三种文化的虔敬之心和崇拜之
情。的确，中国的传统文化正是在这三种文化的有机统合下释放出了最
为亮丽的智慧和光芒引领中华民族奋勇前行，这三种文化无一例外地将
人与自然的和谐与统一作为至高的价值信仰不懈地追求，从而铸就了符
合中国特质的生态文化，为我们今天的生态治理和生态文明建设贡献智
慧和力量。

儒家文化从汉代董仲舒"罢黜百家，独尊儒术"之后逐渐成为中国
传统文化的主流思想，其核心内容是仁爱。这种仁爱是指执政者要实行
仁政，以仁爱之心对待万民，宽政于民，普通民众则按照伦理纲常的秩
序履行忠孝之义的职责。当执政者苛政于民时就会招致上苍的惩戒，所
谓的天人感应表达的就是这个意思。儒家的仁爱不仅表达的是人伦之间
的仁爱关系，而且表达了人对自然环境的仁爱之意。儒家将"天人合一"
作为最高的道德准则来恪守，这种天人合一的至高境界正是人与自然互
不相胜、和谐共栖的本真状态，诠释了人与自然美美与共的壮美。为了
实现天人合一的胜境，儒家主张将仁爱之心施于整个自然界，即指《孟
子》中阐发的"仁民爱物"的思想。"仁民爱物"把以仁爱为核心的道
德范围拓宽到整个自然生态系统，使大自然也感受到人伦道德的关怀或
抚慰，并通过人与自然的和睦共处、平等对话，搭建人与自然沟通的桥
梁。《中庸》说："中也者，天下之大本也；和也者，天下之大道也；至
中和，天地位焉，万物育焉。"其中的中和既是一种天道，又是一种人
道，表明人与自然价值的一致性和共生性。实际上，在生态系统中，无
论是人类还是非人类存在物，其均有各自的生存"位态"，在这个"位
态"上固守自然的规定性，相互之间和睦共处。这正是"中和"思想要
义的精准表达。

　　道教是中国土生土长的宗教。在道教的文化系统中，人与自然的和谐共生也被推上了一个至高的境界。与儒家提出的"天人合一"思想不同，道教提出了"道通为一"的人地共生思想。在道教文化看来，宇宙间的万物都是"道"的衍生物，"道"是宇宙万物生发的总根源，所谓"道生一，一生二，二生三，三生万物"表达的即是这个意思。《庄子·齐物论》说"天地与我并生，而万物与我为一"，即是指宇宙间的人与自然本质上是统一的，他们都是"道"的存在物，而且遵循"道"的基本法则和规范，按照"道"的生命循环规律维系生命体的运转。"道"是宇宙世界产生的根源，宇宙间的一切存在物也必然遵行"道"的秩序和法则，"道"厘定了自然系统与人文系统相互融通的基本规范和秩序，即道教文化提出的"道法自然"。道教所推崇的"道"实际上指自然规律，遵行"道"的规范秩序就是指尊重自然规律，在尊重自然规律的前提下将人的行为意志自觉融入自然界中，讲究人在自然面前的清净无为和无声无息的渗透，通过这种自由自觉的行为实践达成人与自然的共生之美。"这种美不是五声、五色的世俗之美，而是'天地之大美'，大美是与大道融合为一的，人通过'体道'，进入美的境界，也就进入了自由的境界。"① 既然道教提倡的"道通为一"是通过"体道"来实现天人合一，那么"体道"的第一步便是"知道"，这就是道家所提出的"知常"和"知足"。"常"实际上是指自然规律，"知常"就是明晰道生万物的规律，只有了解和认知自然界的规律才能利用规律，与大自然和谐共处、融为一体。"知足"就是自知知足，就是要克制自己的欲望，清净寡欲，尽可能避免或减少对大自然的任意索取，更不要肆意盘剥自然，与自然为敌，这里又折射出道教清净无为的质朴思想。道教的无为不是无所作为，而是在顺从自然规律的基础上更有作为，它强调了人在自然生态系统中绝非处于主宰地位，仅仅是生态系统的一员，与非人类存在物具有对等的地位和话语对接方式。遵行"道"所设定的秩序就是要与宇宙间的存在物和睦共处、平等相合，肆意践踏自然、攫取自然的行径悖逆了道的秩序和规则，是对"道"的威严的挑衅和叛逆，破坏了宇宙世界的

――――――――――――

　　① 赵载光：《天人合一的文化智慧：中国古代生态文化与哲学》，文化艺术出版社 2006 年版，第 198 页。

平衡状态。

儒家所提倡的"天人合一"是通过激发人性的善意本性，将仁爱之心施于自然界，主张人应该在一个合乎伦理秩序的法则下对自然界有所作为，以仁爱之心付诸仁爱的善意举动借以实现人与自然的和谐共生，讲究的是人内心善意的外化。道教推崇的"道通为一"强调人应该顺应自然的本意将人的行为意识自觉融入自然的固有秩序中，通过克制人的欲望，减轻对大自然的消耗来实现人与自然的和谐共生，注重的是人本质的自然化，抑或是内敛化，两者在人与自然的相处方式上存在明显差异。但值得注意的是，儒家和道教所蕴含的生态文化思想都把人与自然的和谐共生视为最终的价值取向，通过约束人的行为实现天地美生的和谐状态，这对当前重塑人与自然的共生关系有着重要的思想启迪作用。

除儒家和道教蕴含丰富的生态文化资源之外，佛教也赋有丰富的生态文化思想。佛教强调"众生平等说"，这里的众生自然指宇宙世界中包括人类与非人类的所有存在物。在佛面前，它们的地位是平等的，也就是说人与自然具有对等的地位和权利，人类不能凌驾于自然之上，肆意索取自然。既然人与自然具有相同的地位，也就意味着大自然也有存在的实在意义和固有价值，这就是佛教提出的"无情有性说"。无情有性说认为自然生态系统中的非人类存在物虽然不具备与人类一样的感情，但依然能体现出佛性，因此应该珍爱自然，保护生态环境。此外，佛教还提出了"因果说"，认为善因与善果是按照一定的轮回秩序运行的，恶行必将遭到报应，因而号召人们克制自己的恶行，积德行善。

由上所述，中国传统文化中蕴含着丰富的生态文化资源，这些生态文化首先肯定了人与自然的平等关系，认为人是自然界中与非人类生命体具有平等地位的重要一员，人不能超拔于自然之上任意榨取自然资源，人与自然应该是一个和谐统一的生命共同体，休戚与共。其次，它们都强调限制人的行为，在自然的生态阈值内开展活动。人虽然具备各种能力和手段发掘自然潜力，但人本是和自然界相统一的行为主体靠自然界而生存，人类的活动一旦超过大自然的生态阈值就必然破坏人类与自然的和谐状态。最后，传统的生态文化资源把人与自然和谐共生的"天人合一"作为至高境界来追寻，昭示了人与自然美美与共的美好图景，表达了古人寻求天地美生的价值诉求和实践旨归。中国传统文化中的生态文化资源对遏制当前日益恶化的生态环境、重塑人与自然的和谐共生关系都具有非常重要的借鉴价值，因此展现传统生态文化的魅力应不断发掘传统生态文化资源的潜在价值，使其成为推动生态治理的精神动力和智慧之源，促进实现人与自然的和谐共生。

（2）西方社会的生态文化资源。生态治理需要发掘生态文化资源作为持久的精神动力和不竭之源。这种生态文化资源不仅包括中国传统的以"天人合一"为至尊目标的生态思想，还涵盖西方社会的生态文化资源。尽管西方社会的生态文化动辄被赋予资本主义的因素，但作为一种文化其本身就蕴含一种相互融通、包容互鉴、各取所长的内在机制，是文化开放包容属性的必然展现。美国著名的文化人类学家基辛说："文化的歧异多端是一项极其重要的人类资源。一旦去除了文化间的差异，出现了一个一致的世界文化——虽然若干政治整合的问题得以解决——就可能会剥夺了人类一切智慧与理想的源泉，以及充满分歧与选择的各种可能性。演化性适应的重要秘诀之一就是多样性；这不仅是指个人与个人之间的多样性，也是指地域族群与地域族群之间的多样性。去除了人类的多样性，可能到最后会付出持续的意想不到的代价。"① 生态文化亦是如此，唯有充分发掘中西方生态文化蕴含的固有潜质，在中西生态文化的交融互动中汲取生态治理的精神养分，通过教化内化为生态治理主体的自我意志，才能实现生态治理现代化的目标。西方社会生态文化资源内容丰富，主要有以施韦泽、利奥波德、罗尔斯顿等为代表的环境伦理思想，以阿格尔、奥康纳和福斯特等为代表的生态马克思主义思想。

第一，西方社会的环境伦理学思想。伦理学是探讨人与人之间关系的一门学科，旨在通过情感的调节和道德义务的实施形成良好的人际关系，实现社会的稳定持续。施韦泽等人把人与人之间的情感浸润和道德感化拓展到了整个自然界，赋予了自然生态系统以生命意义，认为人类应该像对待自己的生命一样呵护大自然的一切生命体。法国学者施韦泽提出了"敬畏生命"的伦理思想，认为自然界的一切资源均具有生命存在的意义，是大自然孕育了人类的生命，使人类在大自然的躯体上繁衍

---

① ［美］罗杰·M. 基辛：《当代文化人类学概要》，北晨编译，浙江人民出版社1985年版，第283页。

生息，人类从大自然中汲取养分维系身体机能的正常运转，是大自然的无穷奥秘赋予了人类智慧和力量，创建了人类发达的文明体系，大自然是人类难以割舍的依靠，因此主张将人类的伦理关怀延伸至禀赋生命意义的大自然。"如果把爱的原则扩展到一切动物，就会承认伦理的范围是无限的，从而人们就会意识到，伦理就其全部本质而言是无限的，它使我们承担起无限的责任和义务。"① 为了将整个生态系统纳入人类伦理的视野之内，施韦泽提倡人应该抛弃唯有人类才能享受道德关怀的偏见，珍视大自然的生命现象，对大自然的生命体心生敬畏，消除人与自然生命体之间的芥蒂，将人类道德的福音惠及大自然，使大自然感受到人类道德的温存，感悟人类生命的真诚，彰显人类道德的广博与恩泽。"如果我们摆脱自己的偏见，抛弃我们对其他生命的疏远性，与我们周围的生命休戚与共，那么我们就是道德的。只有这样，我们才是真正的人；只有这样我们才会有一种自己的、不会失去的、不断发展的和方向明确的道德。"②

美国学者利奥波德是大地伦理学的创始人，他的名著《沙乡年鉴》是公认的大地伦理的开山之作。与施韦泽一样，利奥波德也是主张将整个生态系统纳入人类道德视野的积极倡导者，认为人与自然生态系统的关系应该是"民胞物与"的伙伴关系，而非征服与被征服的敌对关系，大地将自身的资源无偿提供给人类使用表征了土地对人类的伦理眷顾，而作为有思维意识和道德情怀的人类从大自然的馈赠中领略到了大自然的胸怀，理应将人类的道德温情回馈于大自然，人与自然应该和谐共处，共同栖居于互生互惠的大地共同体中。为此，利奥波德提出了他的土地伦理学，认为"土地伦理旨在扭转人类在'土地—群体'中的征服者角色，将我们变为'土地—群体'的一员公民。这就意味着对群体其他成员的尊重，也就意味着对群体本身的尊重"③。可见土地伦理实际上把土地与生活于土地之上的人类视为一个有机共存的共同体，人与大地之间

① ［法］阿尔贝特·施韦泽：《敬畏生命：五十年来的基本论述》，陈泽环译，上海社会科学院出版社 2003 年版，第 76 页。

② ［法］阿尔贝特·施韦泽：《对生命的敬畏——阿尔贝特·施韦泽自述》，陈泽环译，上海世纪出版集团 2007 年版，第 159 页。

③ ［美］利奥波德：《沙乡年鉴》，舒新译，北京理工大学出版社 2015 年版，第 210 页。

是平等的对话关系，人不可能超越于自然，剥夺自然权利。人类之所以能够与土地契合为一个有机统一的整体，不仅仅在于人与自然系统本质上就存在一致统一性，而且更为重要的是在人与自然长期交往互动的过程中形成了不离不弃、相得益彰的情感共识。确如有的学者指出的，"大地伦理学把生态系统理解为一个共同体，人作为其中的成员对其所属的共同体负有直接的道德义务，这种义务源于人们在长期的共同生活中形成的对共同体的其他成员的情感"①。

　　美国环境伦理学家罗尔斯顿是另一位主张将人的道德范围推及整个大自然的鼎力助推者。在罗尔斯顿看来，人类之所以担负尊重和善待自然的责任，就在于与人类一样，大自然蕴含自身固有的内在价值。美国学者戴斯·贾丁斯认为，所谓的内在价值是指事物不依赖于他物的自身有用性。"一个物体有内在价值是指它本身有价值而非其可供使用的特征。这类事物的价值是内在的。说一个事物内在地有价值就是说它有对自己的善，这个善不依赖于外部因素。在这个意义上，我们是要发现或认识到价值而不是赋予价值。"② 既然事物的内在价值是其自身属性的规定性，那么作为与人类朝夕相随的大自然也具有与人类无涉的内在价值。但实际上，在人类的超绝欲望和狼性态度促逼下，人类否定大自然的内在价值，仅仅把大自然标示为满足物欲的工具性价值，显然是对大自然固有生存权利的挑衅。罗尔斯顿认为大自然是具有其内在价值的。"从长远的客观的角度看，自然系统作为一个创生万物的系统，具有内在价值的，人只是它的众多创造物之一，尽管也许是最高级的创造物。"③ 为此，罗尔斯顿倡导人类应放弃以自身为中心的狂妄与偏执的价值偏好，把人类降格为与自然生态系统对等的一员，摒弃否定自然价值而超拔于自然的短视，克制自己的欲望，学会节俭和保护大自然，与大自然和谐共处。"我们需要学会节俭、朴素、坦率、忠诚，了解我们在地球上的应有位置。我们需要学会尊重生命，赞赏物种的进化和生态系统的相互依赖，

---

① 王茜：《生态文化的审美之维》，上海人民出版社2007年版，第126页。
② ［美］戴斯·贾丁斯：《环境伦理学——环境哲学导论》，林官明等译，北京大学出版社2012年版，第150页。
③ ［美］罗尔斯顿：《环境伦理学》，杨通进译，中国社会科学出版社2000年版，第269页。

学会与大自然息息相通。"① 罗尔斯顿关于自然内在价值的思想承认和尊重了大自然与生俱来的固有价值，虽然被有的学者视为带有明显自然主义的倾向，但毋庸讳言，大自然内在价值的思想有益于消解人类中心主义的狂傲，拓展了人类认识和利用自然崭新的维度，提升了人与自然休戚与共的新境界，那就是大自然禀赋内在价值，人类只能认识和利用它，而不能否定和亵渎它。

第二，西方社会的生态马克思主义思想。生态马克思主义是西方马克思主义的一个理论新流派，它以全球性的生态危机为切入点探寻生态危机的制度性根源，认为资本主义制度是生态危机的罪魁祸首，只有变革资本主义制度，建立生态社会主义，才能彻底解决生态危机的制度性根源，实现人与自然的和解。生态马克思主义最早是由加拿大学者阿格尔在《西方马克思主义概论》中提出来的，后来奥康纳、福斯特、高兹等人则在进一步发掘马克思生态思想的基础上系统阐述了生态马克思主义的理论体系，成为当前国外马克思主义研究中颇具影响力的理论阵营。

首先，生态马克思主义是对马克思生态思想的继承和发展。生态马克思主义肯定了在马克思庞大的理论体系中具有丰富的生态思想，这些思想包括人与自然的和谐共生、人与自然之间的物质循环断裂以及人与自然的最终和解等内容。生态马克思主义在深入分析这些思想的基础上又进一步发展了这些思想，因此生态马克思主义与马克思主义有着密切的联系。这种联系体现为生态马克思主义对生态危机根源的揭示是在马克思唯物史观的阶级分析方法基础上展开对资本主义制度的批判的，这是生态马克思主义有别于其他绿色思潮的突出理论特质。福斯特在《马克思的生态学：唯物主义与自然》一书中就明确指出马克思之所以在解决生态危机问题上独树一帜，就在于"它所依赖的社会理论属于唯物主义：不仅在于这种唯物主义强调物质—生产条件这个社会前提，以及这些前提如何限制人类的自由和可能性，而且还因为，在马克思那里，至少在恩格斯那里，这种唯物主义从来没有

---

① ［美］罗尔斯顿：《环境伦理学》，杨通进译，中国社会科学出版社 2000 年版，第 161 页。

忽视过这些物质条件和自然历史之间的必然联系，也就是与唯物主义自然观的必然联系。这因此就说明一种生态的唯物主义或一种辩证的自然历史观的必要性"①。

其次，生态马克思主义认为，在资本主义框架内包括制度、技术、消费等各个领域都不可避免地具有反生态性的特点，从而对其开展了一系列的批判。奥康纳在《自然的理由》一书中指认了资本主义的矛盾二重性问题，认为在资本主义社会存在两重矛盾：第一重矛盾就是马克思指出的生产力和生产关系的矛盾，由于需求供给失衡引发周而复始的经济危机；第二重矛盾就是资本主义生产力、生产关系与生产条件之间的矛盾，这里的生产条件包括公认的劳动力、社会生产所需要的公共条件以及生产所需的自然条件。奥康纳认为资本主义存在追求资本无限增殖的固有本性，资本无限扩张促逼资本家不断提高生产效率以节约生产成本，而生态资源的有限性必然制约了资本和生产规模的扩大，但资本家还是依靠永不停歇的资源挖掘来降低生产成本，导致的结局便是生态资源的耗尽和生态危机的到来。资本主义的逐利本性最终将与人类朝夕相伴的大自然视为攫取财富的对象或手段，毫无节制地在大自然的躯体上肆虐，引起了严重的生态环境问题。对此，福斯特在《生态危机与资本主义》中明确指出："资本主义经济把追求利润增长作为首要目的，所以要不惜任何代价追求经济增长，包括剥削和牺牲世界上绝大多数人的利益。这种迅猛的增长通常意味着迅速消耗能源与材料，同时向环境倾倒越来越多的废物，导致环境急剧恶化。"②

生态马克思主义认为，资本主义将不增长就死亡作为至尊的价值操守，这种经济利益至上的价值观直接受制于资本无限增长的资本逻辑，导致资本主义的技术出现异化。技术不是被人控制，而是人被技术驾驭成为满足资本增殖的工具。资本主义的技术是人们控制自然、榨取自然财富的有效手段，凭借不断翻新的技术，资本家控制了自然，使大自然

① ［美］约翰·贝拉米·福斯特：《马克思的生态学：唯物主义与自然》，刘仁胜等译，高等教育出版社2006年版，第22页。
② ［美］约翰·贝拉米·福斯特：《生态危机与资本主义》，耿建新等译，上海译文出版社2006年版，第2页。

沉沦为满足私欲的对象或目标。加拿大学者威廉·莱斯指出："一般来说，控制自然在这个意义上曾意味着由个人或社会集团完全支配一特殊范围内的现有资源，并且部分或全部排除其他个人或社会集团的利益（和必要的存在）。换言之，在已经成为一切人类社会形态特征的持久的冲突条件下，自然环境总是或者表现为已经以私有财产形式被占有，或者将遭受这种占有。对它的接近实际地或潜在地被拒绝或受到严格限制。"① 控制自然的根本目的还是通过生态资源的无尽攫取来满足日益膨胀的物质欲望，物欲的满足又进一步刺激了控制自然的欲望，由此就形成受资本逻辑支配着的怪圈，技术质变为满足私欲的工具。控制自然不仅使自然遭受技术异化的欺凌，自然走向了终结，而且其最终演化为对人的控制，使人和技术以及自然生态系统纷纷异化为资本增殖的奴隶，人性亦在控制自然的价值信念中发生蜕变，使人失去了人之为人的终极意义和实在性。

生态马克思主义还批判了资本主义的消费，认为资本主义的消费是一种异化消费，异化消费使人们无法辨识何谓真实的需求、何谓虚假的需求。资本无限扩张的逻辑误导人们沉浸在物质享受的虚假消费中，在疯狂的物质占有中确证自己存在的自由，在迷茫的物欲追寻中实现幸福。这种以物性标尺为核心的自由幸福观倒置了人的本质自由，致使人们执着于在生产实践中有效地占有和生产更多的商品。在高效的技术环境中，人们无法体会劳动给他们带来的快感，也就是说劳动也失去了自由。人们在"劳动中缺乏自我表达的自由和意图，就会使人逐渐变得越来越柔弱并依附于消费行为"②。显然，这种消费行为是一种以无尽占有物质资源为目标的异化消费。异化消费错把人的物质欲望作为正常的物质需求，通过没有上限的占有和消费来满足心灵的充实感，殊不知如此的消费方式进一步将人引向了无度消费和超前消费，最终滑向了消费主义。过度地依赖消费不仅使人性堕落为欲望的奴仆，人们的生活世界殖民化，而且靠耗费生态资源来满足财富增殖的心理预期本身就意味着违背了生态

① ［加］威廉·莱斯：《自然的控制》，岳长龄等译，重庆出版社 2007 年版，第 122 页。
② ［加］本·阿格尔：《西方马克思主义概论》，慎之等译，中国人民大学出版社 1991 年版，第 493 页。

利益，严重的生态消耗是大自然所无法承受的，生态危机自然无法避免。资本主义的异化消费本质上是屈从于资本逐利的固有本性，在技术异化的助推之下，自然界必然成为资本主义资本增殖的对象或目标，资本增殖的逻辑必然会带来生态噩梦时代的到来。总之，资本主义制度在物欲至上的价值观的恪守中追求经济利益的最大化，借助现代化的技术手段，通过漫无边际的异化消费实现对自然的控制借以积聚财富，最终造成了难以逆转的生态危机。"这种把经济增长和利润放在首要关注位置的目光短浅的行为，其后果当然是严重的，因为这将使整个世界的生存都成了问题。一个无法回避的事实是，人类与环境关系的根本变化使人类历史走到了重大转折点。"①

2. 深化生态教育

深入发掘中西方生态文化资源是在为生态治理提供持久的内在动力和智慧源泉，是将生态文化资源蕴含的精髓和要义内化为生态治理主体的自觉意识，践行生态文化包蕴的深刻道理。生态文化内化为自觉意识的过程是通过锲而不舍的生态教育完成的，因此深化生态教育是持续推进生态治理这项浩大而持久的工程必不可少的重要环节。所谓生态教育，是指"人类为保护生态环境的良性循环、协调人与自然之间的关系，在生态哲学的指导下，通过多种教育手段和渠道，培养人们的生态意识、生态自觉和生态能力的教育"②。生态教育是借助教育的手段或功能将人与自然和谐共生的理念贯彻教育之中，使教育对象不仅能够了解相关的生态知识和我们面临的生态现状，而且培养生态道德意识，感受生态教育的魅力，明确生态教育的使命，在实践中自觉践行生态教育的理念。生态教育通过家庭教育、学校教育和社会教育的密切配合，对个人或社会群体进行生态知识、生态道德、生态实践等方面的教育，最终目的是提高公民的生态素质，成为在生态文明新时代背景下自觉维护生态利益的生态公民。

---

① ［美］约翰·贝拉米·福斯特：《生态危机与资本主义》，耿建新等译，上海译文出版社 2006 年版，第 60 页。

② 李明宇、李丽：《马克思主义生态哲学：理论建构与实践创新》，人民出版社 2015 年版，第 299 页。

为什么要进行生态教育，似乎是一个不言自明的命题。教育的本质在于教书育人，培养能够为现实世界服务的各类人才，当前日益肆虐的生态危机呼求我们要以为人类谋取根本福祉的责任感和使命感重视生态教育，进而不断提升思想自觉和行动自觉，守护我们的绿色家园。我们的生命被禁闭在一个弥漫着污浊和阴霾的世界中，无法从根本上得到保障。土地伦理学的创始人利奥波德在其名著《沙乡年鉴》序言中提到，"我们现在的又大又好的社会活像一个忧郁症患者，整日惴惴于自身的经济健康，却失去了保持其自身健康的能力。整个世界是那样贪婪地想拥有更多的浴盆，结果却失去了建造浴盆乃至关掉水龙头所需要的控制力。眼下，可能没有什么会比从健康的角度对过剩的物质财富进行审视更有益了"①。事实的确如此，当人们执着于追求物质财富的积累和享受，时刻不停地奔赴于经济利益最大化的征程上，在物质的占有中确证自己存在的身份和成就，在物欲的满足中寻求心灵的踏实感，但人们似乎在无尽的物质积聚中忘却了人之存在的终极意义和实在价值，在物欲的洗礼下，心灵不仅没有得到丝毫快慰，反而困在物质的牢笼中被欲望驾驭，由此带来了人在身体和心灵方面的不健康。生态危机意味着自然生态系统失去了平衡，是维持生态平衡的生态要素相互之间耦合机制失灵必然导致的结果，表征维系生态系统物质与能量、信息循环的链条发生断裂，靠自然的调节功能无法完成自身平衡。

生态系统之所以失去平衡，主要原因在于人类活动的超强干预破坏了自然生态系统的某些功能，使其丧失自我平衡的机制或能力，而人类的不义之举是人性在追求物欲无限增长的促逼下必然导致的结果。人的善意本性被无度的物欲所遮蔽，并借助现代化的技术手段实现对自然的倾轧。因此，"生态危机实际宣告的是人性危机，它表明的是人在自然界面前失去了是其所是的规定性。正是人性处于危机之中以及人对自然界的恶，才最终导致了人对自然生态环境的恶行为和生态危机的恶结果"②。当人性被永无止境的物欲所填满时，就会助长人类的狂妄，人类的超绝

---

① [美]利奥波德：《沙乡年鉴》，舒新译，北京理工大学出版社 2015 年版，前言第 3 页。
② 曹孟勤：《人性与自然：生态伦理哲学基础反思》，南京师范大学出版社 2004 年版，第 132 页。

欲望和狼性态度不自觉地暴露出来，人类自我标榜为宇宙世界的中心，人类不再是匍匐于自然脚下的奴隶，而是超拔于自然，充当为自然立法角色的主人，无形中生成自然应该向人生成的合理性逻辑。正是这种傲视自然的观念决定了对大自然不负责任的态度，最终将人类推向了人类霸权主义。鉴于此，"在人类主义观念盛行的今天，生态文化的首要任务是启蒙，通过文化启蒙教育将生态意识和责任意识深入公众的心灵"①。生态教育的使命即在于此，培养人的生态道德意识，借助道德的约束力和感召力减缓物欲对人性的侵蚀，再现人性的善意本真。而且，强化生态道德意识有助于增强人们对生态环境保护的责任心，自觉参与到生态治理的实践中，挽救我们朝夕相处的绿色家园。美国著名后现代主义思想家小约翰·柯布在《是否太晚?》一书中指出，人类目前还未彻底扭转环境破坏的恶劣局面，这使得人类发展的前景更为渺茫，因为人类只有一个地球。但人类挽救日益失衡的地球还为时不晚，"当然，马上阻止正在或即将发生的气候变化、冰川融化、海平面上升、许多物种灭绝和人类伤亡等为时已晚，但为一种新的文明奠定基础还为时不晚"②。在积极建设生态文明的新时代确实要为其奠定雄厚的基础，而其中一个重要的方面就是生态教育，通过生态教育塑造和培养有生态正义感或强烈责任心的生态人。生态人的出场有益于消解经济人以追求物质利益最大化的虚无逻辑，从而形塑一种高尚的、互生的价值取向和品格魅力，而生态人的形成，"就会使经济—生态政府与生态文明建设成为自觉的行动，人们才能把对单纯物质的追求转化为对生态物质文明的追求。人的生态生活文明也才能够形成"③。

"夫人命乃在天地，欲安者，乃当先安其天地，然后可得长安也。"④的确，面对生态危机日益严峻的现实困境，我们的生存环境受到了根本

---

① 严耕、林震、杨志华主编：《生态文明理论构建与文化资源》，中央编译出版社 2009 年版，第 194 页。

② ［美］菲利普·克莱顿、贾斯廷·海因泽克：《有机马克思主义》，孟献丽等译，人民出版社 2015 年版，第 247 页。

③ 苗启明、谢青松、林安云等：《马克思生态哲学思想与社会主义生态文明建设》，中国社会科学出版社 2016 年版，第 315 页。

④ 王明编：《太平经合校》，中华书局 1960 年版，第 124 页。

性的威胁，欲想保持我们文明的繁荣永续，就要首先确保我们绿色家园的长治久安，唯其如此才能彻底扭转生态持续恶化对人类的威胁，呵护人类社会经济发展的根脉。习近平总书记指出："要化解人与自然、人与人、人与社会的各种矛盾，必须依靠文化的熏陶、教化、激励作用，发挥先进文化的凝聚、润滑、整合作用。"① 2015 年 4 月 25 日，中共中央和国务院发布了《关于加快推进生态文明建设的意见》，其中一个重要的方面便是发挥生态文化的引领和浸润作用，把生态文明教育纳入素质教育，提高全民的生态意识，使生态文明成为社会的主流价值观。因此，引导全社会树立生态文明意识，崇尚生态文明新氛围，重塑人与自然的共生关系使生态文化在生态治理中发挥精神引领的重要作用，生态教育是不可或缺的重要环节。深化生态教育是生态文明新时代形塑生态公民的主要形式，也是培育和践行社会主义核心价值观的内在要求。

深化生态教育，一是要着力实现生态教育体制改革，将教育的重心由单一的知识传授向综合发展的方向转变，将生态知识自觉贯穿学校教育、家庭教育和社会教育，使社会群体或个人了解生态知识，明确生态权利和生态职责，积极参与到生态治理实践中。二是要借助多元的现代教育手段渗透生态教育的宗旨和理念。生态教育是将人与自然和谐共生的理念通过教育的方式表达出来，本身蕴含着一种生命伦理的教育情结，看似十分重要，但在实际教学中往往被弱化，其原因在于教育的各个领域都坚守知识传递第一性的固有观念，唯"知识论"的强势压制了生态知识的传播。为此，深化生态教育势必要改革已有的教学内容，适当增加生态知识的比重，变革已有的教学方式，以现代化的网络系统为发展平台，利用多元技术手段开展全民生态教育，在强化其他知识的同时注重生态知识的摄入，促进实现人的全面发展。三是积极开展生态教育实践。生态教育旨在通过教育使人们了解生态知识，逐渐培养人的生态道德意识，将人的道德范围拓展至生态系统，使其能感受到人类的温存，而实现这一目标的主要途径便是实践。实践有利于进一步深化生态教育中人与自然和谐美生的教育理念，使广大民众自觉参与到保护生态环境的伟大工程中，借以达成天地美生的美好夙愿。而且，通过实践，人们

① 习近平：《之江新语》，浙江人民出版社 2007 年版，第 149 页。

可以深入荒野亲近自然，真实地了解与我们朝夕相随的大自然，辨识我们目前所面对的生态困境，进一步增强生态公民的主人翁意识和责任意识，在生态治理中自觉践履生态教育的理念，推动实现生态治理现代化，谋取人与自然的共同福祉。

结　语

当人类徜徉于丰盈的物质世界里尽享物质满足所带来的快慰与自足的时候，人类的周遭世界却悄然发生着变化，生态危机这个狰狞的面孔就像幽灵一样在全球范围内肆虐，成为悬置在人类头顶上的"达摩克利斯之剑"，严重威胁着人类的生命安全和人类文明的繁荣永续。生态危机昭示人与自然原本和谐的共生关系被无情地撕裂，人与自然之间物质与能量的新陈代谢链条发生断裂，在外界因素的超强干预下，生态系统发生紊乱，无法靠生态秩序完成自身生态平衡而产生的生态逆反应，表征人地关系处于截然对峙的状态。

生态共同体以生态危机为出场背景，汲取了马克思关于人与自然和谐的思想、有机哲学和中国传统文化的生态智慧。如此雄厚的理论基础赋予了生态共同体宏阔的认知视域和思维视野，其蕴含的有机思维在遏制生态危机的时代困境中更富有感召力和引领力。生态共同体历经自然共同体、社会共同体、生态共同体的运演过程，在价值取向上追寻与达成人与自然美美与共的美好图景，谋取人与自然共同的根本福祉。在互惠共生的价值引导下，生态共同体把人与自然互不相胜的生态文明建设作为实践旨归，摒弃竭泽而渔的黑色发展观，遵循和谐共生的绿色发展理念，最终实现人与自然的根本和解。

河西走廊东部与秦陇相连，西部与新疆相通，北靠蒙古高原，南倚青藏高原，独特的地理位置决定了河西走廊自古便是国家经略西北、稳固边疆的重要战略支点，具有显要的地缘政治战略地位。同时，特殊的地理区位优势还赋予河西走廊是古丝绸之路上促进东西方文化交流融通的枢纽。正是得益于这条古丝绸之路的咽喉要道，东西方文明之间交互生辉和互通共荣，矗立在河西走廊而享誉世界的文化遗迹即是昔日丝绸之路耀眼生辉的最好诠释。如今国家提出建设"一带一路"倡议就是要在全球化的背景下再现丝绸之路的辉煌盛举，推动东西方文明之间包容互鉴、互通共荣，实现人类文明成果的共享，在构建人类命运共同体的基础上推动人类文明的永续发展。国家提出"一带一路"的倡议重新赋予了河西走廊承载东西方文明交融发展的使命，这种使命既给河西走廊社会经济的全面繁荣创造了良好的机遇，又对河西走廊社会经济可持续发展的环境基础提出了更高的要求，竭力对当下的生态环境问题进行综合治理。

河西走廊之所以能够保持绵延不息的勃勃生机，而且承载着东西方文明的互动交融，其根本原因得益于河西走廊绿洲农业的鼎力支持。可以说，没有绿洲农业的滋育，就无法酝酿生成河西走廊遐迩闻名的丝绸文化。河西走廊南麓的祁连山植被相对较好，依靠山区降水和冰雪融水补给孕育了石羊河、黑河、疏勒河三大内陆河。三大内陆河的中下游广布大小各异的绿洲，数千年来人们依靠这些绿洲繁衍生息，创造了河西走廊独具魅力的文化符号。然而，由于两汉、隋唐、明清时期三次大规模的开发与利用，破坏了绿洲边缘的生态系统，河西走廊的人地关系也历经了相对稳定期、缓冲期和激烈的对抗期的演化过程。如今河西走廊已经显现并持续恶化的植被资源破坏、水资源短缺、沙漠化进程加剧等生态问题业已确证原本脆弱的人地关系还在进一步恶化，已经出现了难以弥合的鸿沟。河西走廊生态危机的情势异常严峻，这对于生态资源禀赋并不占优势、环境基础薄弱的河西走廊来说是足以致命的，成为制约河西走廊社会经济可持续发展的最大隐患。尽管政府在治理生态问题上付出了诸多努力，但现实的境域是生态治理作为一项浩大的工程本身是一个多元治理主体共同参与的治理过程，仅仅依靠政府在生态治理问题上发力显得势单力薄，生态治理的效果往往是事倍功半、事与愿违。更重要的是，生态治理要从根本上澄明生态危机的发生机制，不断完善生态治理中的发展理念，摒弃陈旧迂腐的发展观念，标本兼治，这样河西走廊生态治理方能有望取得良好的治理效果。

人因具备思维意识和实践能力而成为生态系统中活跃的要素，而且生态危机在很大程度上与人的超绝欲望和狼性态度有密不可分的关系，因此生态治理的核心要义是人。生态治理即是实现以人为本的内在回归，通过发掘人性的至善本真消解人主体性膨胀而致的虚妄，而且生态治理的价值导向是人与自然的和谐共生，蕴含着一种实践超越。河西走廊生态治理的现实缺陷昭示生态治理依然是在人类中心主义单一价值取向引导下进行的。人类中心主义阐发人为自然立法的绝对理念，在实践中采取竭泽而渔的黑色发展模式、以人为中心的单一主体治理路径，生态治理的效果自然不尽如人意。推进实现河西走廊生态治理现代化需要生态治理价值取向的转向，即以生态共同体福祉为旨归的多元价值取向置换人类中心主义主导的单一价值取向。生态共同体福祉为旨归的多元价值取向规避了人类中心主义的种种弊端，倡导人向自然的生成，践履天地美生的绿色发展模式，采取了多元协同的生态治理路径。显然，多元价值取向指向的多元协同的生态治理以人与自然的和谐共生为最终归宿，超越了单一主体的生态治理路径。

多元协同的生态治理秉持有机整体主义的统合理念、人与自然互不相胜的共生理念和可持续性的新发展理念。在社会主义生态文明建设的背景下，河西走廊的生态治理需要新发展理念引领实践，其中创新发展和协调发展为生态治理提供不竭动力和根本保障，开放发展为生态治理创造了有利条件，生态治理本身就指向绿色发展，共享发展是生态治理的最终归宿，生态治理的目标是实现人与自然的和谐共生，让人民来共享生态治理的成果，诗意地栖居。多元协同的生态治理的实践路径将生态经济、生态政治和生态文化有机地统合在一起，着力发挥生态经济的基础推动作用。生态政治的政治保障作用，把发掘中外生态文化资源作为生态治理的精神动力和智力支撑，如此形成三位一体的生态治理格局，进而彻底扭转河西走廊生态治理乏力和生态治理效果不尽如人意的困顿，逐步改善日益恶化的生态环境，实现河西走廊人与自然、社会的可持续发展。

20 世纪中期，美国学者卡逊的《寂静的春天》以振聋发聩之势揭示了人类的不义之举对生存家园的戕害，毫不隐讳地指出生态危机的幽灵正在吞噬着人类的绿色家园，威胁着人类的生命安全。如今生态危机已在全球范围内肆虐，遏制生态危机业已成为人类共同面对的时代难题和心理期许，也是呵护人类文明发展根基、推动人类文明永续繁荣的迫切需要。面对生态危机咄咄逼人的情势和时不我待的现实境域，人类不得不对生态危机进行深刻的剖析和解读，从不同的认知维度反思人与自然的共生关系，逐步涌现出了异质的阐释向度，诸如以施韦泽、利奥波德、罗尔斯顿等为代表的环境伦理学主张将人类的道德情怀施之于大自然，以温情的方式消解人类的超绝欲望和狼性态度，承认和尊重大自然的生存权利和固有价值，与自然和谐共处。以奥康纳、高兹、福斯特为代表的生态马克思主义在汲取马克思生态智慧的基础上，秉承马克思主义的批判精神，将资本主义制度作为批驳对象，认为资本主义制度是生态危机的罪魁祸首，故而主张进行激烈的生态革命，实现生态社会主义。近年出现的有机马克思主义则试图糅合马克思主义、有机哲学和中国传统文化资源的精髓，为遏制生态危机探寻新的思考方向。有机马克思主义把生态危机的祸根归结为追求理性之思的现代性，认为无论是资本主义还是社会主义都存在不同程度的生态危机，生态危机植根于物性至上的现代性逻辑，挽救日益失衡的地球还为时不晚。中国率先提出了建设生态文明的方略，这为实现人与自然的根本和解指明了方向。为此，有机马克思主义把遏制全球生态危机的希望寄托于中国。尽管有的观点质疑或批判有机马克思主义理论体系，把其视为非马克思主义的一种学说，但值得肯定的是，有机马克思主义注重以有机整体的思维方式全新审视宇宙世界，注重文化因素和有机思维在遏制生态危机中的浸润作用为我们深刻认识生态危机、规避"吉登斯悖论"、检视人类自身提供了崭新的认知维度。

　　环境伦理学、生态马克思主义、有机马克思主义等各种理论流派或理论学说尽管在问题的论证方式和立论的立足点方面存在差异，但殊途同归，各个理论的实践旨归无一例外地指向谋求人与自然的共同福祉。事实上，每逢时代面临重大课题和重要抉择之时，人们都会将目光转向马克思，试图从马克思那里寻求智慧和灵感，而马克思不愧为人类最伟大的思想家之一，其科学而丰富的思想能够切实为人们在迷茫与彷徨中指点迷津，提供无穷的智慧和正确的方法。马克思曾精辟地指出，任何哲学都是时代精神的升华，可见哲学不应该是躲在角落里探秘人生智慧的避世之学，就像罗尔斯顿所言的哲学应该走向荒野，贴近和关注人们的生活世界，回应和解答时代境域之中的诸多困惑，启迪智慧，引领人的思绪，触动人的内在本质，在自觉与实践中彰显哲学的使命和担当。

　　"哲学家只是用不同的方式解释世界，而问题在于改变世界。"马克思的这句至理名言根本上阐明了哲学存在的本真意蕴，进一步触发人们对现实诸多问题的思考和关注。马克思虽然没有明确提出生态思想，但这并不表示马克思没有生态思想。面对生态危机的时代课题，我们依然可以从马克思的思想智库中探寻解决现实问题的答案，其中就包括马克思丰富的生态思想。本书即是在汲取马克思人与自然和谐共生思想基础上所做的一种尝试，以有机整体的视域把人与自然置于一个共存互惠的生态共同体中，从而为时下河西走廊的生态治理提供崭新的认知维度和实践选择。尽管本书详细论证了生态共同体的出场背景及其理论渊源，但诸多问题只是限于表层的探讨，对生态共同体所涉及的哲学基础问题、价值取向问题、实践归宿问题等没有进行深入而系统的阐释，需要在今后的研究中补充、完善。另外，马克思主义也同样蕴含着丰富的生态哲学思想，这些思想有益于揭示生态问题的根本因素，能够为解决现实的生态问题提供智慧和启迪。因此，深入发掘马克思主义的生态哲学思想成为笔者进一步思考和研究的方向，并逐步探讨马克思主义生态哲学中国化的路径，尽可能为今天践履绿色发展理念、建设社会主义生态文明提供不竭的思想动力和智慧之源，实现人与自然的和谐共生，进而实现天地美生的美好生活目标。

参考文献

一 中文著作

《马克思恩格斯选集》第 1 卷，人民出版社 2012 年版。

《马克思恩格斯选集》第 2 卷，人民出版社 2012 年版。

《马克思恩格斯选集》第 3 卷，人民出版社 2012 年版。

《马克思恩格斯全集》第 3 卷，人民出版社 2002 年版。

《马克思恩格斯全集》第 44 卷，人民出版社 2001 年版。

《马克思恩格斯全集》第 46 卷，人民出版社 2003 年版。

《马克思恩格斯文集》第 1 卷，人民出版社 2009 年版。

《马克思恩格斯文集》第 5 卷，人民出版社 2009 年版。

《马克思恩格斯文集》第 7 卷，人民出版社 2009 年版。

《马克思恩格斯文集》第 8 卷，人民出版社 2009 年版。

《马克思恩格斯文集》第 9 卷，人民出版社 2009 年版。

恩格斯：《自然辩证法》，人民出版社 1984 年版。

马克思：《1844 年经济学哲学手稿》，人民出版社 2014 年版。

马克思：《共产党宣言》，人民出版社 2014 年版。

《习近平谈治国理政》（第一卷），外文出版社 2018 年版。

习近平：《之江新语》，浙江人民出版社 2007 年版。

中共中央宣传部：《习近平总书记系列重要讲话读本》，学习出版社、人民出版社 2016 年版。

［澳］伊丽莎白·格罗兹：《时间的旅行》，胡继华、何磊译，河南大学出版社 2012 年版。

［德］斐迪南·滕尼斯：《共同体与社会》，林容远译，商务印书馆 1999年版。

［德］哈贝马斯等：《作为未来的过去：与著名哲学家哈贝马斯对话》，章国锋译，浙江人民出版社 2001 年版。

［德］海德格尔：《林中路》（修订本），孙周兴译，上海译文出版社 2008年版。

［德］黑格尔：《小逻辑》，贺麟译，商务印书馆 1980 年版。

［德］霍克海默、［德］阿多诺：《启蒙辩证法——哲学片断》，渠敬东、曹卫东译，上海人民出版社 2006 年版。

［德］康德：《道德形而上学探本》，唐钺重译，商务印书馆 1957 年版。

［德］康德：《历史理性批判文集》，何兆武译，商务印书馆 1990 年版。

［德］康德：《批判力批判》，韦卓民译，商务印书馆 1985 年版。

［德］康德：《实践理性批判》，韩水发译，商务印书馆 1999 年版。

［德］康德：《未来形而上学导论》，庞景仁译，商务印书馆 1978 年版。

［德］马克斯·韦伯：《中国的宗教·宗教与世界》，康乐、简惠美译，广西师范大学出版社 2004 年版。

［德］萨克塞：《生态哲学》，文涛等译，东方出版社 1991 年版。

［德］孙志文：《现代人的焦虑和希望》，陈永禹译，生活·读书·新知三联书店 1994 年版。

［德］韦伯：《新教伦理与资本主义精神》，马奇炎、陈婧译，北京大学出版社 2012 年版。

［德］乌尔里希·贝克等：《自由与资本主义》，路国林译，浙江人民出版社 2001 年版。

［德］乌尔里希·贝克：《什么是全球化？全球主义的曲解——应对全球化》，常和芳译，华东师范大学出版社 2008 年版。

［德］雅斯贝尔斯：《时代的精神状况》，王德峰译，上海译文出版社 2003年版。

［法］阿尔贝特·施韦泽：《对生命的敬畏——阿尔贝特·施韦泽自述》，陈泽环译，上海世纪出版集团 2007 年版。

［法］阿尔贝特·施韦泽：《敬畏生命：五十年来的基本论述》，陈泽环译，上海社会科学院出版社 2003 年版。

［法］霍尔巴赫：《自然的体系》上卷，管士滨译，商务印书馆 1964 年版。

［法］赛尔日·莫斯科维奇：《还自然之魅：对生态运动的思考》，庄晨燕等译，生活·读书·新知三联书店 2005 年版。

［加］本·阿格尔：《西方马克思主义概论》，慎之等译，中国人民大学出版社 1991 年版。

［加］查尔斯·泰勒：《黑格尔》，张国清等译，译林出版社 2002 年版。

［加］威廉·莱斯：《自然的控制》，岳长龄等译，重庆出版社 2007 年版。

［联邦德国］施密特：《马克思的自然概念》，欧力同等译，商务印书馆 1988 年版。

［美］阿尔温·托夫勒：《第三次浪潮》，朱志焱等译，生活·读书·新知三联书店 1983 年版。

［美］艾伦·杜宁：《多少算够——消费社会和地球的未来》，毕聿译，吉林人民出版社 1997 年版。

［美］爱因·兰德：《新个体主义伦理观》，秦裕译，上海三联书店 1993 年版。

［美］奥尔多·利奥波德：《沙乡年鉴》，侯文蕙译，吉林人民出版社 1997 年版。

［美］保罗·沃伦·泰勒：《尊重自然：一种环境伦理学理论》，雷毅等译，首都师范大学出版社 2010 年版。

［美］本尼迪克特·安德森：《想象的共同体》，吴睿人译，上海人民出版社 2011 年版。

［美］彼得·圣吉等：《必要的革命》，李晨晔等译，中信出版社 2010 年版。

［美］布朗：《建设一个持续发展的社会》，祝友三等译，科学技术文献出版社 1984 年版。

［美］大卫·格里芬编：《后现代科学》，马季方译，中央编译出版社 2004 年版。

［美］大卫·雷·格里芬：《后现代精神》，王成兵译，中央编译出版社 1998 年版。

［美］大卫·施沃伦：《财富准则——自觉资本主义时代的企业模式》，王

治河译，社会科学文献出版社 2001 年版。

［美］戴斯·贾丁斯：《环境伦理学——环境哲学导论》，林官明等译，北京大学出版社 2012 年版。

［美］丹尼尔·A. 科尔曼：《生态政治：建设一个绿色社会》，梅俊杰译，上海译文出版社 2002 年版。

［美］丹尼尔·贝尔：《资本主义文化矛盾》，赵一凡等译，生活·读书·新知三联书店 1989 年版。

［美］丹尼斯·梅多斯等：《增长的极限》，李宝恒译，吉林人民出版社 1997 年版。

［美］菲利普·克莱顿、［美］贾斯廷·海因泽克：《有机马克思主义：生态灾难与资本主义的替代选择》，孟献丽、于桂凤、张丽霞译，人民出版社 2015 年版。

［美］菲利普·塞尔兹尼克：《社群主义的说服力》，马洪、李清伟译，上海人民出版社 2009 年版。

［美］弗·卡普拉：《转折点——科学·社会·兴起中的新文化》，冯禹等译，中国人民大学出版社 1989 年版。

［美］弗罗姆：《占有还是生存》，关山译，生活·读书·新知三联书店 1989 年版。

［美］弗洛姆：《爱的艺术》，李建鸣译，上海译文出版社 2011 年版。

［美］古尔德：《马克思的社会本体论》，王虎学译，北京师范大学出版社 2009 年版。

［美］赫伯特·马尔库塞：《单向度的人——发达工业社会意识形态研究》，刘继译，上海译文出版社 1989 年版。

［美］赫尔曼·达利、［美］小约翰·柯布：《21 世纪生态经济学》，王俊等译，中央编译出版社 2015 年版。

［美］霍尔姆斯·罗尔斯顿：《环境伦理学》，杨通进译，中国社会科学出版社 2000 年版。

［美］卡洛琳·麦茜特：《自然之死——妇女、生态和科学革命》，吴国盛译，吉林人民出版社 1999 年版。

［美］蕾切尔·卡逊：《寂静的春天》，吕瑞兰、李长生译，吉林人民出版社 1997 年版。

［美］利奥波德：《沙乡年鉴》，舒新译，北京理工大学出版社 2015 年版。

［美］罗尔斯顿：《哲学走向荒野》，刘耳、叶平译，吉林人民出版社 1999 年版。

［美］罗杰·M. 基辛：《当代文化人类学概要》，北晨编译，浙江人民出版社 1985 年版。

［美］罗纳德·德沃金：《至上的美德：平等的理论与实践》，冯克利译，江苏人民出版社 2012 年版。

［美］迈克尔·桑德尔：《自由主义与正义的局限》，万俊人等译，译林出版社 2001 年版。

［美］迈克尔·沃尔泽：《正义诸领域：为多元主义与平等一辩》，褚松燕译，译林出版社 2002 年版。

［美］麦金太尔：《德性之后》，龚群等译，中国社会科学出版社 1995 年版。

［美］纳什：《大自然的权利》，杨通进译，青岛出版社 1999 年版。

［美］泰勒：《尊重自然：一种环境伦理学理论》，雷毅等译，首都师范大学出版社 2010 年版。

［美］汤姆·雷根、卡尔·科亨：《动物权利的论争》，杨通进等译，中国政法大学出版社 2005 年版。

［美］易明：《一江黑水：中国未来的环境挑战》，姜智芹译，江苏人民出版社 2012 年版。

［美］约翰·贝拉米·福斯特：《马克思的生态学：唯物主义与自然》，刘仁胜等译，高等教育出版社 2006 年版。

［美］约翰·贝拉米·福斯特：《生态革命——与地球和平相处》，刘仁胜等译，人民出版社 2015 年版。

［美］约翰·贝拉米·福斯特：《生态危机与资本主义》，耿建新等译，上海译文出版社 2006 年版。

［美］詹姆斯·施密特：《启蒙运动与现代性》，徐向东等译，上海人民出版社 2005 年版。

［日］池田大作、［德］狄尔鲍拉夫：《走向 21 世纪的人与哲学：寻求新的人性》，宋成有等译，北京大学出版社 1992 年版。

［日］田中裕：《怀特海有机哲学》，包国光译，河北教育出版社 2001

年版。

[日] 望月清司:《马克思历史理论的研究》,韩立新译,北京师范大学出
版社 2009 年版。

[日] 岩佐茂:《环境的思想》(修订版),韩立新等译,中央编译出版社
2006 年版。

[日] 岩佐茂:《环境的思想与伦理》,冯雷等译,中央编译出版社 2011
年版。

[西] 费尔南多·萨瓦特尔:《哲学的邀请——人生的追问》,林经纬译,
北京大学出版社 2007 年版。

[英] 阿诺德·汤因比:《人类与大地母亲》,徐波等译,上海人民出版社
2001 年版。

[英] 安东尼·吉登斯:《气候变化的政治》,曹荣湘译,社会科学文献出
版社 2009 年版。

[英] 保罗·霍普:《个人主义时代之共同体重建》,沈毅译,浙江大学出
版社 2009 年版。

[英] 菲利普·沙别科夫:《滚滚绿色浪潮》,周律等译,中国环境科学出
版社 1997 年版。

[英] 怀特海:《过程与实在:宇宙论研究》,杨富斌译,中国城市出版社
2003 年版。

[英] 怀特海:《科学与近代世界》,何钦译,商务印书馆 1959 年版。

[英] 怀特海:《思维方式》,黄龙保等译,天津教育出版社 1989 年版。

[英] 雷蒙·威廉斯:《关键词:文化与社会的词汇》,刘建基译,生活·
读书·新知三联书店 2005 年版。

[英] 罗杰·科特威尔:《共同体的概念》,王渊译,载《清华法学》第七
辑,清华大学出版社 2007 年版。

[英] 齐格蒙特·鲍曼:《共同体》,欧阳景根译,江苏人民出版社 2003
年版。

[英] 舒马赫:《小的是美好的》,虞鸿钧等译,商务印书馆 1984 年版。

曹孟勤、卢风主编:《环境哲学:理论与实践》,南京师范大学出版社
2010 年版。

曹孟勤、卢风主编:《环境哲学 20 年》,南京师范大学出版社 2012 年版。

曹孟勤：《人性与自然：生态伦理哲学基础反思》，南京师范大学出版社 2004 年版。

曹明德：《生态法原理》，人民出版社 2002 年版。

曹荣湘：《生态治理》，中央编译出版社 2015 年版。

陈嘉明等：《现代性与后现代性》，人民出版社 2001 年版。

陈文珍：《马克思人与自然关系理论的多维审视》，人民出版社 2014 年版。

陈霞主编：《道教生态思想研究》，巴蜀书社 2010 年版。

陈学明：《谁是罪魁祸首——追寻生态危机的根源》，人民出版社 2012 年版。

程国栋等：《黑河流域水—生态—经济系统综合管理研究》，科学出版社 2009 年版。

樊胜岳、奚周坤、肖洪浪：《河西地区经济与环境协调发展研究》，中国环境科学出版社 1998 年版。

冯友兰：《中国哲学史》，北京大学出版社 1998 年版。

傅德印、于泽俊主编：《再造一个山川秀美的西北》，兰州大学出版社 2001 年版。

盖光：《生态境遇中人的生存问题》，人民出版社 2013 年版。

甘肃省住房和城乡建设厅等：《丝绸之路经济带甘肃河西走廊新型城镇化战略研究》，科学出版社 2017 年版。

高亮华：《人文主义视野中的技术》，中国社会科学出版社 1996 年版。

高前兆、李福兴编著：《黑河流域水资源合理开发利用》，甘肃科学技术出版社 1991 年版。

韩秋红、史巍、胡绪明：《现代性的迷思与真相——西方马克思主义的现代性批判理论》，人民出版社 2013 年版。

胡安水：《生态价值概论》，人民出版社 2013 年版。

郇庆治、李宏伟、林震：《生态文明建设十讲》，商务印书馆 2014 年版。

黄盛璋：《绿洲研究》，科学出版社 2003 年版。

姬振海：《生态文明论》，人民出版社 2007 年版。

贾向桐：《现代性与自然科学的理性逻辑》，人民出版社 2011 年版。

雷毅：《生态伦理学》，陕西人民教育出版社 2000 年版。

李并成：《河西走廊历史时期沙漠化研究》，科学出版社 2003 年版。

李惠斌、薛晓源、王治河主编:《生态文明与马克思主义》,中央编译出版社 2008 年版。

李军等:《走向生态文明新时代的科学指南:学习习近平同志生态文明建设重要论述》,中国人民大学出版社 2015 年版。

李梁美编著:《走向社会主义生态文明新时代》,生活·读书·新知三联书店 2014 年版。

李龙强:《生态文明建设的理论与实践创新研究》,中国社会科学出版社 2015 年版。

李明宇、李丽:《马克思主义生态哲学:理论建构与实践创新》,人民出版社 2015 年版。

李培超、郑晓锦:《科学技术生态化:从主宰到融合》,湖南师范大学出版社 2015 年版。

李世明、程国栋、李元红等编著:《河西走廊水资源合理利用与生态环境保护》,黄河水利出版社 2002 年版。

李志刚:《河西走廊人居环境保护与发展模式研究》,中国建筑工业出版社 2010 年版。

林娅:《环境哲学概论》,中国政法大学出版社 2000 年版。

刘湘溶:《生态伦理学》,湖南师范大学出版社 1992 年版。

刘庄:《祁连山自然保护区生态承载力研究》,中国环境科学出版社 2006 年版。

卢风、曹孟勤主编:《生态哲学:新时代的时代精神》,中国社会科学出版社 2017 年版。

卢风:《非物质经济、文化与生态文明》,中国社会科学出版社 2016 年版。

卢风、刘湘溶主编:《现代发展观与环境伦理》,河北大学出版社 2004 年版。

卢风:《启蒙之后——近代以来西方人价值追求的得与失》,湖南大学出版社 2003 年版。

罗顺元:《中国传统生态思想史略》,中国社会科学出版社 2015 年版。

苗启明等:《马克思生态哲学思想与社会主义生态文明建设》,中国社会科学出版社 2016 年版。

莫少群:《20 世纪西方消费社会理论研究》,社会科学文献出版社 2006

年版。

纳日碧力戈主编：《河西走廊人居环境与各民族和谐发展研究》，复旦大
学出版社 2014 年版。

聂长久、韩喜平：《马克思主义生态伦理学导论》，中国环境出版社 2016
年版。

潘洪林：《科技理性与价值理性》，中央编译出版社 2007 年版。

潘家华：《中国的环境治理与生态建设》，中国社会科学出版社 2015 年版。

钱俊生、余谋昌主编：《生态哲学》，中共中央党校出版社 2004 年版。

秦书生：《社会主义生态文明建设研究》，东北大学出版社 2015 年版。

任继周主编：《河西走廊山地—绿洲—荒漠复合系统及其耦合》，科学出
版社 2007 年版。

邵发军：《马克思的共同体思想研究》，知识产权出版社 2014 年版。

佘正荣：《中国生态伦理传统的诠释与重建》，人民出版社 2002 年版。

申元村等：《中国绿洲》，河南大学出版社 2001 年版。

石培基主编：《共圆中国梦建设新甘肃》（生态卷），甘肃文化出版社 2014
年版。

石玉林主编：《西北地区土地荒漠化与水土资源利用研究》，科学出版社
2004 年版。

舒远招、周晚田：《思维方式生态化：从机械到整合》，湖南师范大学出
版社 2015 年版。

隋富民、吴太昌、武力：《甘肃武威黄羊镇城乡一体化发展之路》，中国
社会科学出版社 2010 年版。

孙大伟：《生态危机的第三维反思》，社会科学文献出版社 2016 年版。

唐代兴：《生态化综合：一种新的世界观》，中央编译出版社 2015 年版。

唐代兴：《生态理性哲学导论》，北京大学出版社 2005 年版。

万丽华、蓝旭译注：《孟子》，中华书局 2006 年版。

王海明：《人性论》，商务印书馆 2005 年版。

王明编：《太平经合校》，中华书局 1960 年版。

王茜：《生态文化的审美之维》，上海人民出版社 2007 年版。

王雨辰：《生态学马克思主义与生态文明研究》，人民出版社 2015 年版。

王治河、樊美筠：《第二次启蒙》，北京大学出版社 2011 年版。

王治河主编:《后现代主义辞典》,中央编译出版社2003年版。

吴国盛:《让科学回归人文》,江苏人民出版社2013年版。

吴晓军、董汉河:《西北生态启示录》,甘肃人民出版社2001年版。

夏甄陶:《人是什么》,商务印书馆2000年版。

向俊杰:《我国生态文明建设的协同治理体系研究》,中国社会科学出版社2016年版。

肖显静:《后现代生态科技观》,科学出版社2003年版。

严耕、林震、杨志华主编:《生态文明理论构建与文化资源》,中央编译出版社2009年版。

严耕、杨志华:《生态文明的理论与系统构建》,中央编译出版社2009年版。

杨国宪等:《黑河额济纳绿洲生态与水》,郑州黄河水利出版社2006年版。

杨淑静:《重建启蒙理性:哈贝马斯现代性难题的伦理学解决方案》,中国社会科学出版社2010年版。

杨通进:《走向深层的环保》,四川人民出版社2000年版。

叶海涛:《绿之魅——作为政治哲学的生态学》,社会科学文献出版社2015年版。

余谋昌:《生态伦理学——从理论走向实践》,首都师范大学出版社1999年版。

余谋昌:《生态哲学》,陕西人民教育出版社2000年版。

余谋昌:《自然价值论》,陕西人民教育出版社2003年版。

俞可平:《治理与善治》,社会科学文献出版社2000年版。

俞田荣:《中国古代生态哲学的逻辑演进》,中国社会科学出版社2014年版。

张勃、石惠春:《河西地区绿洲资源优化配置研究》,科学出版社2004年版。

张康之、张乾友:《共同体的进化》,中国社会科学出版社2012年版。

张蕊兰主编:《甘肃生态环境珍档录:清代至民国》,甘肃文化出版社2013年版。

张维真主编:《生态文明:中国特色社会主义的必然选择》,天津人民出版社2015年版。

赵载光：《天人合一的文化智慧：中国古代生态文化与哲学》，文化艺术出版社 2006 年版。

郑慧子：《走向自然的伦理》，人民出版社 2006 年版。

郑慧子：《遵循自然》，人民出版社 2014 年版。

郑湘萍：《生态学马克思主义的生态批判理论研究》，中国书籍出版社 2015 年版。

中国科学院可持续发展战略研究组：《2015 年中国可持续发展报告：重塑生态环境治理体系》，科学出版社 2015 年版。

中科院生态与环境领域战略研究组：《中国至 2050 年生态与环境科技发展路线图》，科学出版社 2009 年版。

周国文：《自然权与人权的融合》，中央编译出版社 2011 年版。

二 中文期刊论文

陈美萍：《共同体（Community）：一个社会学话语的演变》，《南通大学学报》（社会科学版）2009 年第 1 期。

陈志英：《马克思的共同体思想的主要来源和发展阶段》，《哲学动态》2010 年第 5 期。

池忠军：《马克思的共同体理论及其当代性》，《学海》2009 年第 5 期。

丛占修：《人类命运共同体：历史、现实与意蕴》，《理论与改革》2016 年第 3 期。

崔治忠：《五大发展理念的辩证统一性》，《求索》2017 年第 2 期。

戴尔阜、方创琳：《甘肃河西地区生态问题与生态环境建设》，《干旱区资源与环境》2002 年第 2 期。

樊自立：《历史时期西北干旱区生态环境演变规律和驱动力》，《干旱区地理》2005 年第 6 期。

方世南：《从生态政治视角把握生态安全的政治意蕴》，《南京社会科学》2012 年第 3 期。

冯庆旭：《生态消费的伦理向度》，《哲学动态》2015 年第 12 期。

高石磊：《马克思共同体思想意蕴研究》，《求实》2015 年第 6 期。

郭家骥：《生态文化论》，《云南社会科学》2005 年第 6 期。

郭小芹、曹玲、兰晓波等:《河西走廊降水及其干旱特征研究》,《干旱区资源与环境》2011 年第 4 期。

贺来:《"关系理性"与"真实的共同体"》,《中国社会科学》2015 年第 6 期。

侯才:《马克思的"个体"和"共同体"概念》,《哲学研究》2012 年第 1 期。

黄爱宝:《生态善治目标下的生态型政府构建》,《理论探讨》2006 年第 4 期。

[加]查尔斯·泰勒:《共同体与民主》,张容南译,《现代哲学》2009 年第 6 期。

姜建成、周春燕:《马克思"真正的共同体"思想及其当代价值》,《苏州大学学报》2013 年第 6 期。

姜晓磊:《马克思恩格斯"真正的共同体"思想及其当代意义》,《学习与探索》2016 年第 9 期。

姜涌:《"真实共同体"与"虚假共同体"之诠释》,《广东社会科学》2016 年第 6 期。

康渝生、陈奕诺:《"人类命运共同体":马克思"真正的共同体"思想在当代中国的实践》,《学术交流》2016 年第 11 期。

康渝生、胡寅寅:《走向"真正的共同体":唯物史观的致思理路》,《理论探讨》2015 年第 4 期。

李并成:《河西走廊汉唐古绿洲沙漠化的调查研究》,《地理学报》1998 年第 2 期。

李并成:《历史上祁连山区森林的破坏与变迁考》,《中国历史地理论丛》2000 年第 1 期。

李福兴、杜虎林:《河西走廊的生态环境战略和建设》,《中国沙漠》1996 年第 4 期。

李怀涛:《马克思自然观的生态意蕴》,《马克思主义研究》2010 年第 12 期。

李慧凤、蔡旭昶:《"共同体"概念的演变、应用与公民社会》,《学术月刊》2010 年第 6 期。

李静、毛仲荣:《共同体与环境共同体》,《郑州大学学报》(哲学社会科学版）2012 年第 1 期。

李荣山：《共同体的命运——从赫尔德到当代的变局》，《社会学研究》
    2015 年第 1 期。

李永杰：《共同体与个体：马克思观察人类历史的一对重要范畴》，《马克
    思主义与现实》2014 年第 5 期。

刘海江：《马克思"虚幻共同体"思想的存在论基础》，《南京政治学院学
    报》2010 年第 1 期。

刘婧：《现代社会风险解析》，《浙江社会科学》2005 年第 1 期。

刘希刚、徐民华：《全球生态政治视阈中的中国生态政治建设》，《科学社
    会主义》2010 年第 6 期。

刘须宽：《新时代中国社会主要矛盾转化的原因及其应对》，《马克思主义
    研究》2017 年第 11 期。

鲁品越：《资本扩张与"人—自然共同体"的形成——人与自然矛盾的当
    代形态》，《上海财经大学学报》2011 年第 2 期。

马俊峰：《"共同体"的功能和价值取向研究》，《石河子大学学报》（哲
    学社会科学版）2011 年第 2 期。

马俊峰：《共同体哲学意蕴刍议》，《石河子大学学报》（哲学社会科学版）
    2012 年第 2 期。

马啸：《左宗棠与西北近代生态环境的治理》，《新疆大学学报》（社会科
    学版）2004 年第 2 期。

梅锦山、张建永、李扬等：《河西走廊生态保护战略研究》，《水资源保
    护》2014 年第 5 期。

［美］大卫·格里芬：《全球民主和生态文明》，弭维译，《马克思主义与
    现实》2007 年第 6 期。

［美］赫尔曼·格林：《生态时代与共同体》，尹树广、尹洁译，《学术交
    流》2003 年第 2 期。

［美］肯尼斯·梅吉尔：《马克思哲学中的共同体》，马俊峰等译，《马克
    思主义与现实》2011 年第 1 期。

［美］小约翰·B. 科布、杨志华、王治河：《建设性后现代主义生态文明
    观——小约翰·B. 科布访谈录》，《求是学刊》2016 年第 1 期。

［美］小约翰·柯布：《文明与生态文明》，李义天译，《马克思主义与现

实》2007 年第 6 期。

孟澂蕾、潘建伟、朝克等：《发展生态消费促进经济发展方式转变的思考》，《消费经济》2015 年第 1 期。

明浩：《"一带一路"与"人类命运共同体"》，《中央民族大学学报》（哲学社会科学版）2015 年第 6 期。

潘斌：《社会风险研究：时代危机的哲学反思》，《哲学研究》2012 年第 8 期。

潘春辉：《清代河西走廊水利开发与环境变迁》，《中国农史》2009 年第 4 期。

秦龙：《马克思"资本共同体"思想的文本解读》，《福建论坛》（人文社会科学版）2010 年第 9 期。

曲耀光、马世敏：《甘肃河西走廊地区的水与绿洲》，《干旱区资源与环境》1995 年第 3 期。

任平：《呼唤全球正义——与柯布教授的对话》，《国外社会科学》2004 年第 4 期。

邵晓光、刘岩：《共同体的历史走向和重建中的功能矛盾》，《学术月刊》2015 年第 7 期。

石云霞：《马克思恩格斯的社会共同体思想研究》，《马克思主义理论学科研究》2016 年第 1 期。

王丹、熊晓琳：《论共享发展的实现理路》，《马克思主义研究》2017 年第 3 期。

王福益、卢黎歌：《"主客二元对立"思维模式与全球生态危机的逻辑关联》，《理论与改革》2014 年第 6 期。

王根绪、程国栋、沈永平：《近 50 年来河西走廊区域生态环境变化特征与综合防治对策》，《自然资源学报》2002 年第 1 期。

王立：《共同体之辨》，《人文杂志》2013 年第 9 期。

王露璐：《共同体：从传统到现代的转变及其伦理意蕴》，《伦理学研究》2014 年第 6 期。

王浦劬：《论转变政府职能的若干理论问题》，《国家行政学院学报》2015 年第 1 期。

王玉明、王沛雯：《多学科视域中的"共同体"范畴比较》，《社会主义研究》2015 年第 5 期。

王治河、杨韬:《有机马克思主义的生态取向》,《自然辩证法研究》2015
年第 2 期。

吴晓军:《河西走廊内陆河流域生态环境的历史变迁》,《兰州大学学报》
(社会科学版) 2000 年第 4 期。

吴玉军:《共同体的式微与现代人的生存》,《浙江社会科学》2009 年第
11 期。

谢继忠:《河西走廊的水资源问题与节水对策》,《中国沙漠》2004 年第
6 期。

谢文娟:《"人类命运共同体"的历史基础和现实境遇》,《河南师范大学
学报》(哲学社会科学版) 2016 年第 5 期。

徐艳玲、李聪:《"人类命运共同体"价值意蕴的三重维度》,《科学社会
主义》2016 年第 3 期。

杨立新:《论生态文化建设》,《湖北社会科学》2008 年第 3 期。

杨生平:《五大发展理念:中国特色社会主义的新发展观》,《中国特色社
会主义研究》2017 年第 2 期。

姚翼源、黄娟:《五大发展理念下生态治理的思考》,《理论月刊》2017 年
第 9 期。

叶小文:《人类命运共同体的文化共识》,《新疆师范大学学报》(哲学社
会科学版) 2016 年第 3 期。

尹世杰:《关于生态消费的几个问题》,《求索》2000 年第 5 期。

雍海宾:《河西地区生态环境建设思路研究》,《开发研究》2003 年第
1 期。

俞可平:《科学发展观与生态文明》,《马克思主义与现实》2005 年第
4 期。

袁祖社:《"五大发展理念"的理论品质与实践新境界》,《学术研究》
2017 年第 1 期。

岳天明:《从共同体意识到阶层意识》,《社会科学战线》2016 年第 6 期。

臧峰宇:《当代共同体的和谐实践及其价值意蕴》,《理论与改革》2007 年
第 5 期。

张梅、张立诚:《马克思哲学视阈下个人自由与共同体发展的关系》,《广

西社会科学》2015 年第 12 期。

张勃、石惠春：《甘肃河西地区人口、资源、环境与经济可持续发展研究》，《中国沙漠》1997 年第 4 期。

张建永、李扬、赵文智等：《河西走廊生态格局演变跟踪分析》，《水资源保护》2015 年第 3 期。

张劲松：《论生态治理的政治考量》，《政治学研究》2010 年第 5 期。

张曙光：《"类哲学"与"人类命运共同体"》，《吉林大学社会科学学报》2015 年第 1 期。

张雄：《现代性后果：从主体性哲学到主体性资本》，《哲学研究》2006 年第 10 期。

周亚萍：《论构建人与自然和谐共同体的环境价值观》，《理论月刊》2007 年第 8 期。

左亚文：《当今中国社会风险的哲学透视》（上），《理论探讨》2012 年第 2 期。

三　中文博士论文

王萍霞：《马克思发展共同体思想研究》，博士学位论文，苏州大学，2013 年。

胡寅寅：《走向真正的共同体——马克思共同体思想研究》，博士学位论文，黑龙江大学，2014 年。

程弘毅：《河西地区历史时期沙漠化研究》，博士学位论文，兰州大学，2007 年。

钱国权：《清代以来河西走廊水利开发与生态环境变迁》，博士学位论文，西北师范大学，2008 年。

张建明：《石羊河流域土地利用/土地覆被变化及其环境效应》，博士学位论文，兰州大学，2007 年。

佟玲：《西北干旱内陆区石羊河流域农业耗水对变化环境响应的研究》，博士学位论文，西北农林科技大学，2007 年。

张军驰：《西部地区生态环境治理政策研究》，博士学位论文，西北农林科技大学，2012 年。